高职高专“十三五”规划教材

WPS办公软件实例应用

主编　肖若辉　毕小明

扫码看本书

数字资源

北　京

冶　金　工　业　出　版　社

2020

内 容 提 要

本书主要讲解 WPS Office 的 3 个主要组件 WPS 文字、WPS 表格以及 WPS 演示在办公中的应用，共分 8 个模块，分别为 WPS 演示文稿制作、WPS 文档制作、WPS 表格制作、WPS 演示综合应用、WPS 表格综合应用、WPS 办公软件综合应用、常用在线工具软件应用、浙江省计算机二级办公软件高级应用技术。

本书适合作为高职高专院校各专业“计算机应用基础”课程的教材，也可作为各类办公软件应用培训教材及办公软件学习爱好者的自学参考书。

图书在版编目(CIP)数据

WPS 办公软件实例应用 / 肖若辉,毕小明主编.— 北京：冶金工业出版社,2020.9

高职高专“十三五”规划教材

ISBN 978-7-5024-4994-0

Ⅰ.①W… Ⅱ.①肖… ②毕… Ⅲ.①办公自动化—应用软件—高等职业教育—教材 Ⅳ.①TP317.1

中国版本图书馆 CIP 数据核字(2020)第 162376 号

出 版 人　苏长永

地　　址　北京市东城区嵩祝院北巷 39 号　邮编　100009　电话　(010)64027926

网　　址　www.cnmip.com.cn　电子信箱　yjcbs@cnmip.com.cn

责任编辑　杨　敏　美术编辑　吕欣童　版式设计　禹　蕊　王振华

责任校对　石　静　责任印制　李玉山

ISBN 978-7-5024-4994-0

冶金工业出版社出版发行;各地新华书店经销;三河市双峰印刷装订有限公司印刷

2020 年 9 月第 1 版,2020 年 9 月第 1 次印刷

787mm×1092mm　1/16;16 印张;388 千字;248 页

49.80 元

冶金工业出版社　投稿电话　(010)64027932　投稿信箱　tougao@cnmip.com.cn

冶金工业出版社营销中心　电话　(010)64044283　传真　(010)64027893

冶金工业出版社天猫旗舰店　yjgycbs.tmall.com

(本书如有印装质量问题,本社营销中心负责退换)

前　言

WPS Office 是由金山软件股份有限公司自主研发的一款办公软件套装，可以实现办公软件最常用的文字、表格、演示文稿等多种功能。该软件绿色小巧、安装方便、运行速度快、对计算机配置要求不高，能最大限度地与 MS Office 相兼容，该软件已经成为众多企事业单位的标准办公软件，同时该软件也是浙江省计算机等级考试项目的指定软件之一。

本书按照教育部“以就业为导向、大力发展职业教育”的精神，根据高职高专院校计算机公共基础教学的需要，并参照浙江省教育考试院新修订的《浙江省高校计算机等级考试大纲（2019 版）》要求编写而成。全书主要讲解 WPS Office的 3 个主要组件 WPS 文字、WPS 表格以及 WPS 演示在办公中的应用，共包括 8 个模块的内容：WPS 演示文稿制作、WPS 文档制作、WPS 表格制作、WPS 演示综合应用、WPS 表格综合应用、WPS 办公软件综合应用、常用在线工具软件应用和浙江省计算机二级办公软件高级应用技术。

本书在编写过程中根据办公软件学习者的学习习惯，采用任务驱动、案例教学，把 WPS 办公软件主要知识融入到任务中，全书结构清晰、内容丰富。在写作风格上，本书既不失科学严谨，又让人感到亲切；既避免一开始就是一大堆名词、概念、术语和公式的罗列，又在现实操作应用中，使读者不知不觉地领会有关名词术语的含义。一本好书需具备趣味性和可读性，但更重要的是实用性和符合读者思维习惯的逻辑性，使学习者从认知规律出发，突出可操作性。本书正是遵循这种思想，从 WPS Office 的实践操作入手，手把手地教读者一步一步进行操作，从感性认识出发，逐渐上升到概念。内容编排不强调严格的理论分析，避开深奥的与实践操作关系不大的公式与术语，在进行了一个阶段的学习后，再回过头来总结，提高要领层次，从而达到既消除了神秘感，又学习了理论的目的。

与同类书不同的是，本书侧重于办公技能的培训，在加强技能培训的前提下，对系统的每项功能都用简要的文字描述并辅以插图，读者可跟随本书讲解的内容在计算机上亲自操作，无需太多的基础和时间便能迅速地学以致用，使学习变得生动有趣。

本书采用的软件是 WPS 2019(11.1.0.9912)版，但 WPS 2019 版有众多版本，不同版本的办公软件在细节设计上有些不同，学习者在学习过程中要参考使用。

由于时间仓促，加之编者水平所限，书中难免会出现不足之处，恳请读者批评指正。

编　者

2020 年 7 月

目录

CONTENTS

01 模块一　WPS演示文稿制作

02 模块二　WPS文档制作

03 模块三　WPS表格制作

04 模块四　WPS演示综合应用

05

模块五　WPS表格综合应用

06

模块六　WPS办公软件综合应用

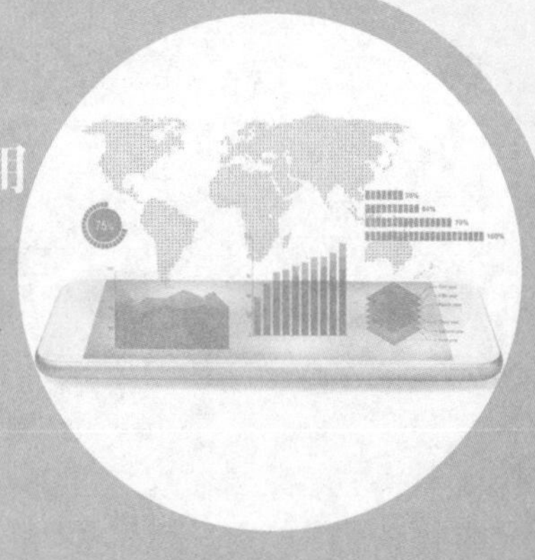

07

模块七　常用在线工具软件应用

08

模块八　浙江省计算机二级办公软件高级应用技术

附　录

模块一

WPS 演示文稿制作

WPS 演示文稿是用于制作和演示幻灯片的工具软件,也是 WPS 系列软件的重要成员之一。演示文稿中的每一张幻灯片既相互独立又相互联系。WPS 演示文稿在教育领域和商业领域都有着广泛的应用。如在公司会议、产品介绍、业务培训、教学课件制作等场合经常看到演示文稿的影子。

本模块重点介绍演示文稿的制作步骤、文字和图片的处理、排版、动画应用、媒体和放映等内容。

任务一　中国菜演示文稿母版制作

在制作演示文稿时,经常会用到母版,母版如何使用,在制作演示文稿中起到什么作用,它与版式有什么关系,如何利用母版快速制作演示文稿,下面通过中国菜演示文稿母版制作实例应用来学习母版的使用。

一、任务说明及要求

新建一个名为“学号-姓名-中国菜 1.dps”的演示文稿,插入“素材.dps”,并完成其母版制作,任务具体要求如下:

(1)新建演示文件,命名为“学号-姓名-中国菜母版.dps”。

(2)插入演示文稿“素材.dps”中的所有幻灯片。

(3)添加首页和尾页,并设为标题版式。

(4)设置母版:

1)删除无用版式,保留标题版式和标题、内容版式。

2)标题版式母版设置,效果如图 1-1 所示。

① 背景为“黄灰背景.jpg”;

② 添加图片“佛跳墙.jpg”;

③ 删除文本占位符,删除日期、页脚、编号域。

3)标题、内容版式母版设置,效果如图 1-2 所示。

① 设置背景为“纯色填充”,颜色设置为“橙色,着色 4”,透明度设为“60%”;

② 设置编号为“第×页”;

③ 添加图片“佛跳墙.jpg”;

④ 添加图片“蒜.jpg”,并调整为灰色,设置透明色;

⑤ 添加图片“中式木框.jpg”,并设置为背景透明。

4)创建自定义版式母版,效果如图 1-3 所示。

① 复制粘贴“标题、内容版式母版”,并重命名为“自定义”;

② 修改文本占位符字体格式;

③ 修改各级项目符号外观;

④ 调整“佛跳墙.jpg”“蒜.jpg”;

⑤ 关闭母版视图。

图 1-1　标题版式母版效果图

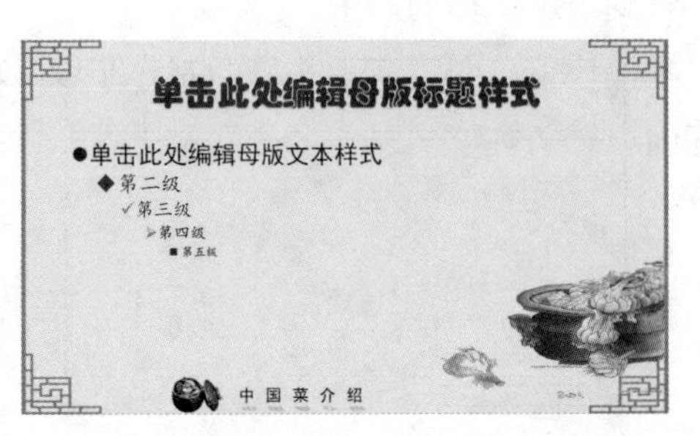

图 1-2　标题、内容版式母版效果图

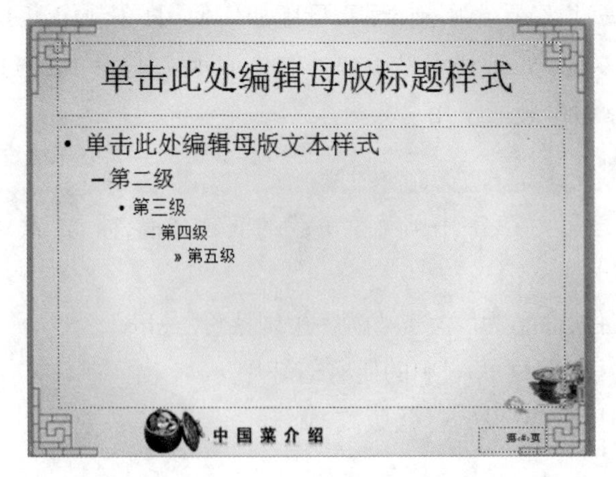

图 1-3　自定义版式母版

(5)应用版式。

1)首页和尾页应用标题版式;

2)目录页面应用自定义版式;

3)内容页面应用标题、内容版式。

(6)保存。

二、任务解决及步骤

步骤 1:新建演示文稿并保存

1. 新建演示文稿

空白的演示文稿就是只有一张空白幻灯片,没有任何内容和对象的演示文稿。创建空白演示文稿后,通常需要添加幻灯片等操作来完成演示文稿的制作。新建演示文稿的方法一般有以下几种:

(1)单击“开始”按钮,选择“WPS Office”→“WPS 演示”开始菜单命令,如图 1-4 所示,选择“新建”选项卡,选择“新建空白文档”模板,此时 WPS 已经创建了一个名为“演示文稿 1”的空白文档,启动后的 WPS 演示文稿界面如图 1-5 所示。

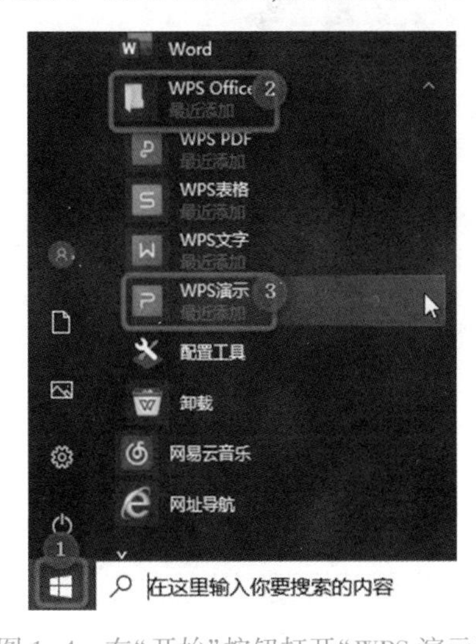

图 1-4　在“开始”按钮打开“WPS 演示”

图 1-5　新建 WPS 演示文稿的界面

(2)若桌面上已存在“WPS 演示”应用程序图标,即可双击该图标启动 WPS 演示文稿应用程序。

2. 保存演示文稿

单击“文件”按钮,在弹出的选项中选择“保存”选项,如图 1-6 所示。弹出“另存为”对话框,选择文件保存位置,在“文件名”文本框中输入“学号-姓名-中国菜 1”,“文件类型”选择“WPS 演示文件(*.dps)”, 单击“保存”按钮,如图 1-7 所示。

图 1-6　选择“保存”选项

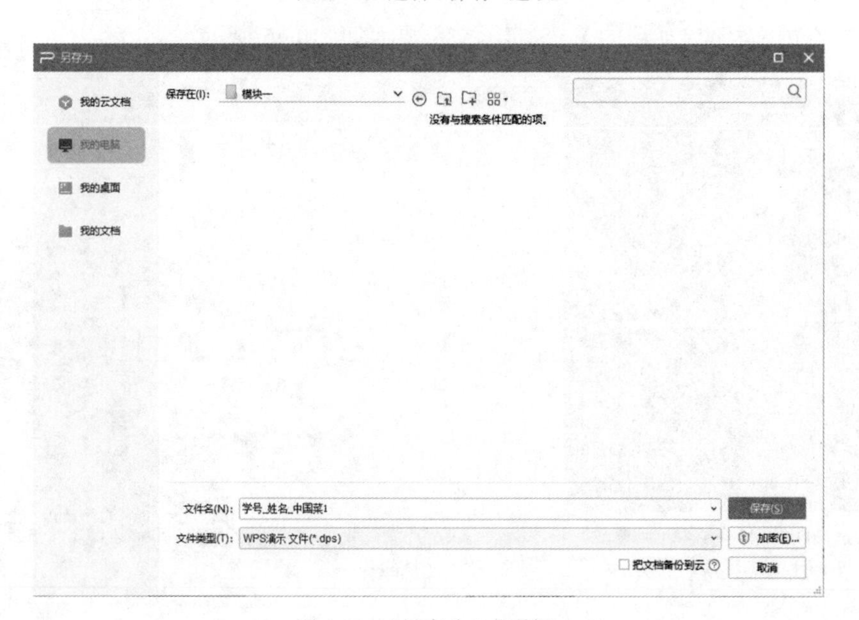

图 1-7　“另存为”对话框

步骤 2:插入“素材.dps”

打开名为“素材.dps”的演示文稿,选中第 1 张幻灯片,右击选择“复制”命令,如图 1-8 所示。然后,打开演示文稿“学号-姓名-中国菜 1.dps”,在第 1 张幻灯片下方右击选择“粘贴”命令,如图 1-9 所示,即将“素材.dps”的第 1 张幻灯片插入到“学号-姓名-中国菜 1”中。

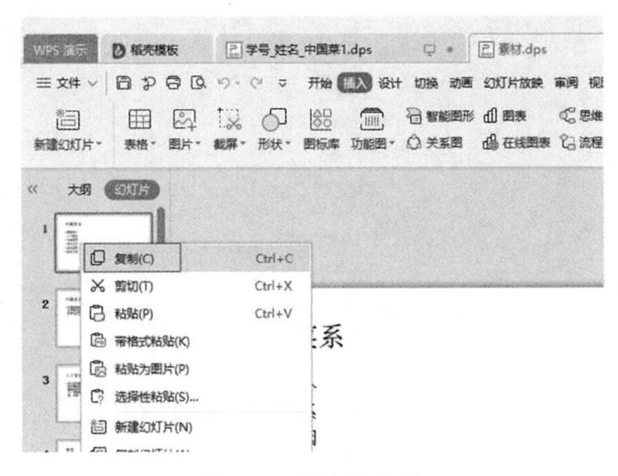

图 1-8 复制幻灯片

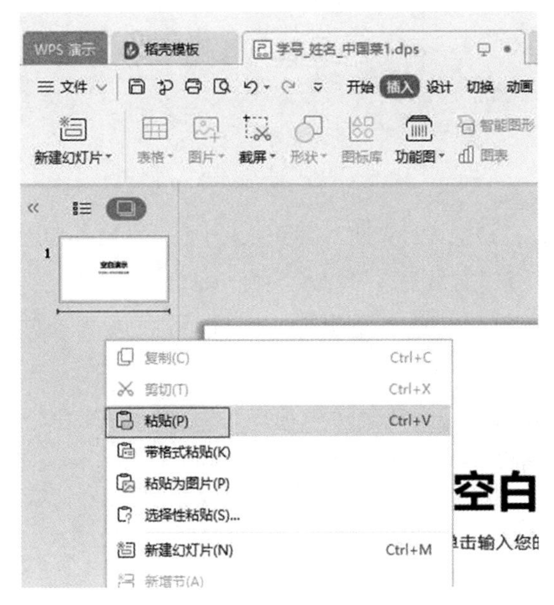

图 1-9 粘贴幻灯片

参照以上方法,将“素材.dps”中的第 2~22 张幻灯片插入到演示文稿“学号-姓名-中国菜 1”中。

提示:打开演示文稿“素材.dps”,选中第 1 张幻灯片,按住【Shift】键选中最后一张幻灯片,右击选择“复制”命令,然后打开演示文稿“学号-姓名-中国菜 1”,在第 1 张幻灯片下面右击选择“粘贴”命令,即可将“素材.dps”中的所有幻灯片插入到演示文稿“学号-姓名-中国菜 1.dps”中。

步骤 3:添加尾页,并将首页和尾页设置为标题版式

添加尾页有以下三种方法:

(1)右击最后一页幻灯片,在弹出的快捷菜单中选择“新建幻灯片”命令,如图 1-10

所示,即可在最后一页幻灯片后面添加一张空白幻灯片。

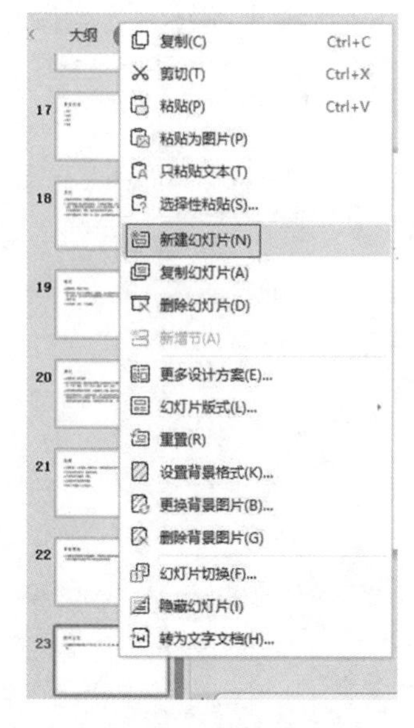

图 1-10 新建幻灯片

(2)单击最后一页幻灯片,单击“插入”选项卡中的“新建幻灯片”命令,即可在最后一页幻灯片后面添加一张空白幻灯片。

(3)选中最后一页幻灯片,单击下面的“+”,即可在最后一页后面添加一张空白幻灯片。

右击首页幻灯片,在弹出的快捷菜单中选择“幻灯片版式”命令,选择第一种版式即可将首页幻灯片设置为标题版式,如图 1-11 所示。

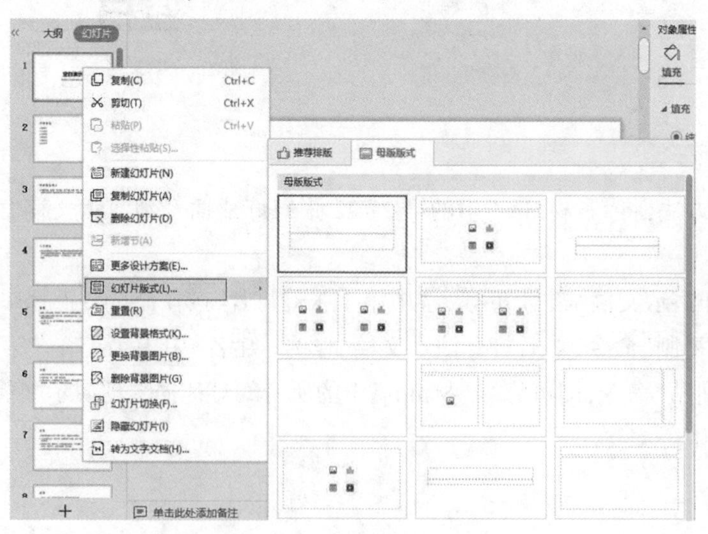

图 1-11 将首页幻灯片设置为标题版式

参照以上方法,将尾页幻灯片设置为标题版式。

步骤 4:设置母版

(1)参照步骤 3 中的方法,将除首页和尾页以外的幻灯片版式设置为版式和内容版式。单击“设计”选项卡中的“母版设置”按钮,如图 1-12 所示,进入“幻灯片母版”视图。

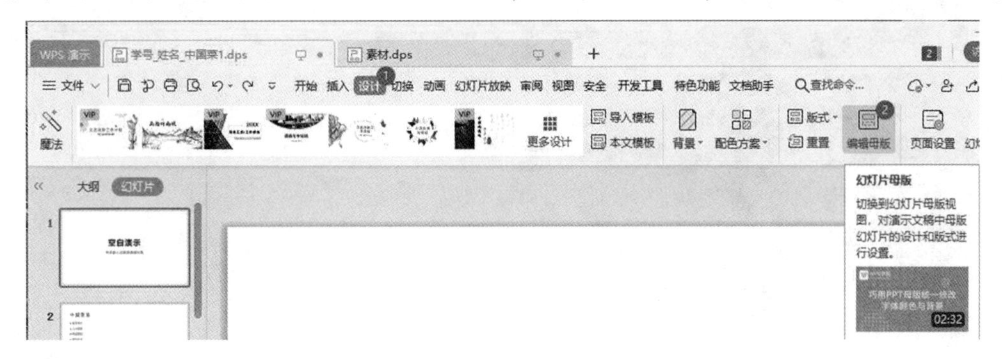

图 1-12　幻灯片母版视图

(2)设置标题版式母版设置。

1)选中标题版式,单击“幻灯片母版”选项卡中的“背景”按钮,在“对象属性”任务窗格“填充”组中选中“图片或纹理填充”单选按钮,在“图案填充”下拉列表中选择“本地文件”,在弹出的对话框中找到素材文件中的“黄灰背景.jpg”,单击“打开”按钮即可将背景设置为“黄灰背景”,如图 1-13 所示。

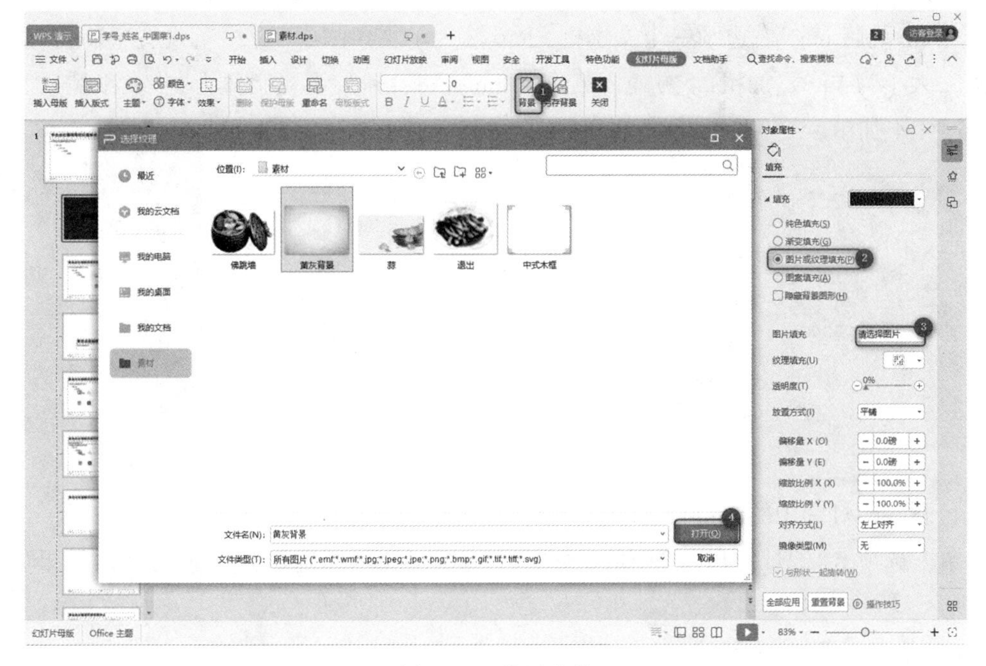

图 1-13　设置背景

2)单击“插入”选项卡中的“图片”下拉按钮,选择“本地图片”命令,在弹出的“插入图片”对话框选择素材文件中的“佛跳墙.png”，单击“打开”按钮，即可将图片插入到幻灯片中，如图 1-14 所示。调整图片大小，将其移动到幻灯片右上角位置。

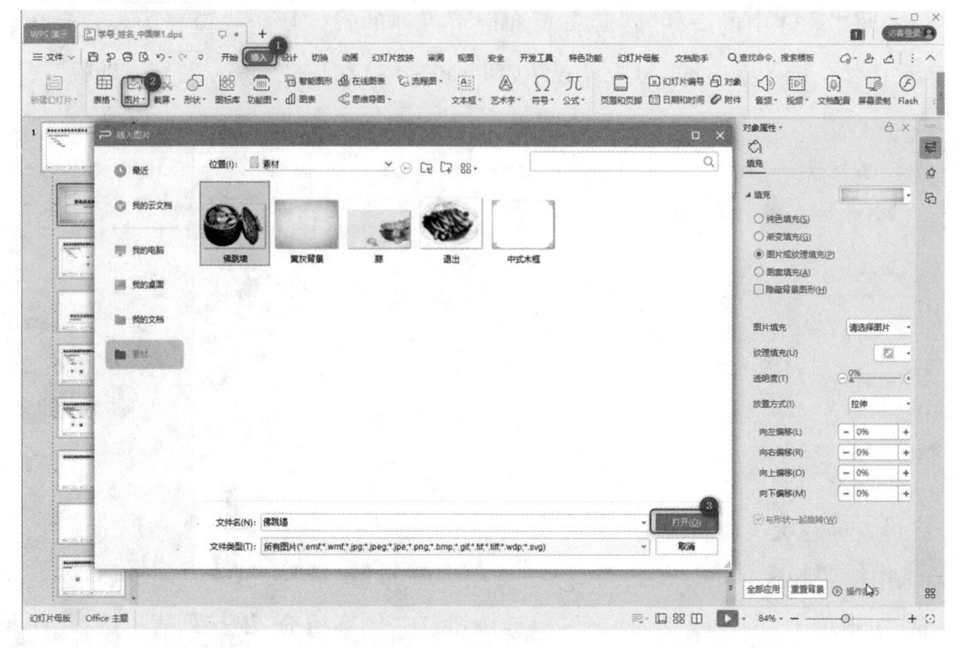

图 1-14 插入图片

3)单击“插入”选项卡中的“文本框”按钮，选择“横向文本框”命令，如图 1-15 所示。在图片“佛跳墙.png”右边画一个文本框，上方输入中文“中国菜介绍”，设置字体为“微软雅黑”，大小为 14 号、加粗；下方输入英文“Chinese dishes”，设置字体为“华文细黑”，大小为 16 号、不加粗。

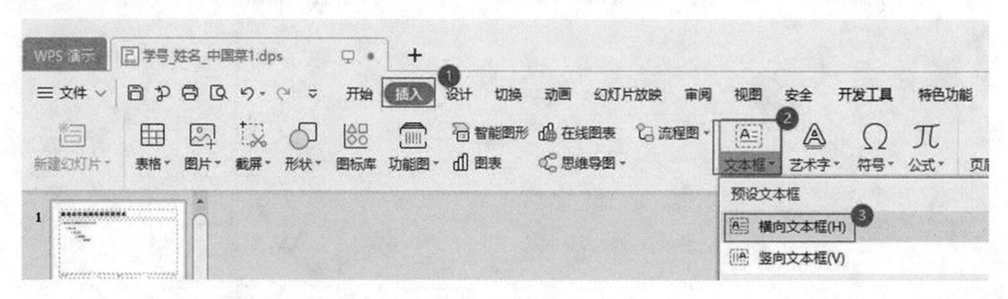

图 1-15 插入文本框

4)删除幻灯片中的占位符、日期、页脚和编号域。

单击选项卡“幻灯片母版”中的“关闭”按钮，完成的标题版式母版幻灯片效果如图 1-1所示。

(3)设置标题、内容版式。

1)选中标题、内容版式，单击“设计”选项卡中的“编辑母版”按钮，打开“幻灯片母版视图”，然后单击“幻灯片母版”选项卡中的“背景”按钮，在“对象属性”任务窗格“填充”组中选中“纯色填充”单选按钮，颜色设置为“橙色，着色 4”，透明度设为“60%”，如图 1-16 所示。

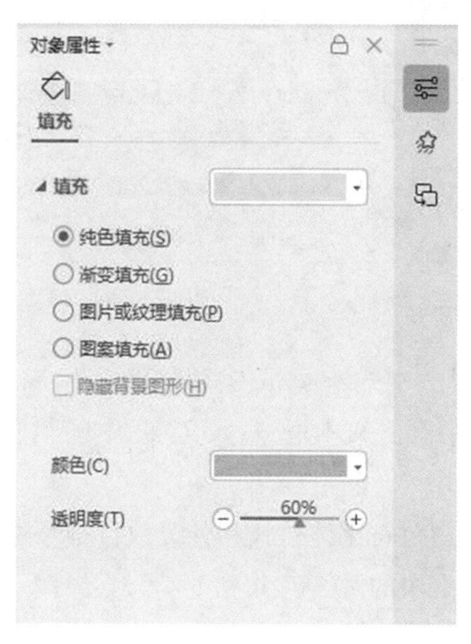

图 1-16　设置标题、内容版式背景

2）删除幻灯片中的日期和页脚，设置编号域格式为“第<#>页”，单击“插入”选项卡中的“幻灯片编号”按钮，在弹出的“页眉和页脚”对话框中选中“幻灯片编号”复选框，单击“全部应用”按钮，如图 1-17 所示，即可在幻灯片右下角插入编号“第×页”。

图 1-17　“页眉和页脚”对话框

3）单击“插入”选项卡中的“图片”下拉按钮，选择“本地图片”命令，在弹出的“插入图片”对话框选择素材文件中的“佛跳墙.png”，单击“打开”按钮，即可将图片插入到幻灯片中。调整图片大小，将其移动到幻灯片指定位置。

4）参照上一步骤将图片“蒜.jpg”插入到幻灯片中，调整图片大小，移动到指定位置后，在“图片工具”选项卡中单击“颜色”命令，选择“灰色”选项，如图 1-18 所示。然后单击

“抠除背景”命令，选择“设置透明色”选项，如图 1-19 所示。

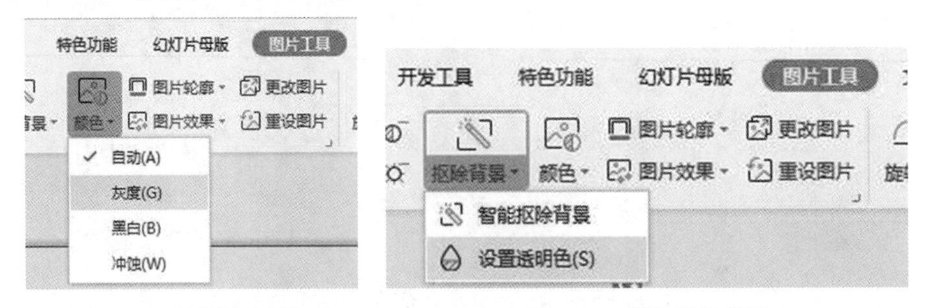

图 1-18　设置图片颜色　　　　图 1-19　设置图片背景

5）参照上一步骤插入图片“中式木框.jpg”，调整其大小，将其设置为背景透明。

6）在图片“佛跳墙.png”后插入文本框，输入文字“中国菜介绍”，字体为“微软雅黑”，字号为“16”。

7）参照图 1-2 修改文本占位符字体格式和各级项目符号外观。

单击“幻灯片母版”选项卡中的“关闭”按钮。

（4）创建自定义版式母版。

1）在幻灯片母版视图中复制标题、内容版式，并粘贴在任意位置。

2）调整图片“蒜.jpg”和“佛跳墙.png”。

3）参照图 1-3 修改文本占位符字体格式和各级项目符号外观。

单击“幻灯片母版”选项卡中的“关闭”按钮，退出幻灯片母版视图。

（5）右击目录幻灯片，在弹出的快捷菜单中单击“幻灯片版式”，在级联菜单中选择自定义版式，即可将自定义版式应用于目录幻灯片，如图 1-20 所示。

图 1-20　幻灯片版式应用

步骤 5:保存演示文稿“学号-姓名-中国菜 1.dps”

单击“文件”下拉按钮,在“文件”级联菜单中选择“另存为”命令,如图 1-21 所示,在弹出的“另存为”对话框中选择存储位置,单击“保存”按钮。

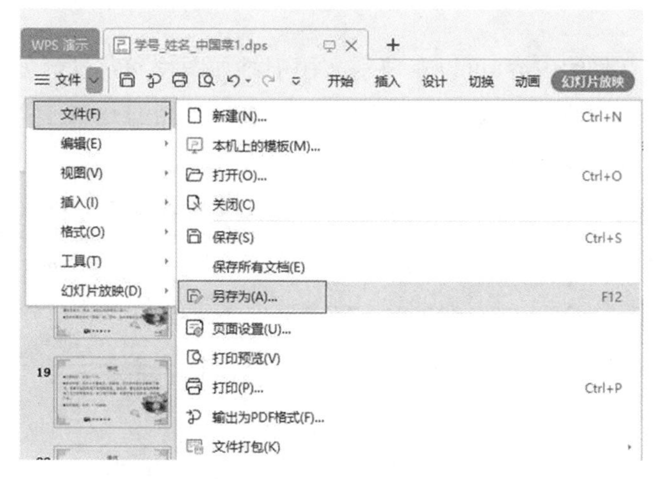

图 1-21 “另存为”命令

三、知识拓展

幻灯片母版表示演示文稿中所有幻灯片或页面格式的幻灯片视图或页面。一个演示文稿可以包含多套母版,用户可以在缩略图窗口中选取多套母版进行相应修改。幻灯片母版存储了包括字形、占位符大小和位置、背景、配色方案等多种信息。通过幻灯片母版用户可以更加方便地对演示文稿进行统一设置。

“版式”是指幻灯片内容在幻灯片上的排列方式。版式由占位符组成,而占位符可放置文字(例如,标题和项目符号列表)和幻灯片内容(例如,表格、图表、图片、图形)。每次添加新幻灯片时,都可以在“幻灯片版式”任务窗格中选取一种版式使用。

思考与练习

(1)编制演示文档时什么时候要用到母版?母版与演示文稿有何关系?

(2)母版中各幻灯片之间的关系如何?

(3)上网搜索母版与版式之间的联系与区别。

任务二　中国菜演示文稿多媒体制作

为了丰富演示文稿的内容,可以在演示文稿中添加图片和背景音乐。使用自定义动画功能可以为幻灯片中的每个对象建立动画效果,设置动画的开始、速度及属性,控制动画效果发生的先后顺序等环节。

一、任务说明及要求

将“学号-姓名-中国菜 1”重命名为“学号-姓名-中国菜 2.dps”,然后为演示文稿中的各张幻灯片添加动画、超链接和音频等多媒体因素,具体要求如下:

(1)将完成的上次任务成果,命名为“学号-姓名-中国菜 2.dps”,并打开它。

(2)设置封面页,效果如图 1-22 所示。

图 1-22　封面页效果图

1)以艺术字形式插入题目“中国菜系”,并设为“华文行楷字体,96 磅,加粗,文字阴影,文本填充为深红色,无轮廓”。

2)插入图片“云 1.jpg”“云 2.jpg”,设置透明色,并调整大小和位置。

3)组合“中国菜系”和云朵图片,并为群组对象设置动画效果:渐入、上一动画之后、持续时间 1 秒。

4)插入艺术字“鲁川粤闽苏浙湘徽”,设为华文琥珀字体,32 磅,文本填充“矢车菊蓝,着色 1,淡色 60%”,文本效果为“阴影、外部、右下斜偏移”,并设定动画:自底部擦除,与上一动画同时,延时 0.5 秒。

5)插入艺术字 “食不厌精,脍不厌细”,并设为“华文行楷字体,54 磅,加粗,文字阴影,文本填充为“r128、g0、b0”,无轮廓,文本效果为“阴影、外部、向下偏移”,并设定进入动画为渐入,上一动画之后,强调动画为波浪形,上一动作之后,中速,重复 5 次。

6)插入“高山流水.mp3”,并设置为“跨幻灯片播放”。

(3)参考效果文件,给目录页设置超链接及各页的返回链接,效果如图 1-23 所示。

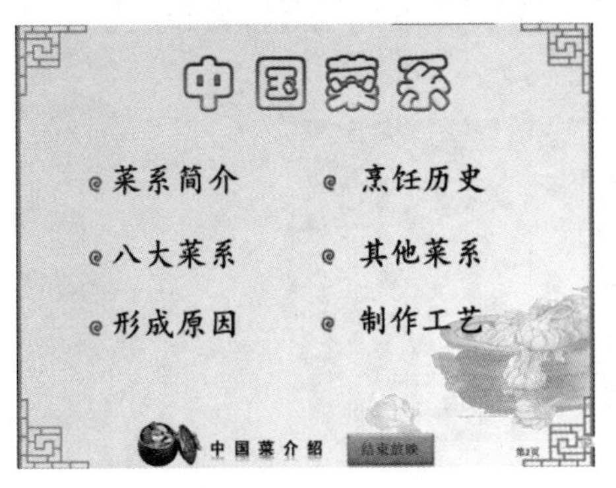

图 1-23　目录页效果图

(4)参考图 1-24,为第 4 页“八大菜系”添加相应用图片,并设置相应的触发动画效果。

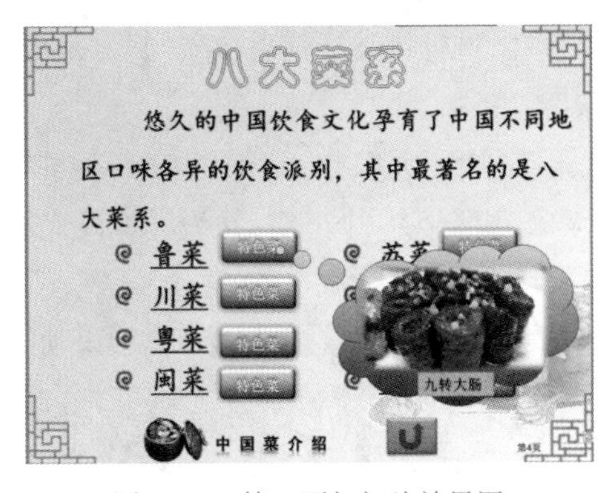

图 1-24　第 4 页幻灯片效果图

(5)参考图 1-25,为第 22 页“其他菜系”添加相应用图片,并设置相应用的触发动画效果。

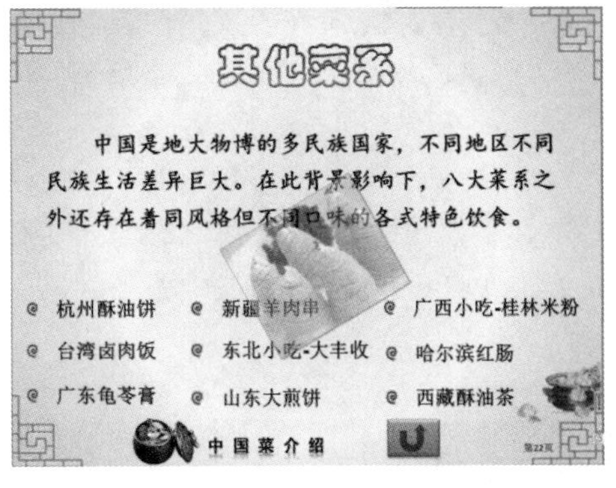

图 1-25　第 22 页幻灯片效果图

(6)参考图 1-26,为第 23 页“制作工艺”添加“炒菜图.jpg”。

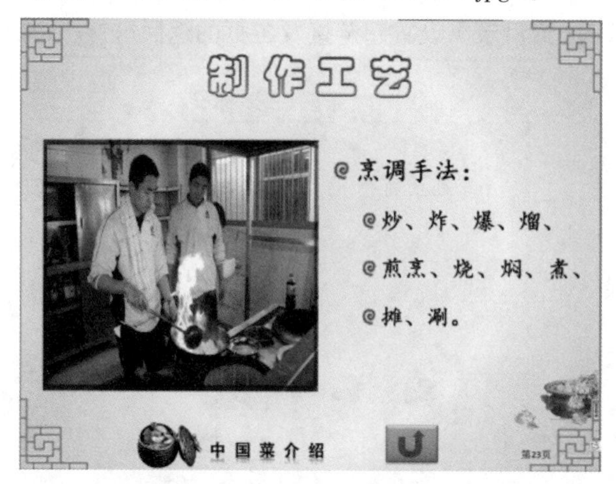

图 1-26 第 23 页幻灯片效果图

(7)设置尾页幻灯片,效果如图 1-27 所示。

1)插入艺术字“介绍完毕”,设置进入动画为擦除、上一动画之后、0.5 秒。

2)插入“横卷形”形状图。

3)在形状图上插入艺术字“谢谢大家”。

4)将形状图与“谢谢大家”组合为一个群组,并为群组设置进入动画为擦除、上一动画之后、1 秒。

5)插入“退出”和相应图片,并都插入链接,链接到“结束动画”。

图 1-27 尾页效果图

(8)保存。

二、任务解决及步骤

将任务一完成的演示文稿重命名为“学号-姓名-中国菜 2.dps”,并打开演示文稿。

步骤 1：设置封面页

(1)选择封面页，单击“插入”选项卡中的“艺术字”命令，选择“预设样式”组中的第 1 个“填充-黑色，文本 1，阴影”，输入文字“中国菜系”，设置字体为“华文行楷”，字号为“96 磅”，加粗，在“对象属性”任务窗格中选择“文本选项”选项卡，设置“文本填充”为“纯色填充”，颜色为“深红”，轮廓为“无”，如图 1-28所示。

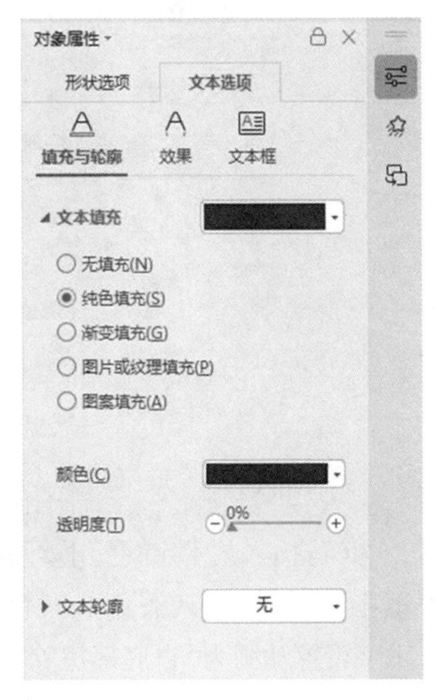

图 1-28　设置艺术字填充效果

(2)插入图片“云 1.jpg”“云 2.jpg”，单击“图片工具”选项卡中的“抠除背景”按钮，在下拉列表中选择“设置透明色”命令，单击图片即可将图片设置为透明色。调整图片大小，并将其移动到合适的位置。

(3)选中艺术字“中国菜系”“云 1.jpg”和“云 2.jpg”，右击，然后在快捷菜单中选择“组合”命令，如图 1-29 所示，即可将三者组合在一起。然后选中该群组，单击“动画”选项卡中的“自定义动画”选项，出现“自定义动画”任务窗格，在该任务窗格中设置群组动画为“渐入”，上一动画之后，如图 1-30 所示。选中该动画效果，单击其下拉按钮，选择“计时”命令，弹出“渐入”对话框，在“速度”下拉列表中选择“快速(1 秒)”，如图 1-31 所示。

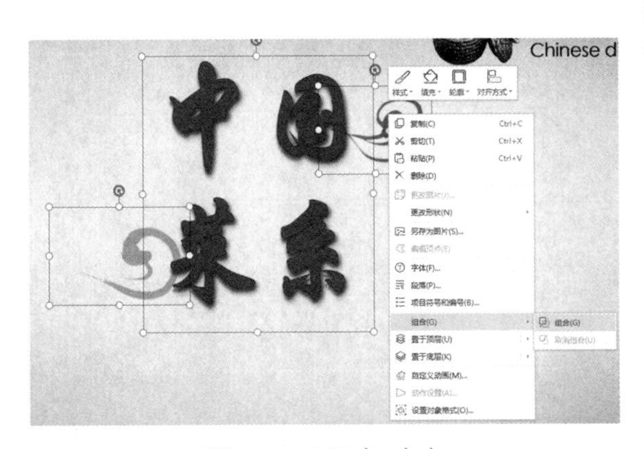

图 1-29　“组合”命令

图 1-30　设置动画效果

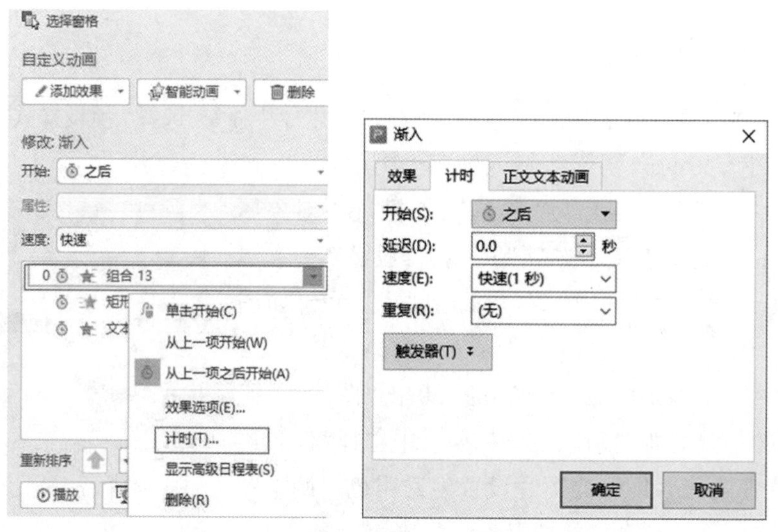

图 1-31 设置动画速度

(4)插入艺术字“鲁川粤闽苏浙湘徽”,设置字体为“华文行楷”,字号为“32 磅”,文本填充为“矢车菊蓝,着色 1,浅色 60%”,文本效果为“阴影”“外部”“右下斜偏移”。为该艺术字设置动画为“自底部擦除”,上一动画之后,延时 0.5 秒。

(5)插入艺术字“食不厌精,脍不厌细”,设置字体为“华文行楷”,字号为“54 磅”,文本填充为“r128、g0、b0”,无轮廓,文本效果为“阴影”“外部”“向下偏移”,并设定进入动画为“渐入”,上一动画之后,强调动画为“波浪型”,上一动作之后,中速(2 秒),重复 5 次,如图 1-32 所示。

图 1-32 设置动画效果

(6)插入“高山流水.mp3”,并设置为“跨幻灯片播放”。

1)单击“插入”选项卡中的“音频”下拉按钮,在弹出的选项中选择“嵌入音频”选项,如图 1-33 所示。

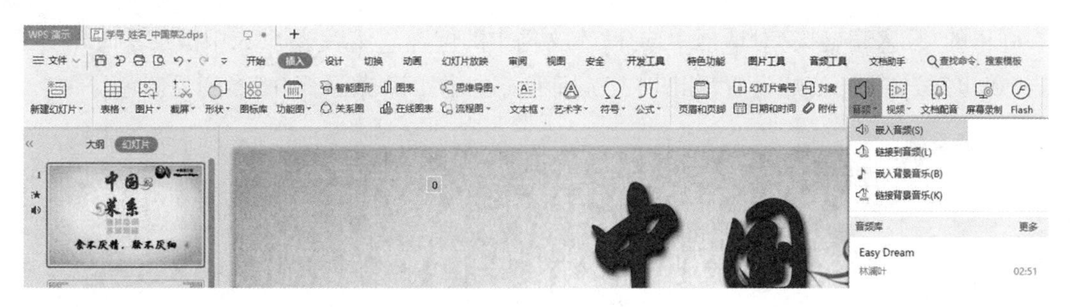

图 1-33　插入音频

2)在弹出的“插入音频”对话框中选择音频所在位置,选中音频文件,单击“打开”按钮,如图 1-34 所示。

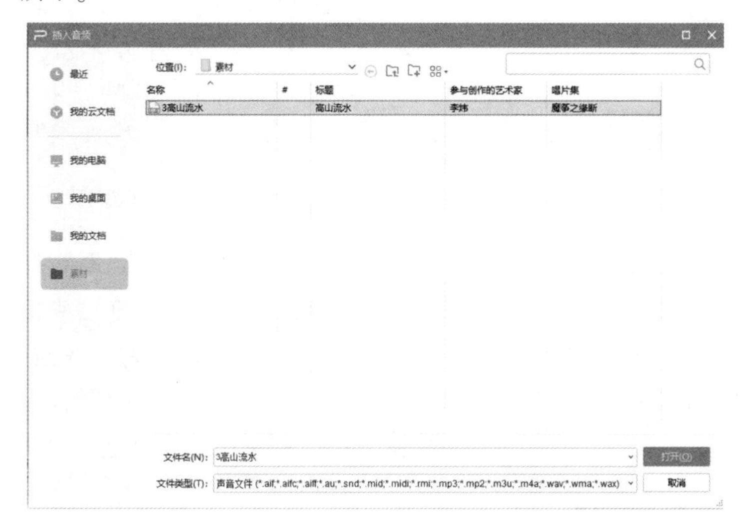

图 1-34　“插入音频”对话框

3)单击“音频”按钮,打开“音频工具”选项卡,在“开始”下拉列表中选择“自动”选项,选中“跨幻灯片播放”单选按钮,选中“循环播放,直至停止”和“放映时隐藏”复选框,如图 1-35所示。

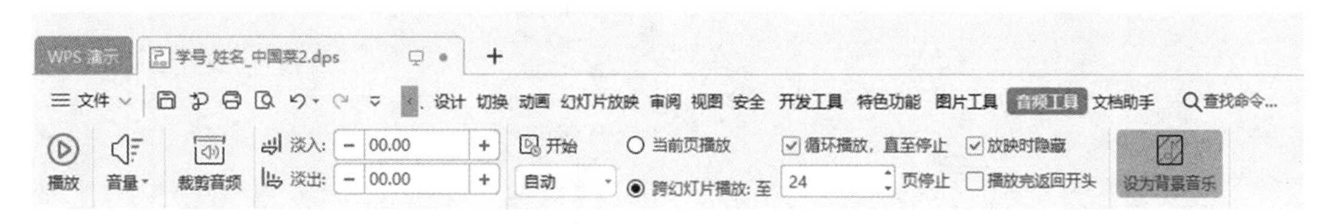

图 1-35　“音频工具”选项卡

步骤 2:设置目录页

(1)选择第 2 张幻灯片,按照图 1-23 所示效果设置文字大小和格式。

(2)选中文字“菜系简介”,右击,在快捷菜单中选择“超链接”命令,如图 1-36 所示,在弹出的“插入超链接”对话框中选择“本文档中的位置”，然后选择“3.中国菜系简介”，单击“确定”按钮即可完成设置，如图 1-37 所示。这时文字“菜系简介”会变为蓝色。

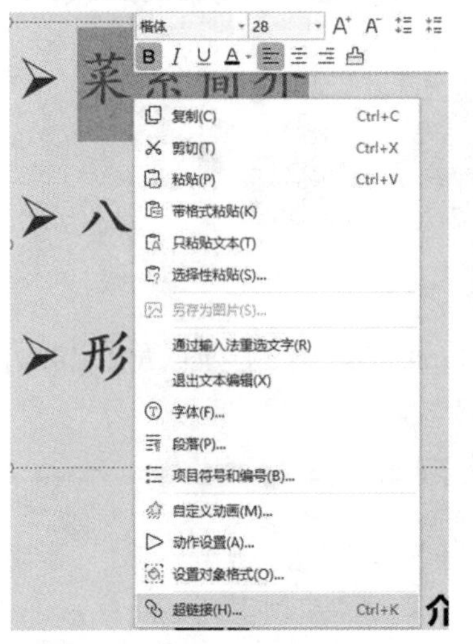

图 1-36　选择“超链接”命令

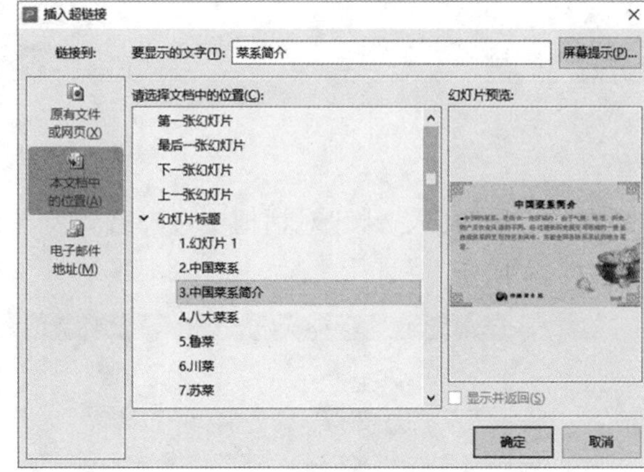

图 1-37　“插入超链接”对话框

（3）打开第 3 张幻灯片，单击“插入”选项卡中的“形状”下拉按钮，选择“动作按钮”组的“动作按钮：上一张”，如图 1-38 所示。此时鼠标变为十字，可在适当位置绘制动作按钮，绘制完成后弹出“动作设置”对话框，在对话框中选中“超链接到”单选按钮，并在其下拉列表中选择“幻灯片”选项，如图 1-39 所示。在弹出的“超链接到幻灯片”对话框中选择幻灯片“2.中国菜系”后，单击“确定”按钮，如图 1-40 所示，即可完成超链接设置。

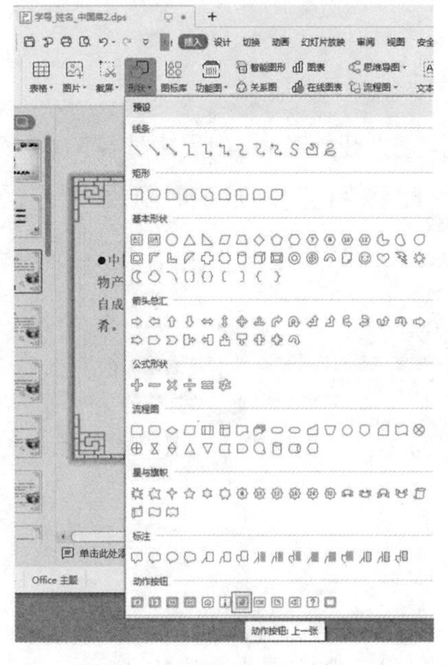

图 1-38　添加动作按钮

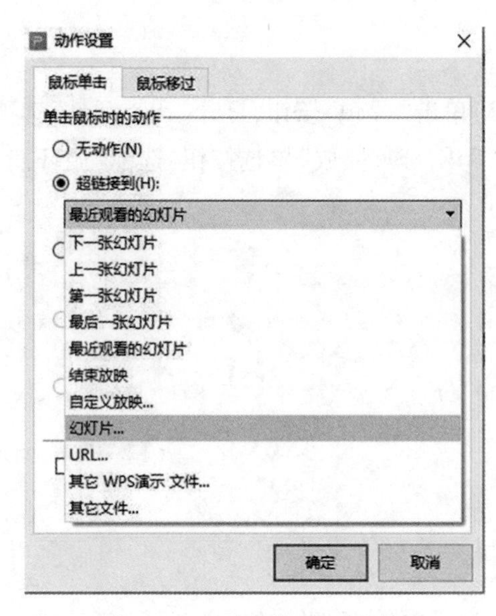

图 1-39　“动作设置”对话框

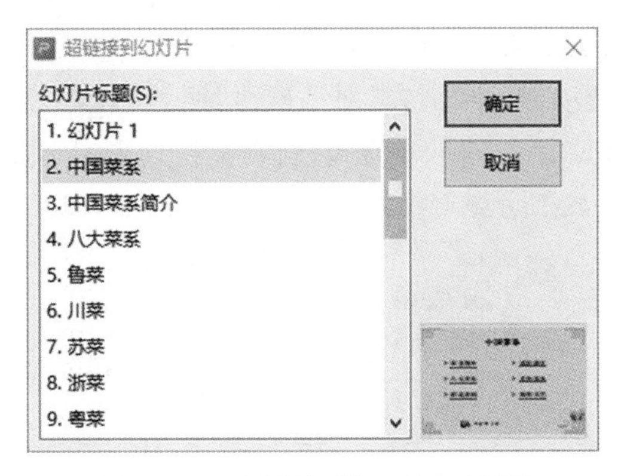

图 1-40 “超链接到幻灯片”对话框

参照以上步骤,将幻灯片“4.八大菜系”链接到文字“八大菜系”,幻灯片“13.形成原因”链接到文字“形成原因”,幻灯片“17.烹饪历史”链接到文字“烹饪历史”,幻灯片“22.其他菜系”链接到文字“其他菜系”,幻灯片“23.制作工艺”链接到文字“制作工艺”,并在各幻灯片添加动作按钮,设置链接至第 2 页幻灯片。

步骤 3:设置第 4 页幻灯片

(1)选择第 4 张幻灯片,按照图 1-24 所示效果设置文字大小和格式。

(2)参照步骤 2 的方法,为文字“鲁菜”“川菜”“粤菜”“闽菜”“苏菜”“浙菜”“湘菜”“徽菜”添加相应的链接,并为各幻灯片设置返回第 4 页幻灯片的链接。

(3)为“鲁菜”添加相应图片,并设置相应的触发动画效果。

1)参照图 1-24 在幻灯片中插入图形、图片“九曲大肠.jpg”和文字“九曲大肠”,并将三者组合成一个群组。选择该群组,单击“动画”选项卡中的“自定义动画”命令,在“自定义动画”任务窗格中为该群组添加动画效果“出现”,单击该动作的下拉按钮,选择“计时”选项,打开“出现”对话框,切换到“计时”选项卡,单击“触发器”按钮,选中“单击下列对象时启动效果”单选按钮,在下拉列表中选择“矩形 9”,单击“确定”按钮,完成设置,如图 1-41 所示。

图 1-41 “出现”对话框

2)选中群组,在“自定义动画”任务窗格中为其添加动画效果“消失”,单击该动作的下拉按钮,选择“计时”选项,打开“消失”对话框,切换到“计时”选项卡,单击“触发器”按钮,选中“单击下列对象时启动效果”单选按钮,在下拉列表中选择“矩形 9”,单击“确定”按钮,完成设置,如图 1-42 所示。

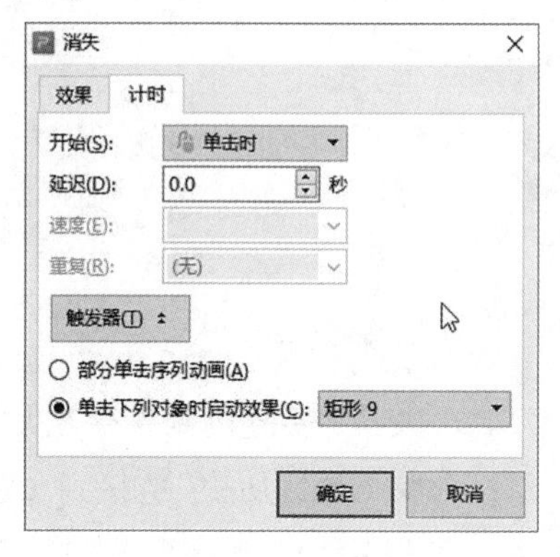

图 1-42 “消失”对话框

设置完成后的效果为:单击文字“鲁菜”后面的“特色菜”按钮即可出现相应的特色菜图片,再次单击“特色菜”按钮,相应的特色菜图片将消失。

(4)参照步骤(3)为“川菜”“粤菜”“闽菜”“苏菜”“浙菜”“湘菜”“徽菜”添加相应的特色菜图片,并设置触发动画效果。

步骤 4:设置第 22 页幻灯片

(1)选择第 22 张幻灯片,按照图 1-25 所示效果设置文字大小和格式。

(2)在幻灯片中插入文本框“杭州酥油饼”和图片“杭州酥油饼”。

(3)选中图片“杭州酥油饼”,在“自定义动画”任务窗格中为其添加动画效果“回旋”,单击该动作的下拉按钮,选择“计时”选项,打开“回旋”对话框,切换到“计时”选项卡,单击“触发器”按钮,选中“单击下列对象时启动效果”单选按钮,在下拉列表中选择“文本框 11”,单击“确定”按钮,完成设置,如图 1-43 所示。

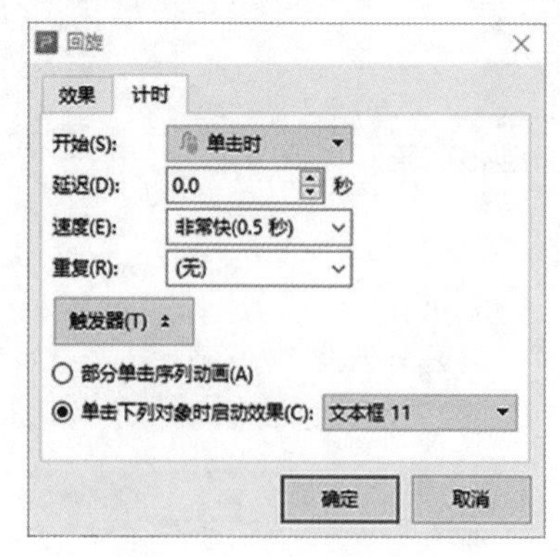

图 1-43 “回旋”对话框

(4)选中图片“杭州酥油饼”,在“自定义动画”任务窗格中为其添加动画效果“消失”,单击该动作的下拉按钮,选择“计时”选项,打开“消失”对话框,切换到“计时”选项卡,单击“开始”文本框下拉列表,选择“之后”,“延时”文本框选择“5.0”秒,如图 1-44 所示。

图 1-44 “消失”文本框

设置完成后,单击“幻灯片放映”按钮,在单击文本框“杭州酥油饼”时将出现图片“杭州酥油饼.jpg”,5 秒后图片消失。

参照以上步骤,添加其他图片,并为这些图片设置相应的触发动画效果。

步骤 5:设置第 23 页幻灯片

选择第 23 页幻灯片,单击“插入”选项卡的“图片”下拉按钮,选择“本地图片”选项,弹出“插入”对话框,选择图片所在位置,选中图片“炒菜图.jpg”,单击“打开”按钮,即可插入图片,参照图 1-26 效果设置幻灯片文字和图片效果。

步骤 6:设置尾页幻灯片

(1)插入艺术字“介绍完毕”。

1)选中尾页幻灯片,选择“插入”选项卡,单击“艺术字”下拉按钮,在出现的下拉列表中选择“填充-橙色,着色 4,软边缘”,如图 1-45 所示。

2)在文本框中输入“介绍完毕”,字体设置为“华文琥珀”, 大小为 72 磅。

3)选中文字“介绍完毕”,在“对象属性”任务窗格中打开“文本选项”,设置文本效果为阴影(透视、右上对角透视),文本填充为渐变“0%处为 RGB(165、66、0),78%处为 RGB(255、140、25),100%处为 RGB(255、241、233)”,文本轮廓为“无”。如图 1-46 所示为“对象属性”任务窗格。

图 1-45 “艺术字”下拉列表

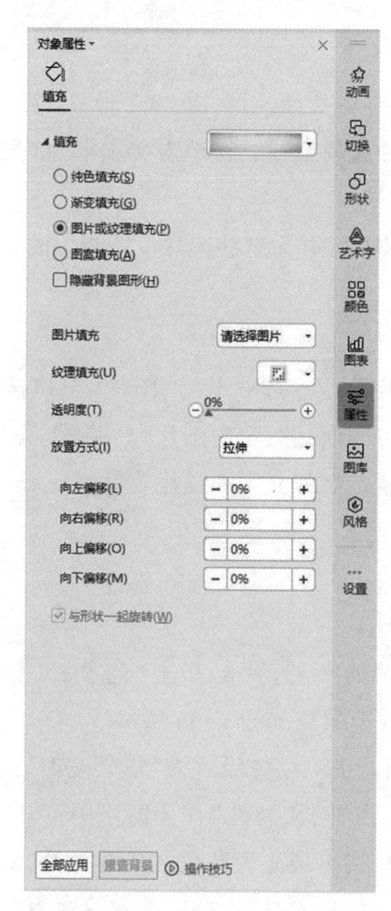

图 1-46 “对象属性”任务窗格

4）打开“形状选项”选项卡，选中“无填充”单选按钮。

5）选中艺术字，打开“动画”选项卡中的“自定义动画”按钮，打开“自定义动画”任务窗格，设置进入动画为“擦除”、“开始”下拉文本框选择“之后”，方向为“自底部”，速度为“非常快”。

（2）插入“横卷形”形状图。

1）选择“插入”选项卡，单击“形状”下拉按钮，在出现的如图 1-47 所示的下拉列表中选择“星与旗帜”组中的“横卷形”按钮，此时鼠标变为“+”，即可在幻灯片区域内绘制“横卷形”形状图。

图 1-47 “插入形状”下拉列表

2）在“对象属性”任务窗格中选择“形状选项”选项卡，在“填充”组中选择“纯色填充”单选按钮，单击“颜色”下拉按钮，选中“更多颜色”，在弹出的“颜色”对话框（图 1-48）中，将颜色设置为“RGB（51、153、51）”。在“线条”组中设置“颜色”为“矢车菊蓝，着色 1，深色 50%”，“宽度”为“3 磅”，“短划线类型”为“实线”。

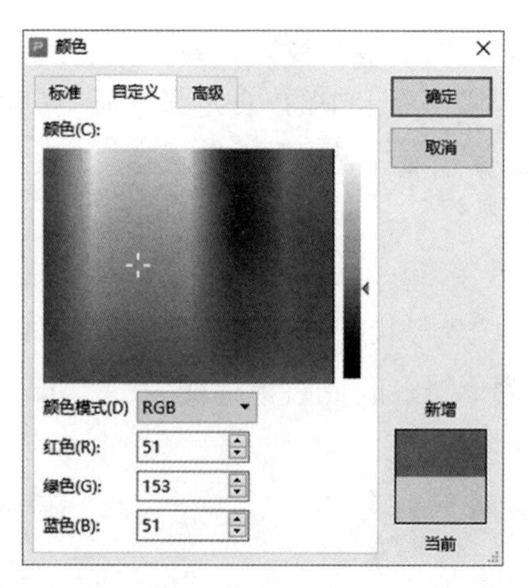

图 1-48 "颜色"对话框

3)打开"形状选项"下的"效果"选项卡,设置"阴影"为"外部,向下偏移",设置"发光"为"矢车菊蓝,11 磅发光,着色 1",如图 1-49 所示。

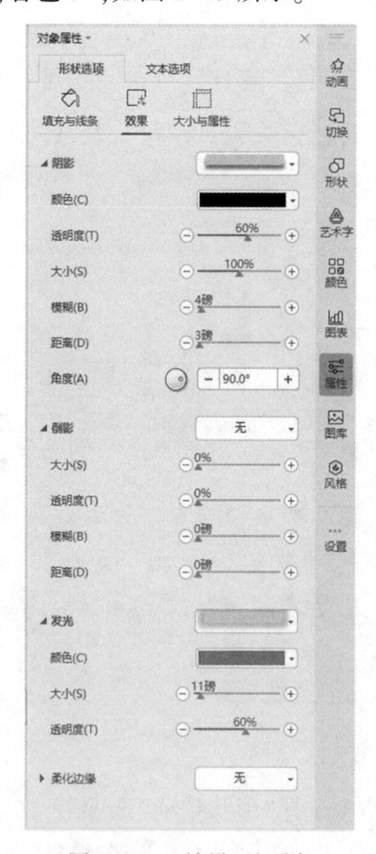

图 1-49 "效果"选项卡

(3)参照第(1)步,在"横卷形"形状图上插入艺术字"谢谢大家!",字体设置为"华文琥珀",大小设置为"54 磅"加粗,文本填充颜色为"珊瑚红,着色 5,深色 50%",阴影设为外部“右上斜偏移”。

(4)同时选中“横卷形”形状图与艺术字“谢谢大家!”,单击鼠标右键,在出现的快捷菜单中选中“组合”选项,将“横卷形”形状图与艺术字“谢谢大家!”组合在一起,如图1-50所示。

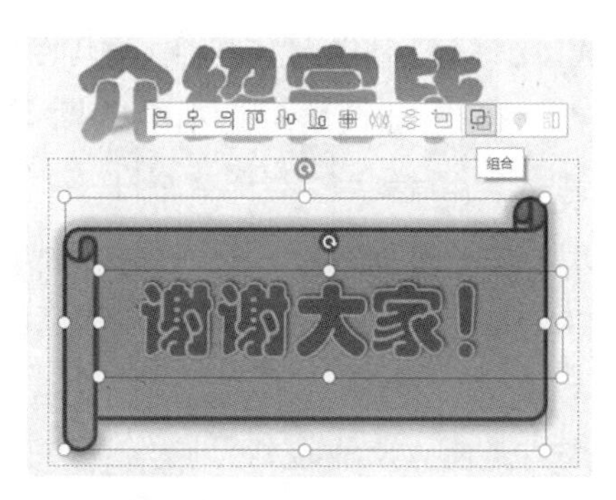

图1-50 “组合”操作

(5)为群组设置进入动画为擦除、上一动画之后、快速(1秒)。

(6)左下角插入“退出.png”图片,其右边插入文字“退出”。

1)选择“插入”选项卡,单击“图片”下拉按钮,在出现的下拉列表中选择“本地图片”,选择“退出.png”图片,单击“打开”按钮,插入图片。

2)调整图片大小,将其拖到幻灯片左下角。

3)在图片右侧插入文本框,输入文字“退出”,字体设置为“宋体”,大小为“32磅”,加粗。

4)右击图片,在快捷菜单中选择“超链接”,弹出“插入超链接”对话框,选择“原有文件或网页”,选择文件所在位置,选中“结束动画”,单击“确定”按钮完成超链接的设置。

5)参照步骤4),为文本框“退出”设置超链接。

三、知识拓展

1. 插入多媒体对象

(1)插入图片。在演示文稿中不仅可以插入本地图片,还可以选择“手机传图”选项,打开“插入手机图片”对话框,在幻灯片中插入手机中的图片。

(2)插入音频。演示文稿中可以插入的音频文件有两种格式:WAV和MIDI。WAV是指具有模拟源的音频文件,包括MP3、RMI、AU、AIF等格式,其听起来很真实,但是文件较大,有时需要链接。MIDI是指多乐器数字界面,文件较小,但听起来有些冷淡。

(3)插入视频。除了可以在幻灯片中插入音频,还可以在幻灯片中插入视频,在放映幻灯片时,便可以直接在幻灯片中放映影片,使得幻灯片更加丰富。和插入音频类似,通常在幻灯片中插入的视频都是计算机中的视频文件。在幻灯片中插入视频后,还可以对视频长度进行裁剪。

2. 设置幻灯片动画

WPS 演示提供了强大的动画功能。使用带动画效果的幻灯片对象可以使演示文稿更加生动活泼,还可以控制信息演示流程并重点突出最关键的数据,帮助用户制作更具吸引力和说服力的动画效果。

(1)进入动画。动画是演示文稿的精华,在动画中尤其以“进入动画”最为常用,“进入动画”可以实现多种对象从无到有、陆续展现的动画效果,主要包括“百叶窗”“擦除”“出现”“飞入”“盒装”“缓慢进入”“阶梯状”“菱形”“轮子”等数十种动画形式。

(2)强调动画。“强调动画”是通过放大、缩小、闪烁、陀螺旋等方式突出显示对象和组合的一种动画,主要包括“放大/缩小”“变淡”“更改字号”“补色”“跷跷板”等数十种动画形式。

(3)退出动画。“退出动画”是让对象从有到无、逐渐消失的一种动画效果。“退出动画”实现了换面的连贯过渡,是不可或缺的动画效果,主要包括“期盼”“层叠”“渐变”“切出”“闪烁一次”“下沉”等数十种动画形式。

(4)制作动作路径动画。“动作路径动画”是让对象按照绘制的路径运动的一种高级动画效果,主要包括“直线”“弧形”“六边形”“漏斗”“衰减波”等数十种动画形式。

(5)组合动画。除了为对象添加动画效果外,用户还可以为对象添加多个动画效果,且这些动画效果可以一起出现,或先后出现。

3. 创建和编辑超链接

为了在放映幻灯片时实现幻灯片的交互,可以通过 WPS 演示提供的超链接、动作、动作按钮和触发器等功能来进行设置。

(1)链接到指定幻灯片。WPS 演示为用户提供了“超链接”功能,可以将一张幻灯片中的文本框、图片、图形等元素链接到另一张幻灯片,实现幻灯片的快速切换。

(2)链接到其他文件。WPS 演示为用户提供了“插入对象”功能,用户可以根据需要在幻灯片中嵌入 Word 文档、Excel 表格、演示文稿以及其他文件等。

(3)添加动作按钮与链接。WPS 演示为用户提供了一系列动作按钮,如“前进”“后退”“开始”和“结束”等,可以在放映演示文稿时快速切换幻灯片,控制幻灯片的上下翻页、视频、音频等元素的播放。

思考与练习

(1)项目符号与编号如何修改?

(2)艺术字的字体与形状如何设置?

(3)超链接的下划线如何去掉?

(4)超链接的蓝色如何改为黑色?

(5)三种触发动作效果如何设置?

任务三　中国菜演示文稿播放设置

幻灯片制作完成后，需要进一步设置各张幻灯片的切换效果与时间，通过幻灯片放映了解幻灯片中文本、图片等各种对象的出现顺序、效果与时间，并对各种对象进行优化设置。最后进行排练计时，对幻灯片各对象播放进行整体控制。下面通过对中国菜演示文稿播放展示设置的任务来学习幻灯片切换和幻灯片放映方式设置。

一、任务说明及要求

将“学号-姓名-中国菜 2”重命名为“学号-姓名-中国菜 3.dps”，然后为演示文稿中的各张幻灯片设置切换动画并用排练计时功能进行模拟演示，具体要求如下：

（1）将完成的上次任务成果，命名为“中国菜演示文稿播放设置.dps”，并打开它。

（2）设置幻灯片切换过渡效果。

（3）用排练计时功能，进行模拟演示。

（4）保存。

二、任务解决及步骤

将任务二完成的演示文稿重命名为“学号-姓名-中国菜 3.dps”，并打开演示文稿。

步骤 1：设置幻灯片切换过渡效果

（1）选择第 2 张幻灯片，单击“切换”选项卡中的“效果”下拉按钮，在演出的列表中选择“轮辐”选项，如图 1-51 所示。

图 1-51　设置页面切换效果

另外，选中第 2 张幻灯片右击，在快捷菜单中选择“幻灯片切换”命令，即可打开“幻灯片切换”任务窗格，如图 1-52 所示。

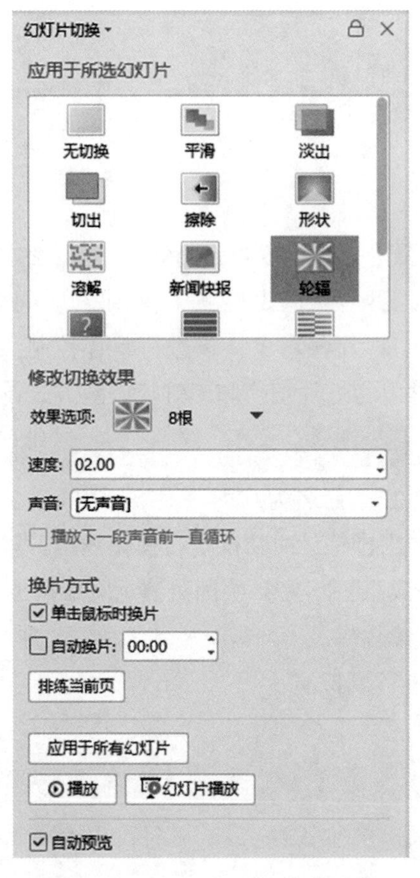

图 1-52 “幻灯片切换”任务窗格

(2)在“幻灯片切换”任务窗格的“修改切换效果”区域的“效果选项”下拉列表可以选择设置轮辐的根数,在“速度”微调框中输入数值可以设置切换速度,在“声音”下拉列表中可以选择幻灯片切换的声音,如图 1-53 所示。

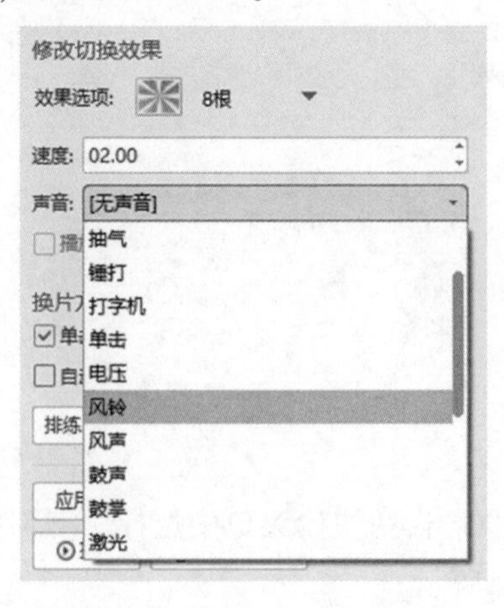

图 1-53 修改幻灯片切换效果

(3)在“幻灯片切换”任务窗格的“换片方式”区域勾选“自动换片”复选框，在微调框中输入数值，单击“应用于所有幻灯片”可以设置自动换片的间隔时间，如图 1-54 所示。

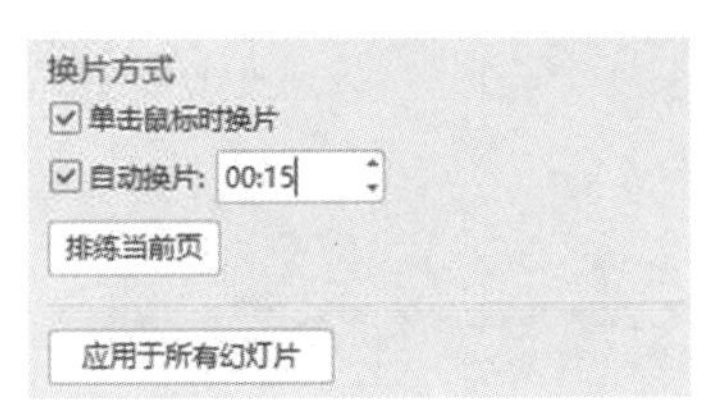

图 1-54 设置换片方式

参照以上步骤，可以为演示文稿“学号-姓名-中国菜 3”的所有幻灯片设置切片方式和切片效果。

步骤 2：用排练计时功能进行模拟演示

(1)单击“幻灯片放映”选项卡中的“排练计时”下拉按钮，选择“排练全部”选项，如图1-55所示，演示文稿自动进入放映状态，左上角会显示“预演”工具栏，中间时间代表当前幻灯片页面放映所需时间，右边时间代表放映所有幻灯片累计所需时间，如图1-56所示。

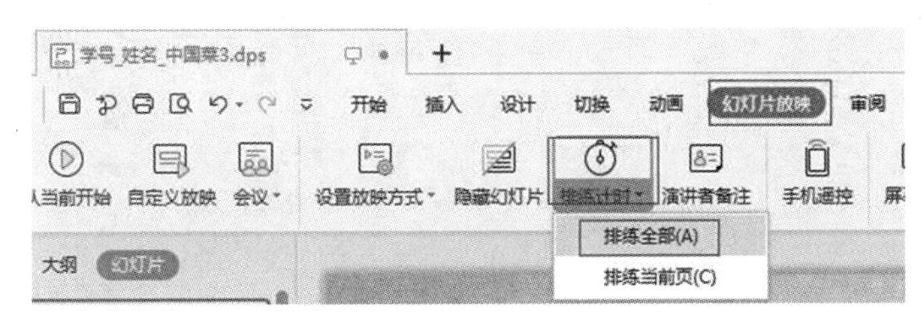

图 1-55 使用排练计时功能

图 1-56 演示文稿放映状态

(2)根据实际需要，设置每张幻灯片的停留时间，到最后一张幻灯片时，单击会弹出

“WPS 演示”对话框，询问是否保留新的幻灯片排练时间，如图 1-57 所示。单击“是”按钮，返回至演示文稿，自动进入幻灯片浏览模式，可以看到每张幻灯片放映所需的时间，如图1-58所示。

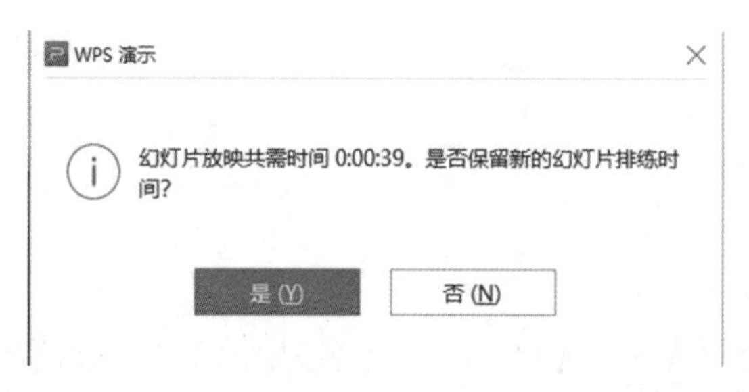

图 1-57 “WPS 演示”对话框

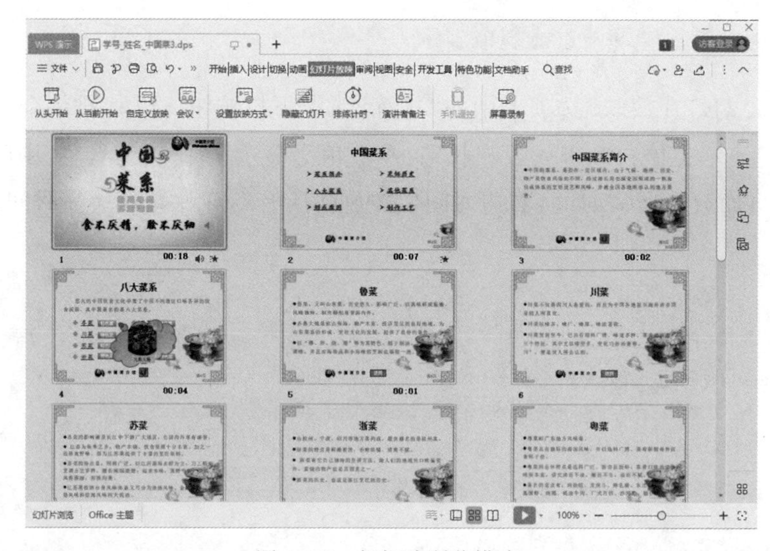

图 1-58 幻灯片浏览模式

三、知识拓展

1. 幻灯片切换动画

页面切换动画是指在幻灯片放映过程中从一张幻灯片切换到下一张幻灯片时出现的动画效果。添加页面切换动画不仅可以轻松实现画面之间的自然切换，还可以使 PPT 真正动起来。WPS 演示提供了 16 种幻灯片切换效果，包括“淡出”“切出”“擦除”“形状”“溶解”“新闻快报”“轮辐”“随机”“百叶窗”“梳理”“抽出”“分割”“线条”“棋盘”“推出”“插入”。

2. 幻灯片的放映类型

幻灯片的放映类型包括：演讲者放映（全屏幕），便于演讲者演讲，演讲者对幻灯片具有完整的控制权，可以手动切换幻灯片和动画；在展台浏览（全屏幕），这种类型将全屏模式放映幻灯片，并且循环放映，不能单击鼠标手动演示幻灯片，通常用于展览会场或会议中运行无人管理幻灯片演示的场合中。

3. 排练计时

排练计时时，前面时间是这张幻灯片播放时间，后面时间是演示文稿播放总时间。如果使用过排练计时，会默认使用排练计时，如果不想使用排练计时，需要再设置放映方式，把换片方式改为手动。幻灯片放映可以隐藏某些幻灯片，也可以通过自定义放映设置需要放映的幻灯片。

思考与练习

(1) 请尝试使用“WPS”APP 用手机遥控演示文稿播放翻页。

(2) 演示文稿放映时，右键快捷方式中使用演讲者备注，可以及时记录会议记录而不用关闭放映，请尝试使用。

任务四　演示文稿制作理念

什么样的演示文稿算是成功的演示文稿呢？一个成功的演示文稿，需要分析听众，了解听众背景、听众立场、兴奋点和兴趣点，同时也要了解限制条件，比如会场大小、时间长短、设备和顺序等。下面主要学习演示文稿的制作理念。

一、任务说明及要求

综合应用演示文稿知识，以 WPS 演示为工具进行原创主题演示文稿制作，在制作过程中学习并掌握演示文稿的制作理念。

二、任务解决及步骤

步骤 1：寻找合适的素材

制作一个好的演示文稿，首先必须要根据创作主题寻找适合的素材，如选择能有力支持观点的，选择自己有切身感受的，选择有冲击力的，选择有真实感的，选择可检验的素材支撑观点。

步骤 2：把握设计原则

演示文稿最大的问题不是美感，不是动画，而是逻辑！文字的逻辑关系，是演示文稿的灵魂。下面从 6 个方面讲解演示文稿设计原则。

1. 制作思路

首先要确定演示文稿的制作类型。一是电影型。这种演示文稿不需要讲解，素材要相对完整,意思要表达清楚。二是播放型。以演示文稿为主,讲解为辅,通过适当的讲解,即可表达清楚,文本以短句,小段落,配以图片,视频。三是讲解型。讲解为主,演示文稿演示为辅,这种类型,演示文稿只是起到辅助作用,帮助讲解者更清楚地讲解,更生动地表达,文本以关键词为主,以突出显示,让观众听众更加有重点记住内容。

演示文稿总体框架:一般是封面页、目录页、过渡页、正文页……结尾。

演示文稿设计步骤: 列提纲,设计母版,设计标题,素材添加,图表化,文字排版,颜色美化,装饰图案,放映查错,9 个步骤。

2. 背景处理

母版,既可以采用模板的母版,也可自己设计母版。演示文稿颜色模式有两种:一种是 RGB 模式,基于红绿蓝三原色,通过红绿蓝不同数值显示不同颜色;另一种是 HSL 模式,是基于色调、饱和度、亮度,其中色调就是色彩的颜色,自定义图中横坐标;饱和度就是色彩的鲜艳程度,图中就是纵坐标;亮度就是色彩的亮度,最亮为白色,最暗为黑色。根据人们的心理和视觉判断,色彩有冷暖之分,可分为 3 个类别:暖色系(红、橙、黄)、冷色系(蓝、绿、蓝紫)、中性色系(绿、紫、赤紫、黄绿等)。

3. 文字处理,

文字处理可以通过文本框、形状图、智能图形、PS 设计图片等。我们在使用文本时,文本一定要简约,要删除多余的文字;文本处理的另一个原则就是 CRAP 原则,即对比、重复、对齐、亲密性。

4. 图表处理

图表设计一般原则:文不如字,字不如表,表不如图;图表要服务于内容;每张图表都要表达一个明确信息;一页演示文稿最好只放一张图表;图表一定要清晰。如甘特图可以很清晰地说明各个项目的进度安排,甘特图可以清晰地说明各个项目在不同时间的完成效果。

5. 音频视频处理

音频有三类:一是背景音乐,一般用于片头或作品欣赏时使用;二是素材声音,根据内容需求恰当地添加有助于理解;三是旁白,主要是对本页幻灯片进行解说。

视频使用可通过链接或嵌入,音频和视频在演示文稿中结合内容恰当使用可以达到较好的效果。

6. 动画切换设置

根据幻灯片内容需要,进行动画设置,动画设置有 4 种方式:一是进入,二是强调,三是离开,四是路径。强调两点:一是一个复杂动画是由几个简单动画组成;二是同一个对象不同动作的时间关系(执行前后、延迟时间、动作长短、循环次数)是动画设置的关键。

三、知识拓展

演示文稿制作初学者,经常会在幻灯片上直接添加图片,然后在图片上添加文字,这样既破坏了图片的美感,又看不清文本,除非有必要,一般不要在幻灯片上直接添加图片。添加图片时,要使用跟主题相关的图片,同时图片要清晰,不要有无关的 Logo。

思考与练习

3~6 人组成一个团队,综合应用演示文稿知识,以 WPS 演示为工具进行原创主题演示文稿制作。主题可以是职业生涯规划、自我介绍、手机使用利与弊、家乡旅游攻略推荐、特产购买推荐、学习方法介绍、一种运动介绍、一本书介绍、一部电影介绍、特色 APP 介绍,等等。要求制作精美、思路清晰、图文并茂、文本精炼、切换合理。

模块二 WPS 文档制作

WPS 是我国具有自主知识产权的民族软件的代表，自 1988 年诞生以来，WPS Office 产品不断变革、创新、拓展，现已在著作行业和领域超越了同类产品，成为国内办公软件的首选。WPS 文档采用全新的界面风格，帮助用户轻松、便捷地完成日常的文档处理工作，如文档的输入、编排、保存、加密保护等。

本模块主要介绍文档的创建与编辑操作，包括新建文档、输入文本、文本和文档的基本操作、分节符的插入、目录的制作等。

任务五　会议通知制作

会议通知在工作中经常用到，本任务通过制作会议通知来学习 WPS 文档的格式编辑和图文排版，掌握 WPS 文档的简单操作。

一、任务说明及要求

根据教师提供的素材制作 WPS 文档，文档命名为“会议通知.wps”，具体要求如下：

(1)新建一个 WPS 文档，命名为“会议通知.wps”。

(2)页面设置：设计纸张大小、横纵版面、页边距等。页边距上下均为“2.6 厘米”，左右均为“3 厘米”，装订线所需的页边距为“0 厘米”，纸张方向为“纵向”，纸张大小为“A4”。

(3)复制素材到 WPS 文本。

(4)第一页排版效果如图 2-1 所示。

1)标题黑体，2 号，居中，红色，段前段后 0.5 行，行距 1.25 倍；

2)正文(从称呼到落款日期)仿宋体，四号，黑色，单倍行距，段前段后 0 行，首行缩进 2

字符,称呼左对齐,结尾右对齐;

3)会议 4 个主题字体加粗,并设置项目符号;

4)会议有关 3 个事项和附件 3 项内容均前设置编号;

5)为正文中的网址设置超链接。

(5)第二页排版效果图如图 2-2 所示。

1)附件 1 为会议回执,标题宋体 3 号加粗,正文宋体 4 号,表格内文字宋体 4 号,水平居中,其中首行表头加粗。

2)附件 2 为市内交通图,以矩形标注说明宾馆和车站的相对位置(附件 1 和附件 2 在同一页)。

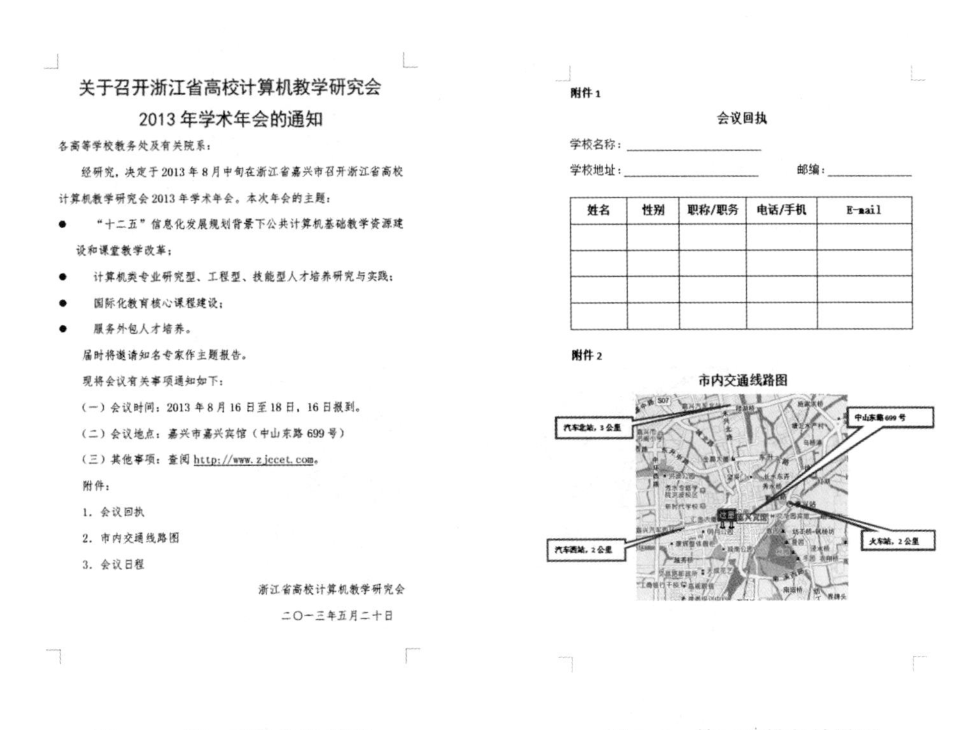

关于召开浙江省高校计算机教学研究会
2013 年学术年会的通知

各高等学校教务处及有关院系:

经研究,决定于 2013 年 8 月中旬在浙江省嘉兴市召开浙江省高校计算机教学研究会 2013 年学术年会。本次年会的主题:

- "十二五"信息化发展规划背景下公共计算机基础教学资源建设和课堂教学改革;
- 计算机类专业研究型、工程型、技能型人才培养研究与实践;
- 国际化教育核心课程建设;
- 服务外包人才培养。

届时将邀请知名专家作主题报告。

现将会议有关事项通知如下:

(一)会议时间:2013 年 8 月 16 日至 18 日,16 日报到。

(二)会议地点:嘉兴市嘉兴宾馆(中山东路 699 号)

(三)其他事项:查阅 http://www.zjccet.com。

附件:

1. 会议回执
2. 市内交通线路图
3. 会议日程

浙江省高校计算机教学研究会

二〇一三年五月二十日

附件 1

会议回执

学校名称:__________

学校地址:__________ 邮编:________

姓名	性别	职称/职务	电话/手机	E-mail

附件 2

市内交通线路图

图 2-1 第一页排版效果图　　图 2-2 第二页排版效果图

(6)第三页排版,效果如图 2-3 所示:附件 3 为会议日程,纸张方向为横向,内容 3 栏显示,其中 2 栏为特邀嘉宾简介,包含照片(照片需要设置围绕方式,例如四周型围绕等);1 栏为表格形式的日程安排(附件 3 只能设置在一页)。

二、任务解决及步骤

步骤 1:新建空白文档,命名为"会议通知.wps"

(1)单击"开始"按钮,选择"WPS Office"→"WPS 文字"开始菜单命令,如图 2-4 所示,启动 WPS 文字。若桌面上已存在"WPS 文字"应用程序图标,即可双击该图标启动

WPS 文字。

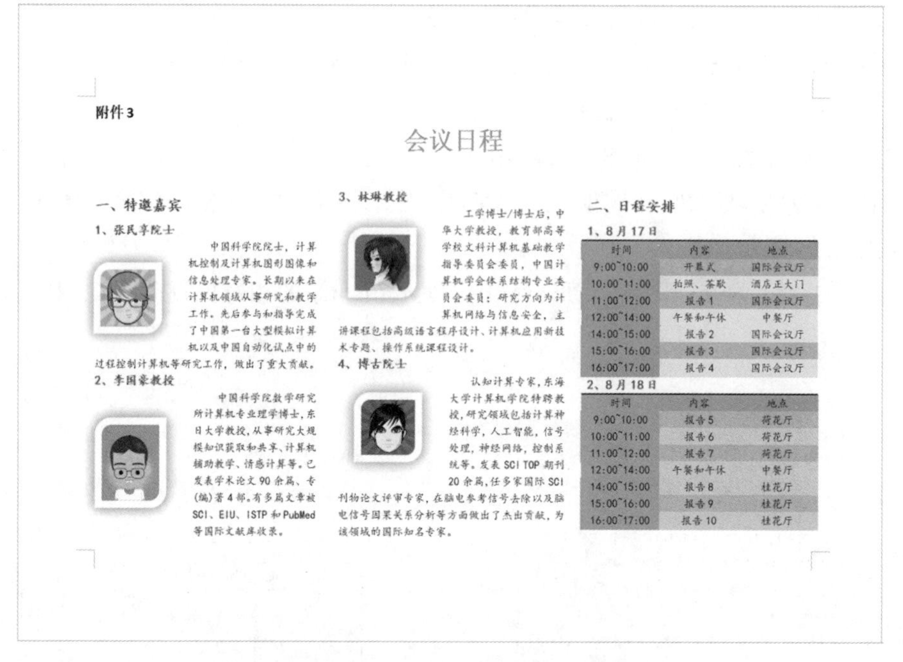

附件 3

会议日程

一、特邀嘉宾

1、张民享院士

中国科学院院士，计算机控制及计算机图形图像和信息处理专家。长期以来在计算机领域从事研究和教学工作。先后参与和指导完成了中国第一台大型模拟计算机以及中国自动化试点中的过程控制计算机等研究工作，做出了重大贡献。

2、李国豪教授

中国科学院数学研究所计算机专业理学博士，东日大学教授，从事研究大规模知识获取和共享、计算机辅助教学、情感计算等。已发表学术论文 90 余篇、专(编)著 4 部。有多篇文章被 SCI、EIU、ISTP 和 PubMed 等国际文献库收录。

3、林琳教授

工学博士/博士后，中华大学教授，教育部高等学校文科计算机基础教学指导委员会委员，中国计算机学会体系结构专业委员会委员：研究方向为计算机网络与信息安全，主讲课程包括高级语言程序设计、计算机应用新技术专题、操作系统课程设计。

4、博古院士

认知计算专家，东海大学计算机学院特聘教授，研究领域包括计算神经科学，人工智能，信号处理，神经网络，控制系统等。发表 SCI TOP 期刊 20 余篇，任多家国际 SCI 刊物论文评审专家，在脑电参考信号去除以及脑电信号因果关系分析等方面做出了杰出贡献，为该领域的国际知名专家。

二、日程安排

1、8 月 17 日

时间	内容	地点
9:00~10:00	开幕式	国际会议厅
10:00~11:00	拍照、茶歇	酒店正大门
11:00~12:00	报告 1	国际会议厅
12:00~14:00	午餐和午休	中餐厅
14:00~15:00	报告 2	国际会议厅
15:00~16:00	报告 3	国际会议厅
16:00~17:00	报告 4	国际会议厅

2、8 月 18 日

时间	内容	地点
9:00~10:00	报告 5	荷花厅
10:00~11:00	报告 6	荷花厅
11:00~12:00	报告 7	荷花厅
12:00~14:00	午餐和午休	中餐厅
14:00~15:00	报告 8	桂花厅
15:00~16:00	报告 9	桂花厅
16:00~17:00	报告 10	桂花厅

图 2-3　第三页排版效果图

图 2-4　在“开始”按钮打开“WPS 文字”

(2)打开“新建”窗口，选择“新建空白文档”模板，此时，WPS 已经创建了一个名为“文字文稿 1”的空白文档，如图 2-5 所示为 WPS 文字界面。

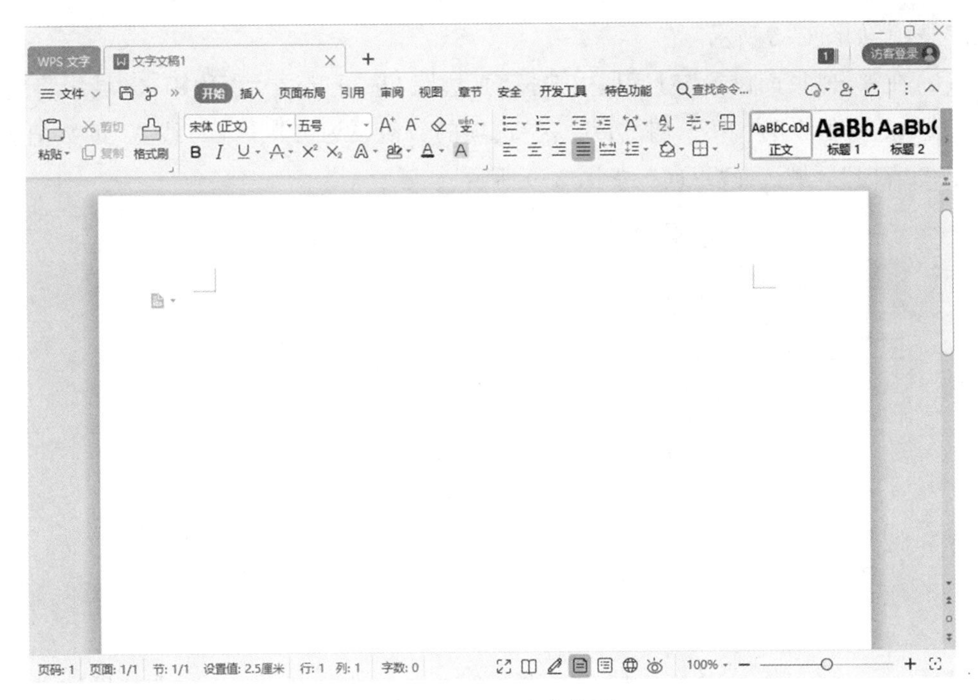

图 2-5　WPS 文字界面

(3)单击“文件”按钮,在弹出的选项中选择“保存”选项,如图 2-6 所示。弹出“另存为”对话框,选择保存位置,在“文件名”文本框中输入“会议通知”,在“文件类型”列表中选择“WPS 文字.文本(* .wps)”,单击“保存”按钮,如图 2-7 所示。

图 2-6　选择“保存”选项

图 2-7　“另存为”对话框

步骤 2:页面设置

(1)单击“页面布局”选项卡中的“页边距”下拉按钮,在弹出的选项中选择“自定义页边距”选项，如图 2-8 所示。

（2）在弹出“页面设置”对话框中选择“页边距”选项卡，在“页边距”区域中将“上”“下”选项的数值设为“2.6”，将“左”“右”选项的数值设为“3”，“装订线宽”的数值设为“0”，在“方向”区域选择“纵向”，如图 2-9 所示。

图 2-8　选择“自定义页边距”选项

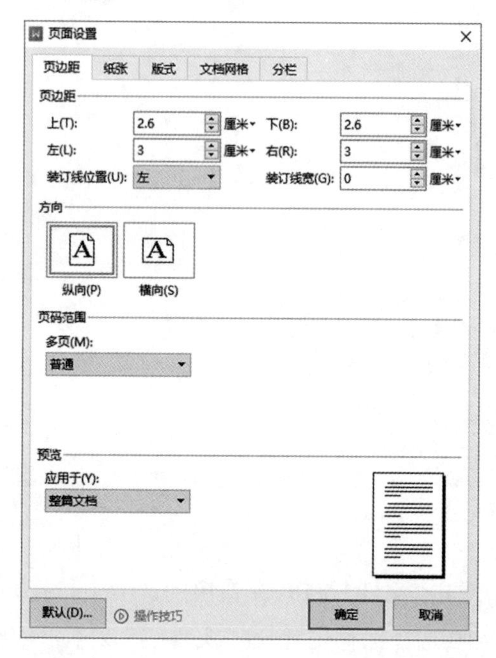

图 2-9　“页边距”选项卡

（3）在“纸张”选项卡的“纸张大小”下拉列表中选择“A4”，如图 2-10 所示。

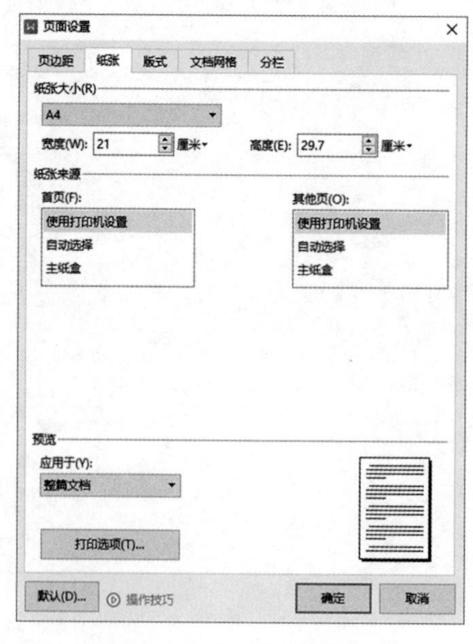

图 2-10　“纸张”选项卡

步骤 3:复制素材到 WPS 文档

打开素材文件,选中文档中的所有内容,右击在快捷菜单中选择"复制"选项,如图 2-11 所示,然后打开 WPS 文档"会议通知.wps",右击选择"粘贴"选项,如图 2-12 所示,即可将素材复制到 WPS 文档。

图 2-11　选择"复制"选项

图 2-12　选择"粘贴"选项

步骤 4:第一页排版

(1)选中标题,"字体"设置为"黑体",字号设置为"二号",颜色设置为红色,然后在标题处右击,选择"段落"选项,打开"段落"对话框,在"间距"区域,"段前"微调框中选择"0.5","行距"微调框中输入"1.25",如图 2-13 所示。

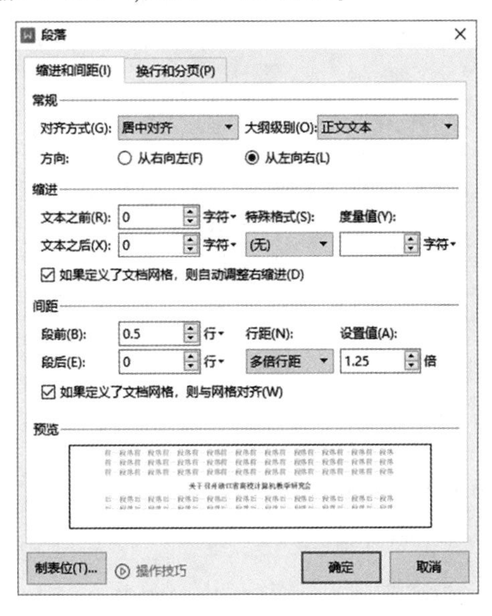

图 2-13　"段落"文本框

(2)选中正文(从称呼到落款日期)内容,“字体”设置为“仿宋”,“字号”设置为“四号”,颜色设置为黑色,行距设为“单倍行距”,段前段后 0 行。称呼设为左对齐,结尾设为右对齐,其余正文内容设置为首行缩进 2 字符。

(3)选中会议的 4 个主题,设为加粗,右击选择“项目符号和编号”选项,打开“项目符号和编号”对话框,切换到“项目符号”选项卡,选择第一行的第二个,即可为 4 个主题设置项目符号,如图 2-14 所示。也可单击“开始”选项卡中的“项目符号”按钮,在下拉菜单中选择对应的项目符号,如图 2-15 所示。

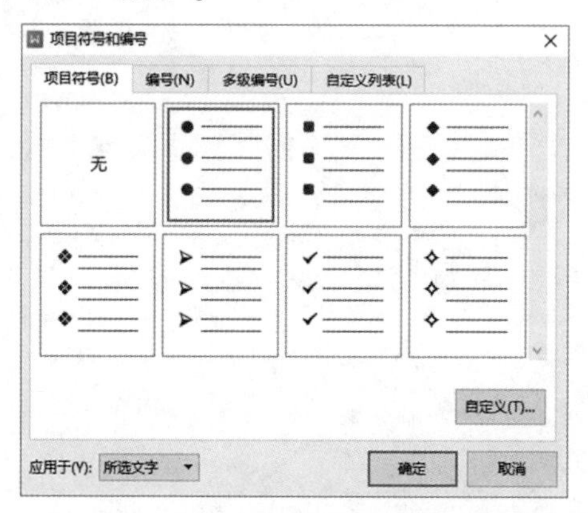

图 2-14 “项目符号和编号”对话框

图 2-15 “项目符号”下拉菜单

(4)参照步骤(3)为会议有关 3 个事项和 3 个附件内容设置项目笔编号,效果如图 2-16所示。

现将会议有关事项通知如下：

（一）会议时间：2013 年 8 月 16 日至 18 日，16 日报到。

（二）会议地点：嘉兴市嘉兴宾馆（中山东路 699 号）

（三）其他事项：查阅 http://www.zjccet.com。

附件：

1. 会议回执

2. 市内交通线路图

3. 会议日程

图 2-16　项目编号效果

（5）选中正文中的网址，右击选择“超链接”选项，打开“插入超链接”对话框，在“地址”文本款中输入链接网址，单击“确定“按钮”，即可完成设置，如图 2-17 所示。

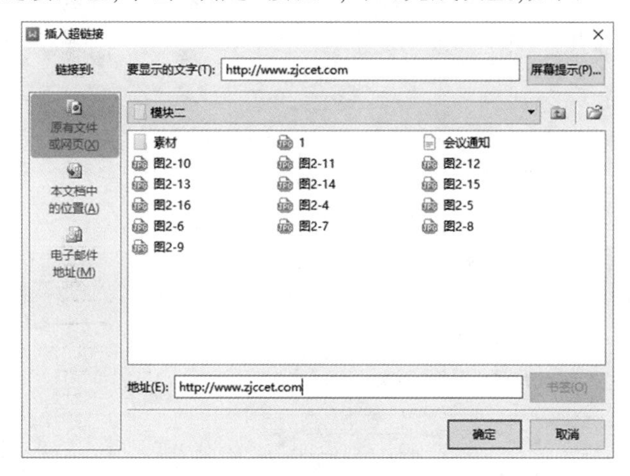

图 2-17　“插入超链接”对话框

步骤 5：第二页排版

（1）附件 1 和附件 2 标题字体设置为“宋体”“三号”“加粗”，正文字体设置为“宋体”“四号”。

（2）单击表格中任何一个部分，当表格左上角出现符号时，单击该符号，即可选中整个表格，设置表格中字体为“宋体”“四号”，右击在快捷菜单中选择“单元格对齐方向”选项，在级联菜单中选择。

（3）选中表格首行，单击加粗按钮，将表头字体设为加粗。

（4）单击“插入”选项卡中的“形状”下拉按钮，在“标注”组选择“矩形标注”选项，如图2-18所示。将“矩形标注”指示到图片上嘉兴宾馆的位置，并在标注框内输入文字“中山东路 699 号”，选择字体加粗，然后右击矩形标注，选择“设置对象格式”选项，打开“设置对象格式”对话框，在“颜色与线条”选项卡中设置颜色为“蓝色”，线型为“2.25 磅”，单击“确定”按钮完成设置，如图 2-19 所示。

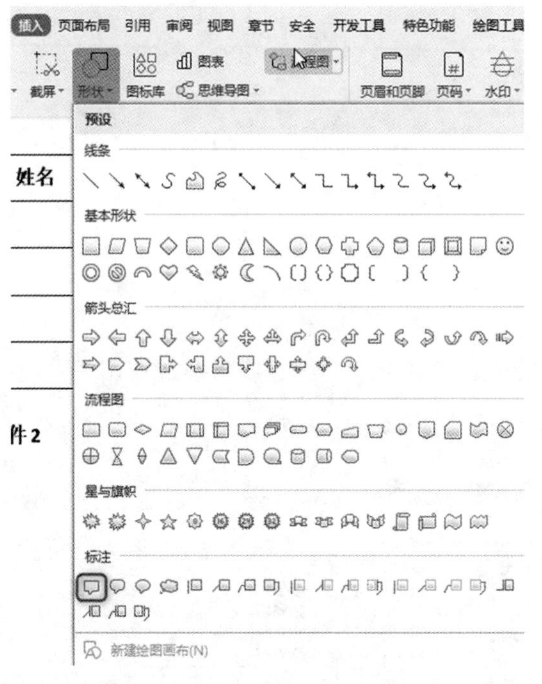

图 2-18 “形状”下拉表单

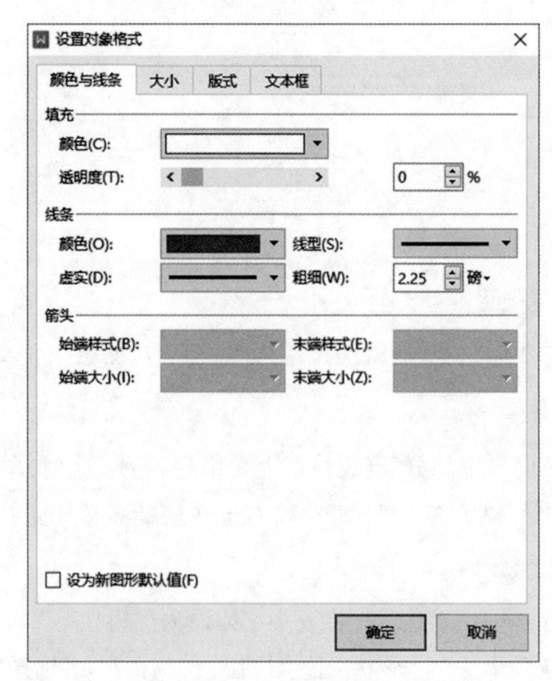

图 2-19 “设置对象格式”文本框

(5)参照步骤(4)为其他地方添加矩形标注说明宾馆和车站的相对位置，选中 4 个矩形标注和地图，右击选择“组合”选项，将几个对象组合在一起，效果参考图 2-2。

步骤 6:第三页排版

(1)选中附件 3 的全部内容,单击“页面布局”选项卡“页边距”下拉列表中的“自定义页边距”选项,打开“页面设置”选型卡,在“预览”区域“应用于”下拉列表中选择“所选文字”,“方向”区域选择“横向”,单击“确定”按钮,如图 2-20 所示,即可将第三页的纸张方向设置为横向。

(2)单击“页面布局”选项卡中“分栏”按钮,在下拉列表中选择“三栏”,如图 2-21 所示,即可将附件 3 的内容设置为 3 栏。

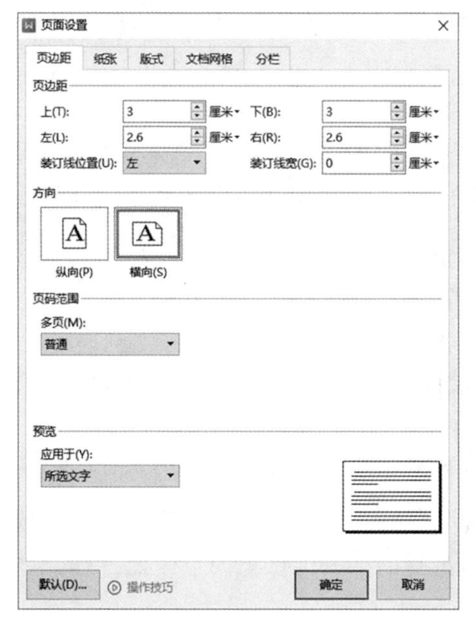

图 2-20　将第三页设置为横向

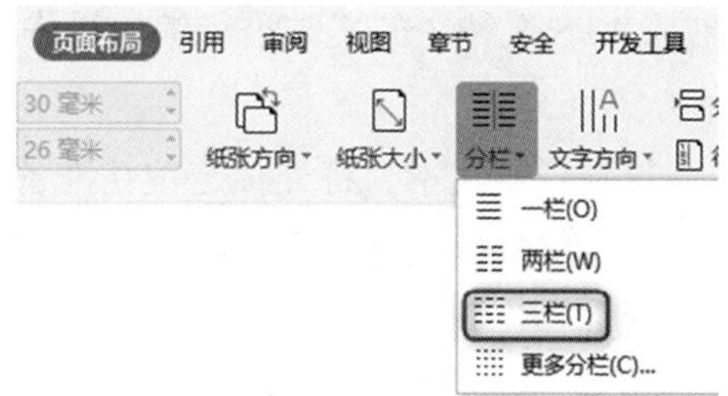

图 2-21　设置分栏

(3)根据效果图 2-3,第 1 栏和第 2 栏为特邀嘉宾简介,照片设置为四周型围绕。第 3 栏为日程安排,将其设置为表格形式,并设置表格的边框和底纹。

三、知识拓展

1. 调整文档页面格式

新建一个文档后,用户可以根据需要对文档的页面大小、页边距、下属方向等进行设置,还可以为文档设置页面和边框效果,这些效果在文档打印时就会显示在纸张上,使文档看起来更加美观。默认情况下,WPS 中的页面大小为 A4 大小,默认方向为纵向。在使用时 WPS 时可以根据需要将纸张尺寸设置为其他尺寸。

在“页面布局”选项卡中单击“页边距”下拉按钮,在弹出的选项中已经直接显示了几个预设好的页边距选项,包括“普通”“窄”“适中”和“宽”选项,用户也可以直接选择这些选项来调整页边距。另外,使用“页面设置”对话框调整完页边距后,再次单击“页边距”下拉按钮，在弹出的选项中会显示上次自定义设置的页边距，方便用户直接选择。

2. 输入与编辑文本内容

在 WPS 中创建完文档后，就可以对文档进行编辑操作了，用户可以在文档中输入内容，包括输入基本字符，输入特殊字符、输入数字和日期等，还可以删除、改写、移动、复制以及替换已经输入的内容。在编辑文字时应该注意改写和插入两种状态，如果切换到了改写状态，此时在某一行文字中间插入文字时，新输入的文字将会把原先位置的文字覆盖掉，新手需要格外注意这一点。

除了使用"开始"选项卡中的"复制""剪切"和"粘贴"按钮以及右键菜单来实现移动和复制文本外，用户还可以使用 Ctrl+C（复制）、Ctrl+X（剪切）和 Ctrl+V（粘贴）组合键来实现移动和复制功能。

3. 设置文字格式

文本格式编排决定字符在计算机屏幕上和打印时的出现形式。在输入所有内容之后，用户即可设置文档中的字体格式，并给字体添加效果，从而使文档看起来层次分明、结构工整。可以在"开始"选项卡中对文本的字体、字号、颜色以及一些特殊格式进行设置，单击"字体启动器"按钮，弹出"字体"对话框，在该对话框中用户可以对文本自行做详细的设置。

4. 选择连续的文本

在对 WPS 文档中的文本进行编辑操作时，首先需要选择文本。选择连续的文本有以下几种方法：

（1）选择任意文本。将光标定位在准备选择文字的左侧或右侧，单击并拖动光标至准备选取文字的右侧或左侧，然后释放鼠标即可选中单个文字或某段文本。

（2）选择一行文本。移动鼠标指针到准备选择的某一行行首的空白处，将鼠标指针变成向右箭头形状时，单击即可选中该行文本。

（3）选择一段文本。将光标定位在准备选择的一段文本的任意位置，然后连续单击鼠标左键三次即可选中一段文本。

（4）选择整篇文本。移动鼠标指针指向文本左侧的空白处，待鼠标指针变成向右箭头形状时，连续单击三次即可选择整篇文档；将光标定位在文本左侧的空白处，待鼠标指针变成向右箭头形状，按住 Ctrl 键不放的同时，单击即可选中整篇文档；将光标定位在准备选择整篇文档的任意位置，按 Ctrl 键的同时，单击准备选择的句子的任意位置即可选择句子。

思考与练习

（1）怎样将文本快速移动到合适的位置？

（2）如何选择多处不连续的文本？

（3）请详细介绍在 WPS 文档中输入时间和日期的方法。

任务六　长文档排版

每位学生毕业前都要完成一篇学术论文，论文格式有一定规范要求，论文排版涉及样式应用、页眉页脚、节的应用、目录形成等操作。像论文这种长文档，在工作中经常用到，通过长文档排版，学习页面设置、样式应用、页眉页脚使用、分节符的使用、目录形成等知识。

一、任务说明及要求

打开文件“排版素材.wps”，对其进行以下操作：

（1）设置页面。采用 A4 页面（210mm×297mm），其中页边距为左 3.17 厘米，右 2 厘米，上下各 2.54 厘米。页眉 1.5 厘米，页脚 1.75 厘米。

（2）样式设置与应用：

1）设置正文样式为小 4 号宋体，每段首行缩进 2 字符，行距为 1.5 倍行距，并给文件中正文内容应用正文样式（正文部分为除标题与封面外的其他内容）。

2）设置标题 1 样式为小 2 号黑体，居中，并给文件中各章应用标题 1 样式。

3）设置标题 2 样式为小 3 号黑体，左顶，并给文件中各节应用标题 2 样式。

4）设置标题 3 样式为 4 号黑体，左顶，并给文件中各小节应用标题 3 样式。

（3）分节：封面为一节，正文第一章前为一节，正文后每章为一节。

（4）添加页眉：在页眉上（封面不添加页眉）添加一条粗线，宽 2.25 磅，其上居中添加页眉，页眉内容统一为“温州科技职业学院毕业论文（设计）”，并采用宋体小五号，居中。

（5）添加页脚：封面不添加页码，其余各页设置页码，页码采用 Times New Roman 字体，小五号，居中。正文第一章前用“Ⅰ，……”格式，正文用“1，2，……”格式。

（6）形成目录：在正文第一章的前一页，形成目录。

（7）保存。

二、任务解决及步骤

打开文件“排版素材.wps”，对其进行排版，具体操作步骤如下。

步骤 1：设置页面

打开“页面布局”选项卡，在“纸张大小”下拉列表中选择“A4”；页边距设置为左 3.17 厘米，右 2 厘米，上下各 2.54 厘米。单击“页面设置启动器”按钮，在弹出的“页面设置”对话框中切换到“版式”选项卡，可以设置页眉和页脚距边界的尺寸，如图 2-22 所示。

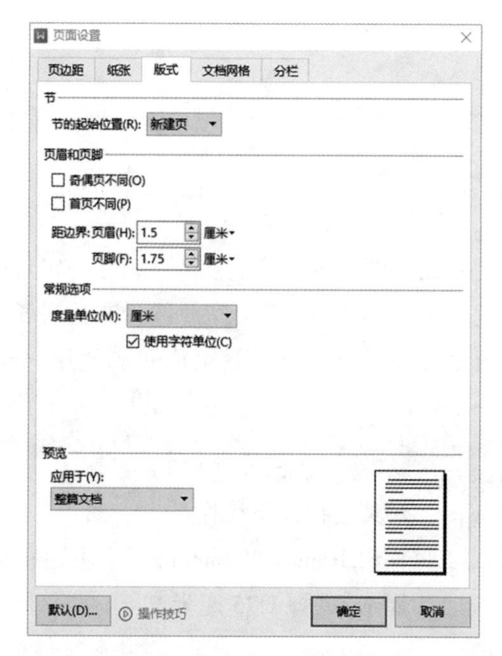

图 2-22 “版式”选项卡

步骤 2:样式设置与应用

(1)打开“开始”选项卡,在“样式”组中右击“正文”选项,选择“修改样式”选项,打开“修改样式”对话框,设置“字体”为“宋体”,“字号”为“小四”,如图 2-23 所示。单击“格式”按钮,在下拉列表中选择“段落”选项,打开“段落”对话框,设置每段首行缩进 2 字符,行距为“1.5 倍行距”,如图 2-24 所示,并给文件中正文内容应用正文样式(正文部分为除标题与封面外的其他内容)。

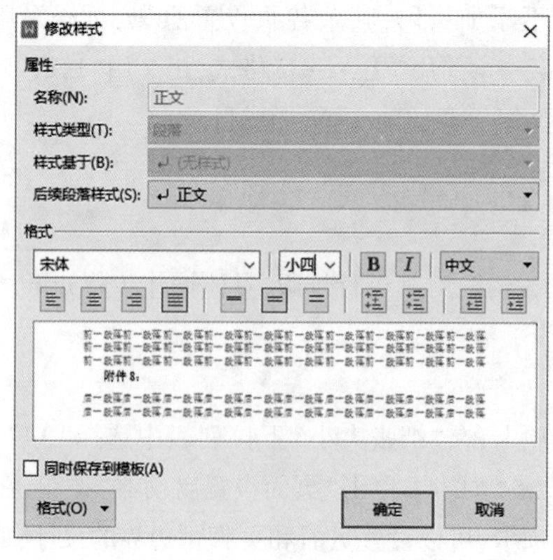

图 2-23 “修改样式”对话框

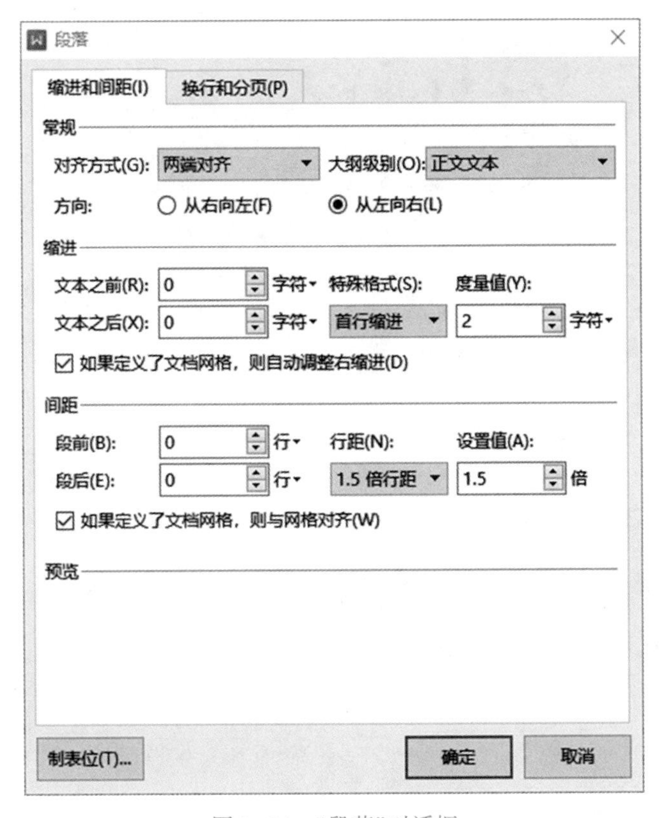

图 2-24 “段落”对话框

(2)在“样式”组中右击“标题 1”选项，打开“修改样式”对话框，设置“字体”为“黑体”，“字号”为“小二”，“居中”，并给文件中各章标题应用“标题 1”样式。

(3)在“样式”组中右击“标题 2”选项，打开“修改样式”对话框，设置“字体”为“黑体”，“字号”为“小三”，“左顶”，并给文件中各节标题应用“标题 2”样式。

(4)在“样式”组中右击“标题 3”选项，打开“修改样式”对话框，设置“字体”为“黑体”，“字号”为“四号”，“左顶”，并给文件中各节标题应用“标题 3”样式。

步骤 3：分节

(1)光标定位在第一页最后，单击“插入”选项卡中的“分页”下拉按钮，选择“下一页分节符”选项。

(2)光标定位在第三页最后，单击“插入”选项卡中的“分页”下拉按钮，选择“下一页分节符”选项。

(3)将光标定位到正文后，“结论”两个字前面，打开“插入”选项卡，单击“分页”按钮，在下拉列表中选择“分页符”选项，如图 2-25 所示。参照以上方法，分别在文字“致谢”和“参考文献”前面插入分页符。

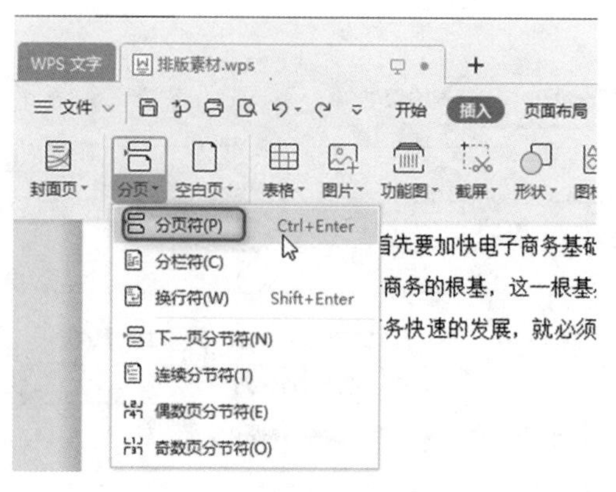

图 2-25 “分页”下拉按钮

步骤 4:添加页眉和页脚

(1)选择“插入”选项卡,单击“页眉和页脚”按钮,页眉和页脚处于编辑状态,同时激活了“页眉和页脚”选项卡,如图 2-26 所示。

图 2-26 “页眉和页脚”选项卡

(2)切换到“插入”选项卡,单击“形状”按钮,选择“直线”,在页眉区域画一条直线,右击该直线,在快捷菜单中选择“设置对象格式”选项,打开“设置”对象格式,在“线条”区域“粗细”微调文本框中选择“2.25 磅”,如图 2-27 所示。

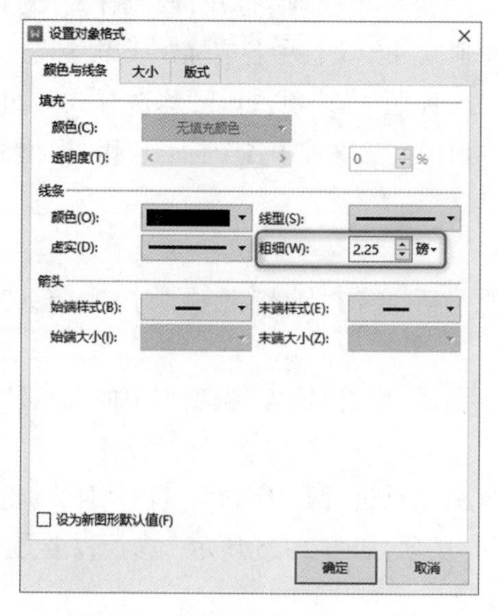

图 2-27 “设置对象格式”对话框

（3）在页眉区域输入文字“温州科技职业学院毕业论文（设计）”，设置字体为“宋体”“小五”“居中”。

（4）将光标定位在第二页页脚处，单击“页眉和页脚”选项卡中的“页码”下拉按钮，在下拉菜单中选择“页码”选项，打开“页码”对话框，样式设置为“Ⅰ，Ⅱ，Ⅲ…”，位置设置为“底端居中”，页码编号区域“起始页码”设置为“1”，应用范围区域选中“本节”，如图 2-28 所示，单击“确定”按钮完成本节页眉设置。

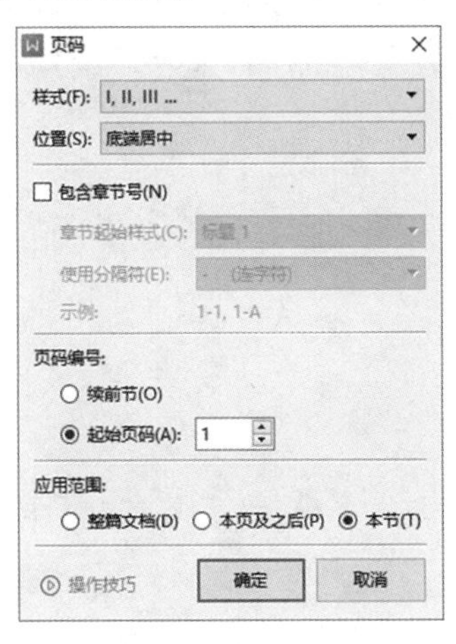

图 2-28 “页码”对话框

（5）将光标定位在第 4 页，参照步骤（4），在页眉处添加页码，页码样式为“1，2，3…”，应用于本节。

步骤 5：形成目录

在正文第一章前面添加一页新的页面，选择“引用”选项卡，单击“目录”按钮，选择“自定义目录”选项，打开“目录”选项卡，设置“显示级别”为“3”，勾选“显示页码”“页码右对齐”“使用超链接”复选框，如图 2-29 所示，单击“确定”按钮，完成目录的添加。

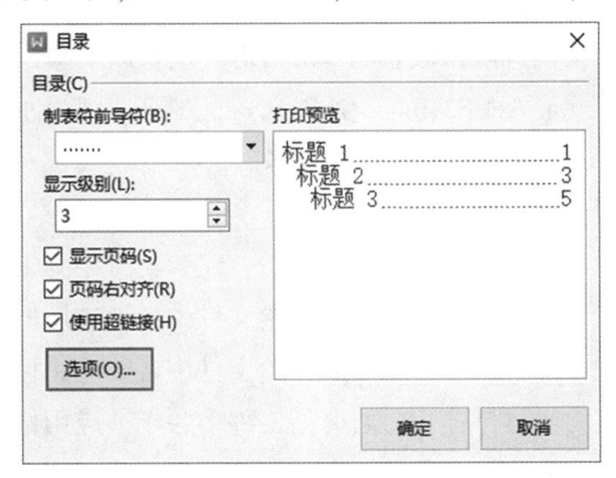

图 2-29 “目录”对话框

三、知识拓展

样式就是一组已经命名的字符格式或段落格式。样式的方便之处在于可以把它应用于一个段落或者段落中选定的字符中，按照样式定义的格式，能批量完成段落或字符格式的设置。

新建样式时，要注意“样式基于”哪个样式，这个基础样式是新建样式的基础，一般情况下，基础样式都是正文样式。一般不修改正文样式，因为正文样式是其他样式的基础。

使用样式，可以很方便地设置文档的字体、段落、编号等，可以通过修改样式修改文档的字体、段落、编号等。

思考与练习

(1)目录形成有几种方法？

(2)如何给文章添加页码？

(3)如何给文章添加不同类型的页码，如正文前为罗马数字、正文后为阿拉伯数字？

任务七　长文档排版进阶

通过上次任务学习，已经学会样式应用、分节的使用、页眉页脚应用、目录的形成等操作。本次任务主要是在上次任务基础上，学习项目编号、题注、交叉引用等在长文档中的应用等，本次排版主要涉及各章节带自动编号的长文档排版。通过长文档进阶排版，学习自动编号、题注及交叉引用等知识。

一、任务说明及要求

打开WPS文档“长文档进阶排版素材.wps”，对其进行以下操作：

(1)设置页面：采用A4页面(210mm×297mm)，其中页边距为左3.17厘米，右2厘米，上下各2.54厘米。页眉1.5厘米，页脚1.75厘米。

(2)样式设置与应用。

1)设置正文样式为小4号宋体，每段首行缩进2字符，行距为1.5倍，并应用于正文。

2)设置标题1样式为小2号黑体，居中，并给文件中各章应用标题1样式。

3)设置标题2样式为小3号黑体，左顶，并给文件中各节应用标题2样式。

4)设置标题3样式为4号黑体，左顶，并给文件中各小节应用标题3样式。

(3)应用多级编号列表。定义新的多级编号列表，第1级采用“第1章”并链接到标题1样式，第2级采用“1.1”并链接到标题2，第3级采用“1.1.1”并链接到标题3。

(4)给文件分节。正文前(第一章前)为一节,正文后,每章(包括"致谢""参考文献")为一节。

(5)添加页眉。在页眉上加一条粗线,宽 2.25 磅(约 0.8mm),其上居中添加页眉内容。页眉内容统一为"温州科技职业学院毕业论文(设计)",采用"宋体""小五号""居中"。

(6)添加页脚。页码在页脚处居中放置,采用"小五号""Times New Roman"字体。正文前用"I,……"格式,正文后用"1,2,……"格式。

(7)添加题注与交叉引用:给文中图片与表格添加题注(图注与表注)及交叉引用。

(8)形成目录:在正文前(第一章前)插入一页,形成目录。

(9)保存。

二、任务解决及步骤

打开文件"长文档进阶排版素材.wps",对其进行排版,具体操作步骤如下。

步骤 1:设置页面

打开"页面布局"选项卡,在"纸张大小"下拉列表中选择"A4";页边距设置为左 3.17 厘米,右 2 厘米,上下各 2.54 厘米。单击"页面设置启动器"按钮,在弹出的"页面设置"对话框中切换到"版式"选项卡,设置页眉和页脚距边界的尺寸分别为 1.5 厘米和 1.75 厘米。

步骤 2:样式设置与应用

(1)打开"开始"选项卡,在"样式"组中右击"正文"选项,选择"修改样式"选项,打开"修改样式"对话框,设置"字体"为"宋体","字号"为"小四",单击"格式"按钮,在下拉列表中选择"段落"选项,打开"段落"对话框,设置每段首行缩进 2 字符,行距为"1.5 倍行距",并应用于正文(除标题与封面外的其他内容)。

(2)在"样式"组中右击"标题 1"选项,打开"修改样式"对话框,设置"字体"为"黑体","字号"为"小二""居中",并给文件中各章标题应用"标题 1"样式。

(3)在"样式"组中右击"标题 2"选项,打开"修改样式"对话框,设置"字体"为"黑体","字号"为"小三""左顶",并给文件中各节标题应用"标题 2"样式。

(4)在"样式"组中右击"标题 3"选项,打开"修改样式"对话框,设置"字体"为"黑体","字号"为"四号""左顶",并给文件中各节标题应用"标题 3"样式。

(5)在"样式"组中右击"标题"选项,打开"修改样式"对话框,设置"字体"为"黑体","字号"为"小二""居中",并给文件中"致谢""参考文献"应用"标题"样式。

步骤 3:应用多级编号列表

(1)打开"开始"选项卡,单击"编号"按钮,在下拉菜单中选择"自定义编号"选项,打开"项目符号和编号"对话框,切换到"多级编号"选项卡,任意选择一种格式,然后单击

“自定义”按钮,打开“自定义多级编号列表”,选中级别“1”,设置“编号格式”为“第①章”,“编号样式”为“1,2,3…”,“将级别链接到样式”设置为“标题 1”,如图 2-30 所示。

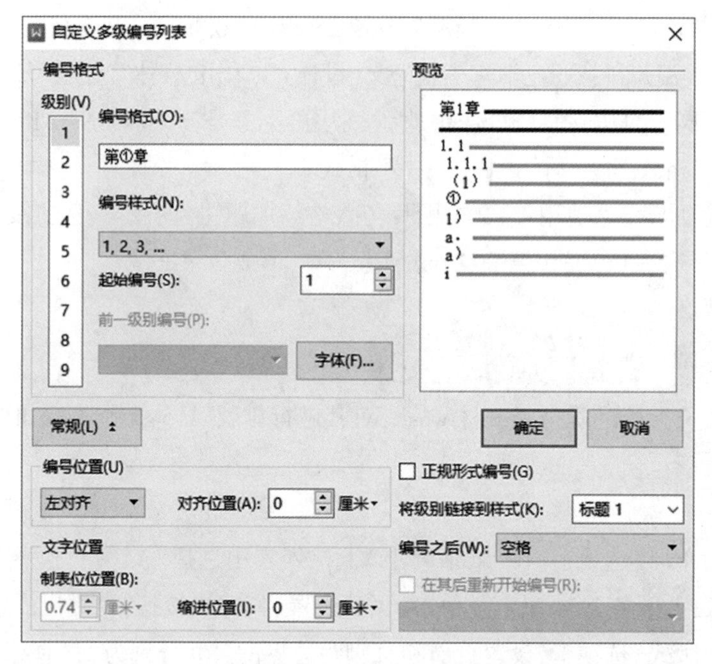

图 2-30 “自定义多级编号列表”对话框

(2)选中级别“2”,设置“编号格式”为“①,②”,“编号样式”为“1,2,3…”,“将级别链接到样式”设置为“标题 2”,“在其后重新开始编号”选择“级别 1”。

(3)选中级别“2”,设置“编号格式”为“①,②,③”,“编号样式”为“1,2,3…”,“将级别链接到样式”设置为“标题 3”,“在其后重新开始编号”选择“级别 2”。

步骤 4:分节

将光标定位于第一章的第一个字之前,单击“插入”选项卡的“分页”按钮,在下拉列表中选择“下一页分节符”,即可在第一章前插入一个分节符。

参照以上方法,分别在正文的每一章(包括“致谢”“参考文献”)插入分页符。

步骤 5:添加页眉页脚

(1)选择“插入”选项卡,单击“页眉和页脚”按钮,页眉和页脚处于编辑状态,同时激活“页眉和页脚”选项卡。

(2)在页眉处划一条宽为 2.25 磅的粗线,上面输入文字“温州科技职业学院毕业论文(设计)”,字体为“宋体”“小五”“居中”。

(3)在页脚处添加页码,正文第一章前用“Ⅰ,Ⅱ,Ⅲ…”格式,正文后用“1,2,3…”格式。

步骤 6：添加题注与交叉引用

(1)将光标定位在图片“图 2-1”前，选择“引入”选项卡，单击“题注”按钮，打开“题注”对话框，“标签”选择“图”，如图 2-31 所示。

(2)单击“编号”按钮，打开“题注编号”对话框，选中“包含章节编号”复选框，“章节起始样式”选择“标题 1”，“使用分隔符”选择“-(连字符)”，如图 2-32 所示，单击“确定”按钮，返回到“题注”对话框，单击“确定”按钮，即可在图片名字前添加题注。

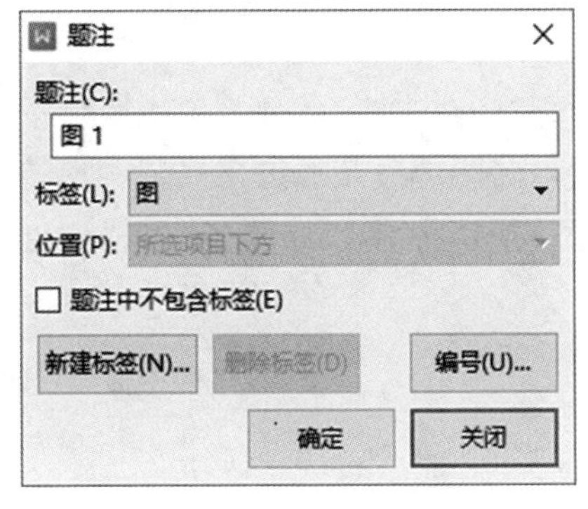

图 2-31 “题注”对话框

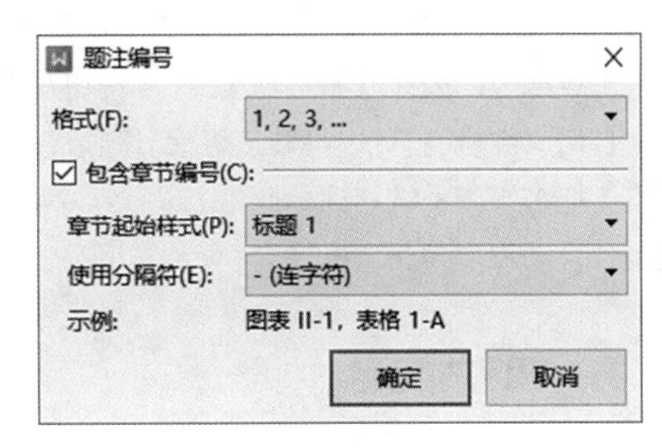

图 2-32 “题注编号”对话框

(3)在光标定位在正文中需要引用图片“图 2-1”相关信息的位置，选择“引用”选项卡，单击“交叉引用”按钮，打开“交叉引用”对话框，“引用类型”选择“图”，“引用内容”选择“只有标签和编号”，勾选“插入为超链接”复选框，单击“插入”按钮，如图 2-33 所示，即可将图片标签和编号插入到正文中。

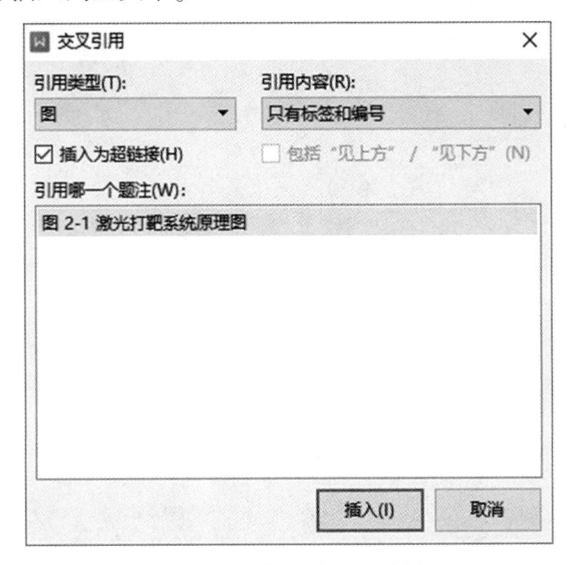

图 2-33 “交叉引用”对话框

(4)参照步骤(1)、(2)为其他图片和表格添加题注和交叉引用。

步骤 7:形成目录

在正文(第一章前)插入一页,打开“引用”选项卡,单击“目录”按钮,选择第三种格式,即可形成目录。

三、知识拓展

目录形成有三种方法:一种是用样式,一种是大纲级别,一种是目录项域。一般都是用样式进行字体、段落设置,样式中就包含大纲级别,可以用样式形成目录;也可以直接给一级、二级标题直接附上大纲级别,再形成目录。

多级编号列表在开始选项卡,编号按钮命令下,选择多级编号,选择某个多级编号,再点击自定义编号,就可以打开多级编号列表设置。一般多级编号是通过样式来实现的,所以需要把多级编号链接到标题 1、标题 2……样式,通过应用标题 1、标题 2……样式,把多级编号自动添加到相应标题前。

思考与练习

(1)使用题注及交叉引用有什么好处?

(2)致谢,参考文献为什么要采用标题样式?

(3)如何为奇偶页设置不同页眉?

模块三

WPS 表格制作

WPS 表格是一个灵活、高效的电子表格制作工具,它的一切操作都是围绕数据进行的,尤其是在数据的应用、处理和分析方面,WPS 表格表现出了其强大的功能。在实际的办公过程中,掌握数据相关的基础知识很重要。本模块介绍表格制作、数据处理、数据分析、图表应用等内容。

任务八　对账单表格制作

利用 WPS 表格处理数据,是信息化办公的基本能力,企业财务管理中,账目核对是一项重要工作,本任务模拟小企业对账单的设计制作,利用 WPS 表格对数据进行综合处理。通过这两个表格制作,掌握利用 WPS 制作表格的基本技能,并学习 WPS 表格的文本输入、单元格格式设置等。

一、任务说明及要求

制作一个电子表格文件,完成与图 3-1 和图 3-2 类似效果的对账单和工资发放表,能用公式计算的数据都采用公式计算或引用。

二、任务解决及步骤

步骤 1:新建并保存工作簿

(1)单击"开始"按钮,选择"WPS Office"→"WPS 表格"开始菜单命令,如图 3-3 所示,启动 WPS 表格。若桌面上已存在"WPS 表格"应用程序图标,可双击该图标启动 WPS 表格。

	A	B	C	D	E	F	G	H
1	对账单							
2	收货商：中国上海四维胶带有限公司　陈德伟　农行卡6228123456789456789							
3	电话 88888888 13733333333 传真 88888888							
4	购货商：盛大公司							
5								
6	日期	货物	规格	单位	数量	单价	总额	备注
7	2012.12.31前						100000	上年欠款
8								
9	2013/1/23	新鲜彩色胶带		卷	60	200	12000	
10	2013/1/23	空白胶带		件	50	300	15000	
11					2013年1月合计：		27000	
12								
13	2013/3/9	彩色胶带	1.2*288	件	30	200	6000	
14	2013/3/27	彩色胶带	1.2*288	件	20	200	4000	
15					2013年3月合计：		10000	
16								
17			2013年3月前贷款总计：				137000	
18								
19	2013年还款情况							
20	收款日期	收款金额	备注					
21	2013.1.4	10000	公司账户					
22	2013.2.6	20000	公司账户					
23	2013.3.27	20000	个人账户					
24	合计：	50000						
25								
26			2013.1.1至2013.3.27期间已还款：				50000	
27								
28			截至2013.5.15共欠货款：				87000	
29								
30		对账结算：						
31		截至2013.5.15，共欠货款137000元，还款50000元，还欠货款58026元						
32		请核对后汇款到我司账户，谢谢						
33								

图 3-1　对账单效果图

工资发放表

编制单位：　　　　所属月份：　　　　金额单位：元

序号	姓名	应发工资			其他应发			其他应扣							实发金额	签名
		基本工资	加班工资	小计	全勤奖	加班补贴	小计	缺勤扣款		事假扣款	病假扣款	迟到扣款	小计			
								天数	扣款							
2																
3																
4																
5																

图 3-2　工资发放表效果图

图 3-3　在“开始”菜单打开“WPS 表格”

(2)进入“新建”窗口,选择“新建空白文档”模板,WPS 就新建一个默认名为“工作簿1”的工作簿,图 3-4 所示为 WPS 表格界面。

(3)单击“文件”按钮,在下拉列表中选择“保存”命令,弹出“另存为”对话框,选择表格保存位置,在“文件名”文本框中输入名称,在“文件类型”下拉列表中选择“WPS 表格文件(*.et)”,单击“保存”按钮,如图 3-5 所示。

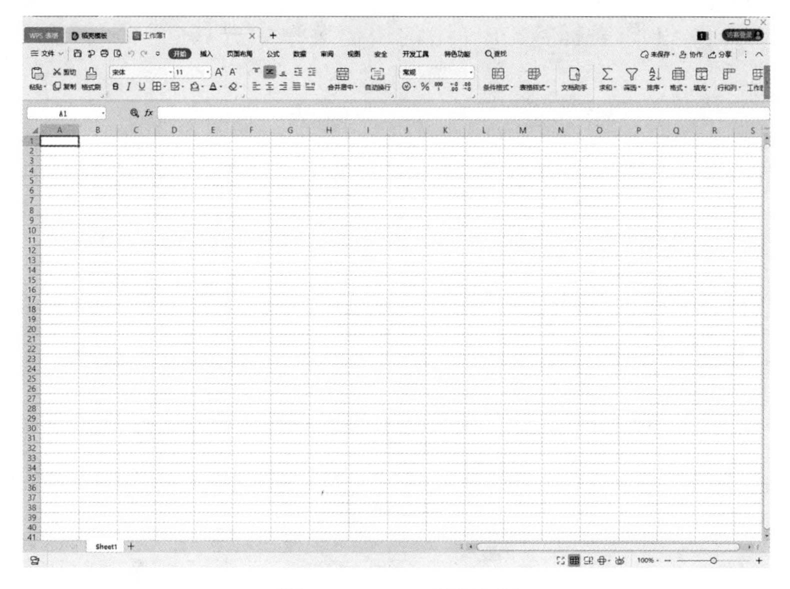

图 3-4　WPS 表格界面

图 3-5　“另存为”对话框

(4)返回到工作簿中,可以看到标题名称已经被更改,通过以上步骤即可完成新建并保存工作簿的操作。

步骤 2：制作对账单

（1）重命名工作表。在默认情况下，工作表以 Sheet1、Sheet2、Sheet3 依次命名，在实际应用中，为了区分工作表可以根据表格名称、创建日期、表格编号等对工作表进行重命名，具体操作如下：

1）右击"Sheet1"工作表标签，在弹出的快捷菜单中选择"重命名"命令，如图 3-6 所示。

2）名称呈选中状态，使用输入法输入名称"对账单"，如图 3-7 所示。

图 3-6 选择"重命名"命令

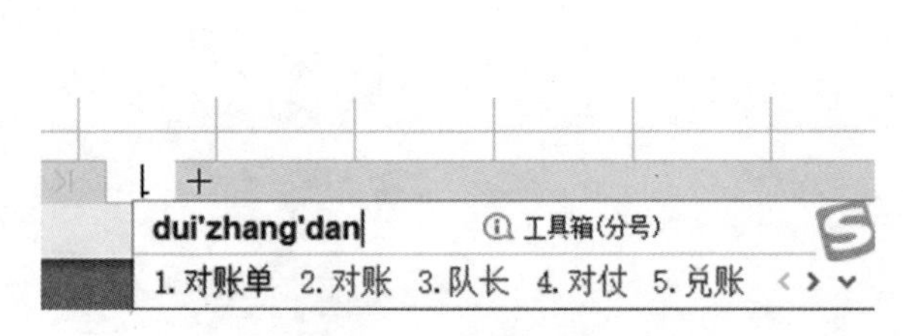

图 3-7 输入"对账单"

3）输入完成后按 Enter 键即可完成重命名工作表的操作。

（2）合并单元格。选中 A1～H1 单元格区域，单击"开始"选项卡中的"合并居中"下拉按钮，在弹出的下拉列表中选择"合并居中"选项，如图 3-8 所示，合并后的单元格将居中显示。

图 3-8 "合并居中"下拉列表

(3)参照步骤(2),将单元格 A2~H2,A3~H3,A4~H4,E11~F11,E15~F15,D17~F17分别进行合并。

(4)在工作表中输入文字内容,输入后效果如图 3-9 所示。

	A	B	C	D	E	F	G	H
1	对账单							
2	收货商：中国上海四维胶带有限公司　陈德伟 农行卡6228123456789456789							
3	电话 88888888 13733333333 传真 88888888							
4	购货商：盛大公司							
5								
6	日期	货物	规格	单位	数量	单价	总额	备注
7	2012.12.31前						100000	上年欠款
8								
9	2013年1月23日	新鲜彩色胶带		卷	60	200		
10	2013年1月23日	空白胶带		件	50	300		
11					2013年1月合计：			
12								
13	2013年3月9日	彩色胶带	1.2*288	件	30	200		
14	2013年3月27日	彩色胶带	1.2*288	件	20	200		
15					2013年3月合计：			
16								
17				2013年3月前贷款总计：				
18								
19		2013年还款情况						
20	收款日期	收款金额	备注					
21	2013.1.4	10000	公司账户					
22	2013.2.6	20000	公司账户					
23	2013.3.27	20000	个人账户					
24	合计：							
25								
26								
27								
28								
29								
30								
31								

图 3-9　输入文字后的工作表效果

(5)选中 A9 单元格,右击,在弹出的快捷菜单中选择“设置单元格格式”选项,如图 3-10所示。弹出“单元格格式”对话框,切换到“数字”选项卡,“分类”选择“自定义”,在“类型”下拉列表中选择“yyy/m/d”,如图 3-11 所示,单击“确定”按钮,日期格式变为“2013/1/23”。

图 3-10　选择“设置单元格格式”选项

图 3-11　“单元格格式”对话框

（6）使用格式刷将 A10、A13 和 A14 单元格中的日期修改为与 A9 单元格相同的格式。

（7）选中 G9 单元格，输入“=”后单击 E9 单元格，然后输入“ * ”，再单击 F9 单元格，按 Enter 键后，表格将对公式进行计算，并在 G9 单元格中显示计算结果“12000”，如图 3-12 所示。参照以上步骤，分别对 G10、G13 和 G14 做相同的操作。

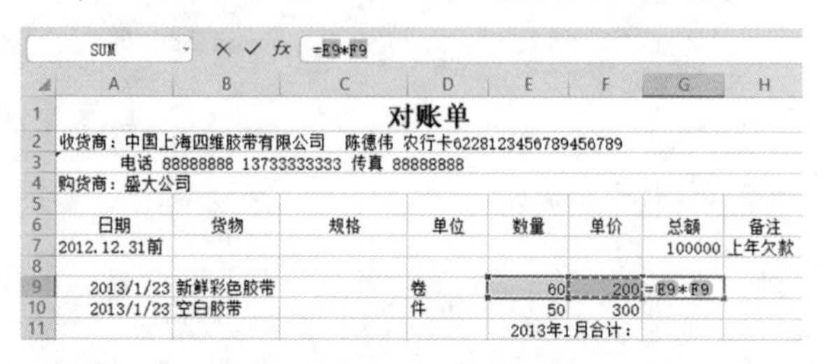

图 3-12　在 G9 单元格中输入公式

（8）选中 G9～G11 单元格，单击“开始”选项卡中的“求和”下拉按钮，在下拉列表中选择“求和”选项，如图 3-13 所示，G11 单元格中将会显示 G9～G11 单元格中数据的和。参照以上步骤，对 G13～G15、B21～B24 单元格做相同的操作。

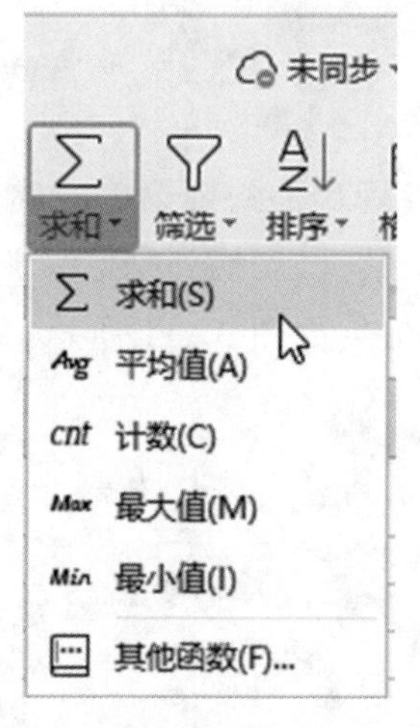

图 3-13　“求和”下拉列表

（9）选中 G17 单元格，输入“=”后单击 G7 单元格，然后输入“+”后单击 G11 单元格，再输入“+”后单击 G15 单元格，按 Enter 键后，表格将对公式进行计算，并在 G17 单元格中显示计算结构“137000”。

（10）合并 C26～F26 单元格，输入文字“2013.1.1 至 2013.3.27 期间已还款：”，选中 G26 单元格，输入“=”后单击 B24 单元格，按 Enter 键，G26 单元格中将显示 B24 中的数字。

（11）合并 C28～F28 单元格，输入文字“截至 2013.5.15 共欠货款：”，选中 G28 单元格，输入“=”后单击 G17 单元格，输入“-”后单击 G26 单元格，按 Enter 键，G28 中将显示计算结果“87000”。

（12）参照效果图 3-1 在工作表中输入剩余的文字。

（13）选中 A2～H4 单元格，单击“开始”选项卡中的“格式”下拉按钮，选择“单元格”选项，弹出“单元格格式”对话框，切换到“边框”选项卡，在边框中选中所有横框线，单击“确定”按钮，如图 3-14 所示，即可在工作表中添加相应的框线。也可单击“开始”选项卡中的“边框”下拉列表，在其中选择需要添加的框线，如图 3-15 所示。

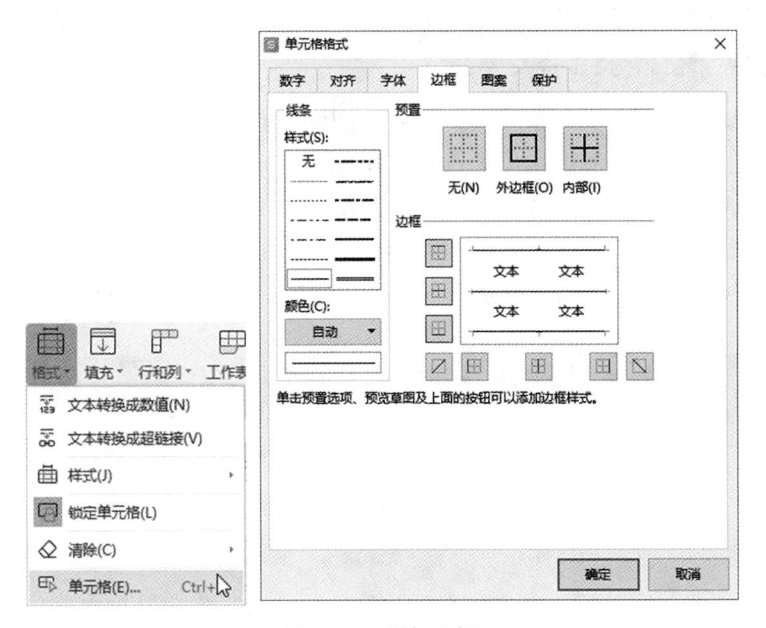

图 3-14　添加边框

图 3-15　“边框”下拉列表

（14）参照效果图 3-1，为工作表中的其他单元格添加框线。

（15）选中 G7 单元格，单击“开始”选项卡中的“填充颜色”按钮，在下拉列表中选择黄色进行填充，如图 3-16 所示。

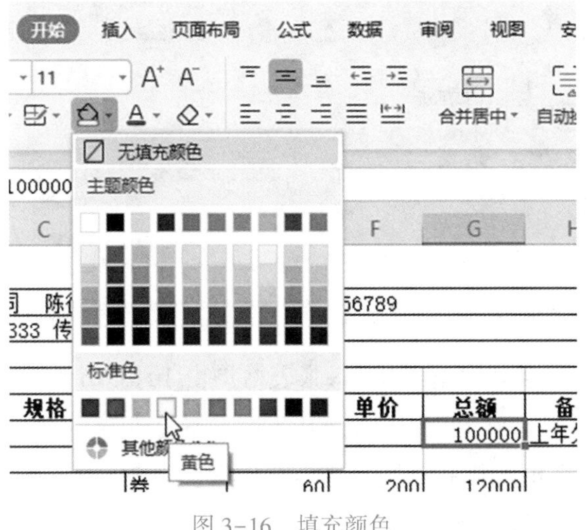

图 3-16　填充颜色

（16）参照效果图 3-1，为工作表中的其他单元格填充颜色。

（17）单击“保存”按钮，完成保存。

步骤 3：制作工资发放表

（1）单击工作表标签右侧的 + 按钮，“对账单”工作表的右侧将自动新建一个名为“Sheet2”的工作表，将工作表重命名为“工资发放表”。

（2）合并单元格。选中单元格 A1～P1，单击“开始”选项卡中的“合并居中”按钮。参照效果图 3-2，将需要合并的单元格按照以上步骤进行合并。

（3）参照效果图在工作表中输入文字，输入后的效果如图 3-17 所示。

	A	B	C	D	E	F	G	H	I	J	K	L	M	N	O	P
1	工资发放表															
2	编制单位：								所属月份：						金额单位：元	
3	序号	姓名	应发工资			其他应发			其他应扣						实发金额	签名
4			基本工资	加班工资	小计	全勤奖	加班补贴	小计	缺勤扣款		事假扣款	病假扣款	迟到扣款	小计		
5									天数	扣款						
6	2															
7	3															
8	4															
9	5															

图 3-17　输入文字后的效果

（4）选中单元格 A1～P9，单击“开始”选项卡中的“所有框线”按钮，为表格加上框线，如图 3-18 所示。

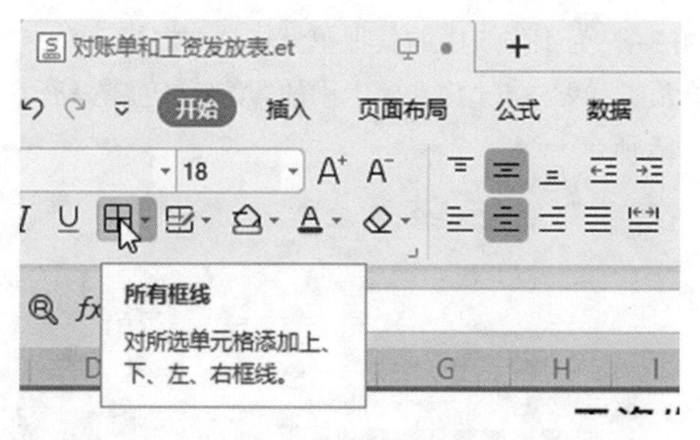

图 3-18　添加框线

三、知识拓展

WPS 表格文件由一系列表格组成，每张表格均由 1048576 行与 16384 列构成的单元格组成，每个单元格可以存放 32767 个文字，所以 WPS 表格文件也是一个小型数据库，可以处理百万数据。每个单元格有不同类型，如常规、数值、货币、会计专用、日期、时间、百分比、分数、科学记数、文本、特殊、自定义等。WPS 表格文件只能处理 15 位以下数据，不能处理超过 15 位的数据。

思考与练习

(1)请尝试输入身份证号,1/3 等。

(2)使用填充柄输入 1、2、3……,星期一、星期二、……。

(3)给 WPS 表格设置不同的边框。

任务九　竞赛数据分析管理

在实际工作中,经常会对数据进行分析与管理,通过对竞赛数据的分析、管理,学习电子表格的数据有效性、条件格式、数据图表化、排序、筛选、分类汇总、数据透视表等等知识。

一、任务说明及要求

利用电子表格处理、分析数据,是信息化办公的基本能力,也是从数据中发现信息的一项重要方法。下面就用身边的例子——大学生网络知识竞赛得分的分析与管理来学习如何管理分析数据。

(1)新建竞赛数据.et 文件,在 sheet1 工作表中,输入竞赛数据,效果如图 3-19 所示。

	A	B	C	D	E	F	G
1	大学生网络知识竞赛得分						
2	学号	姓名	性别	答题日期	常识题得分	挑战题得分	总分
3	020001	林清	男	2012/7/11	90	10	
4	020002	陈名	女	2012/7/11	65	-10	
5	020003	沈沉	男	2012/7/11	93	20	
6	020004	刘锐	男	2012/7/11	81	0	
7	020005	赵力	女	2012/7/11	77	-30	
8	020006	钱文	女	2012/7/11	60	20	
9	020007	李小	女	2012/7/11	84	10	
10	020008	林霞	男	2012/7/11	76	0	
11	020009	王强	女	2012/7/11	91	0	
12	020010	黄丁	男	2012/7/11	88	10	
13							

图 3-19　竞赛数据

(2)设置标题行字体为“黑体”,字号为“18”,颜色为“蓝色”,合并居中 A1:G1 单元格。

(3)为“常识题得分”设置数据有效性介于 0~100 的整数,出错警告样式为“警告”,内容为“只能输入 0-100 的整数”。

(4)将“挑战题得分”列数据小于 0 的单元格设置成红色文本,将“常识题得分”列数据按图标集分别显示“90 分以上、80-90 分、80 分以下”。

(5)用公式“总分=常识题得分+挑战题得分”计算总分。

(6)按照挑战题得分进行降序排列,如果得分相同则按姓名列的笔画升序排序。

(7)筛选出常识题得分高于平均分的数据,复制到 A15,再清除筛选。

(8)复制数据表到 A25,利用分类汇总求出所有男生和女生常识题得分、挑战题得分、总分的平均得分。

(9)在分类汇总的基础上,用饼图显示男生与女生总分的平均分情况。

二、任务解决及步骤

步骤 1:新建 WPS 表格并输入竞赛数据

(1)启动 WPS 表格,进入“新建”窗口,选择“新建空白文档”模板,WPS 新建一个默认名为“工作簿 1”的工作簿。

(2)单击“保存”按钮,弹出“另存为”对话框,选择表格保存位置,在“文件名”文本框中输入名称“竞赛数据”,单击“保存”按钮。

(3)参照效果图 3-19 输入竞赛数据。在单元格 A3 中输入“020001”,将鼠标指针移到单元格区域右下角的填充柄上,当鼠标指针变成黑色十字形状时,按住鼠标左键拖动到 A12 后释放鼠标,WPS 在单元格 A3~A12 区域完成填充工作,如图 3-20 所示。在 D3 单元格中输入文字“2012/7/11”,将鼠标指针移到单元格区域右下角的填充柄上,按住 Ctrl 键,同时按住鼠标左键拖动到 D12 后释放鼠标并松开 Ctrl 键,WPS 在单元格 D3~D12 区域完成填充工作,如图 3-21 所示。

复制单元格填充也可以按照以下方法填充:拖动鼠标左键完成自动填充后,单击最后一个单元格右下角的“自动填充选项”下拉按钮,在弹出的下拉菜单中选中“复制单元格”单选按钮即可,如图 3-22 所示。

图 3-20 输入序列数据

图 3-21 复制单元格填充

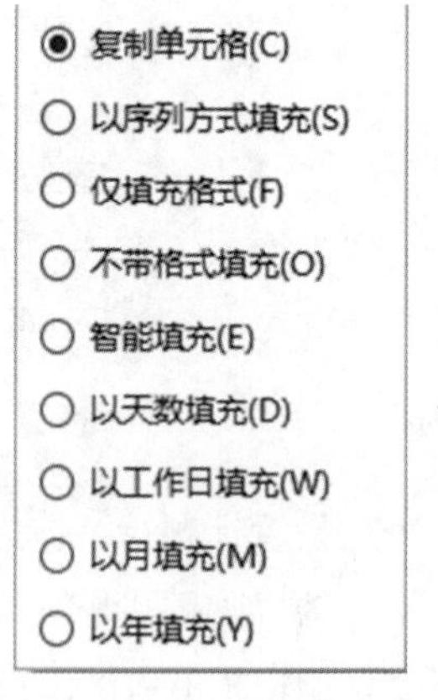

图 3-22 “自动填充选项”下拉菜单

步骤 2:设置表格

(1)设置标题行字体为“黑体”,字号为“18”,颜色为“蓝色”。

(2)选中单元格 A1~G1 单元格,单击“开始”选项卡中的“合并居中”按钮。

步骤3:设置数据的有效范围

(1)选中单元格E3~E12区域,单击“数据”选项卡中的“有效性”按钮,在下拉菜单中选择“数据有效性”选项,如图3-23所示。

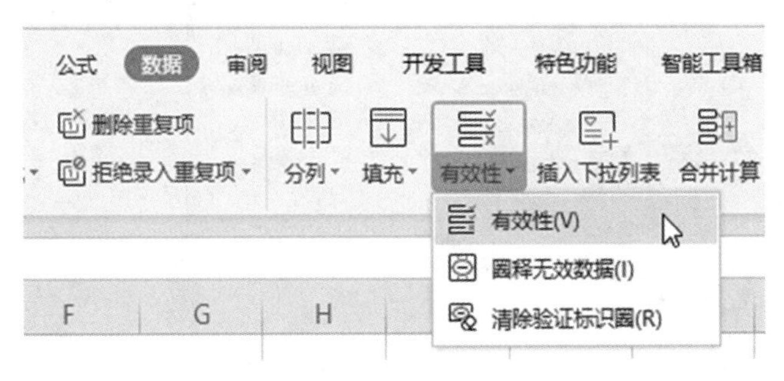

图3-23 选择“数据有效性”选项

(2)弹出“数据有效性”对话框,在“允许”列表中选择“整数”选项,在“数据”列表中选择“介于”选项,在“最小值”文本框中输入“0”,在“最大值”文本框中输入“100”,如图3-24所示。

(3)切换到“出错警告”选项卡,在“样式”列表中选择“警告”,如图3-25所示,单击“确定”按钮,即可完成设置。

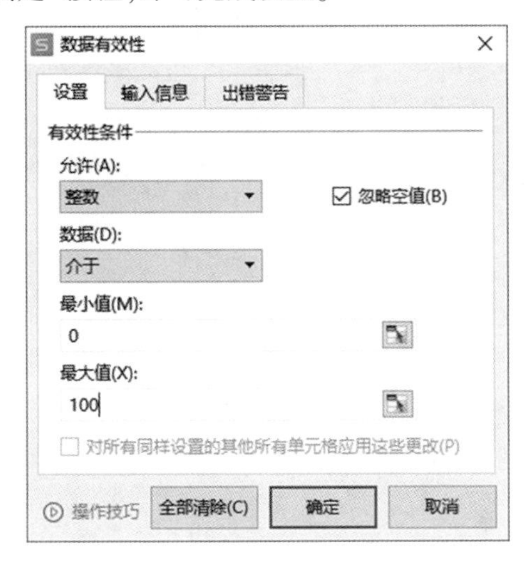

图3-24 “数据有效性”对话框

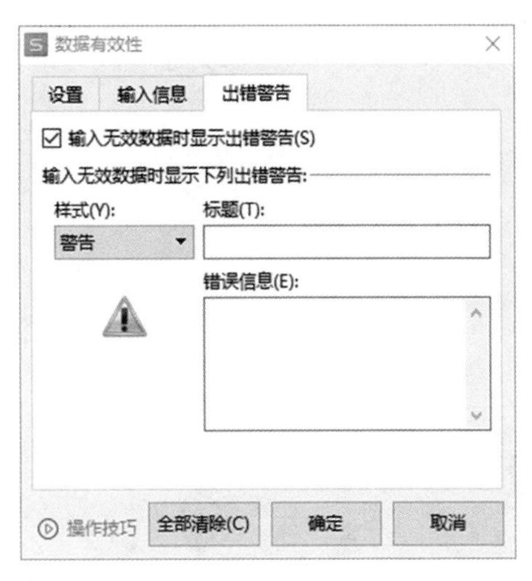

图3-25 设置警告样式

步骤4:设置数据条件格式

(1)选中单元格F3~F12区域,单击“开始”选项卡中的“条件格式”按钮,在下拉菜单中选择“突出显示单元格规则”,在级联菜单中选择“等于”选项,如图3-26所示。

(2)弹出“等于”对话框,在“为等于以下值的单元格设置格式”文本框中输入“0”,“设置为”下拉列表选择“红色文本”,如图3-27所示,单击“确定”按钮。

图 3-26 “突出显示单元格规则”级联菜单

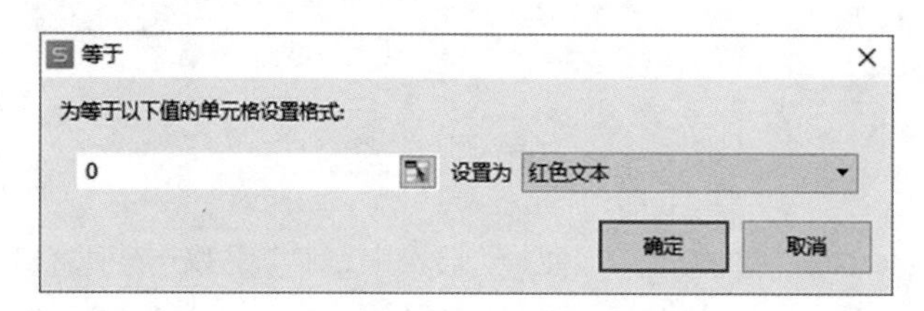

图 3-27 “等于”对话框

(3)选中单元格 E3~E12 区域,单击“开始”选项卡中的“条件格式”按钮,在下拉菜单中选择“图标集”选项,在级联菜单中选择“其他规则”选项,如图 3-28 所示。

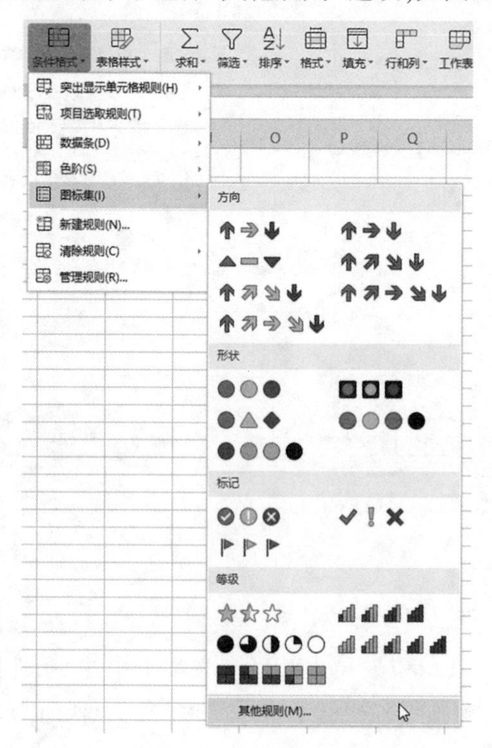

图 3-28 “图标集”级联菜单

（4）弹出“新建格式规则”对话框，在“类型”下拉列表中选择“数字”，在“值”下拉列表中选择“>=”，文本框中输入“90”和“80”，如图 3-29 所示，单击“确定”按钮。

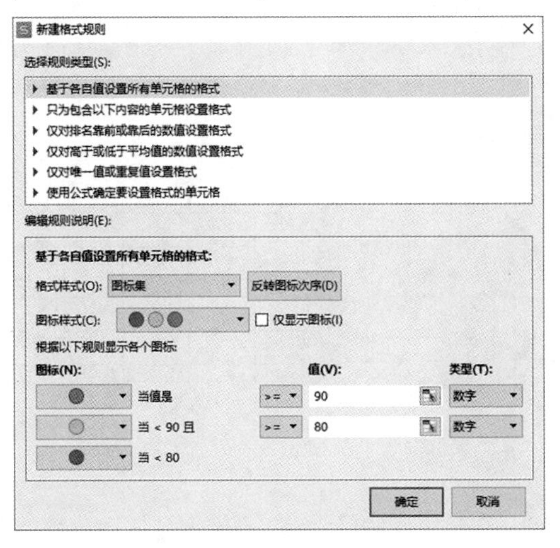

图 3-29 “新建格式规则”对话框

设置完成后，表格效果如图 3-30 所示。

	A	B	C	D	E	F	G
1	大学生网络知识竞赛得分						
2	学号	姓名	性别	答题日期	常识题得分	挑战题得分	总分
3	020001	林清	男	2012/7/11	90	10	
4	020002	陈名	女	2012/7/11	65	-10	
5	020003	沈沉	男	2012/7/11	93	20	
6	020004	刘锐	男	2012/7/11	81	0	
7	020005	赵力	女	2012/7/11	77	-30	
8	020006	钱文	女	2012/7/11	60	20	
9	020007	李小	女	2012/7/11	84	10	
10	020008	林霞	男	2012/7/11	76	0	
11	020009	王强	女	2012/7/11	91	0	
12	020010	黄丁	男	2012/7/11	88	10	
13							

图 3-30 表格效果

步骤 5：计算总分

（1）选中 G3 单元格，输入“=E3+F3”，编辑栏中同步显示输入内容，按 Enter 键，表格将对公式进行计算，并在 G3 单元格中显示计算结果，如图 3-31 所示。

G3　fx　=E3+F3

	A	B	C	D	E	F	G
1	大学生网络知识竞赛得分						
2	学号	姓名	性别	答题日期	常识题得分	挑战题得分	总分
3	020001	林清	男	2012/7/11	90	10	100
4	020002	陈名	女	2012/7/11	65	-10	
5	020003	沈沉	男	2012/7/11	93	20	
6	020004	刘锐	男	2012/7/11	81	0	
7	020005	赵力	女	2012/7/11	77	-30	
8	020006	钱文	女	2012/7/11	60	20	
9	020007	李小	女	2012/7/11	84	10	
10	020008	林霞	男	2012/7/11	76	0	
11	020009	王强	女	2012/7/11	91	0	
12	020010	黄丁	男	2012/7/11	88	10	
13							

图 3-31 计算总分

(2)选中 G3~G12 单元格,单击“开始”选项卡中的“填充”按钮,在下拉列表中选择“向下填充”选项,如图 3-32 所示,则总分将被填充到 G4~G12 单元格中,如图 3-33 所示。

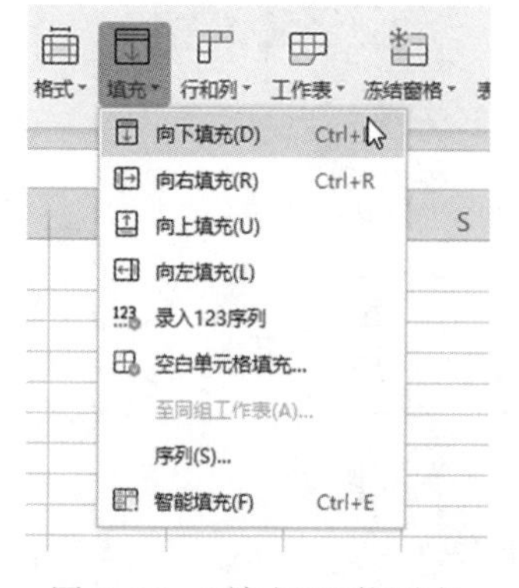

图 3-32 “填充”下拉列表

大学生网络知识竞赛得分

学号	姓名	性别	答题日期	常识题得分	挑战题得分	总分
020001	林清	男	2012/7/11	90	10	100
020002	陈名	女	2012/7/11	65	-10	55
020003	沈沉	男	2012/7/11	93	20	113
020004	刘锐	男	2012/7/11	81	0	81
020005	赵力	女	2012/7/11	77	-30	47
020006	钱文	女	2012/7/11	60	20	80
020007	李小	女	2012/7/11	84	10	94
020008	林霞	男	2012/7/11	76	0	76
020009	王强	女	2012/7/11	91	0	91
020010	黄丁	男	2012/7/11	88	10	98

图 3-33 填充总分

步骤 6:数据排列

(1)选中 G3~G12 单元格,单击“数据”选项卡中的“排序”按钮,弹出“排序警告”对话框,选中“扩展选定区域”单选按钮,如图 3-34 所示,单击“排序”按钮。

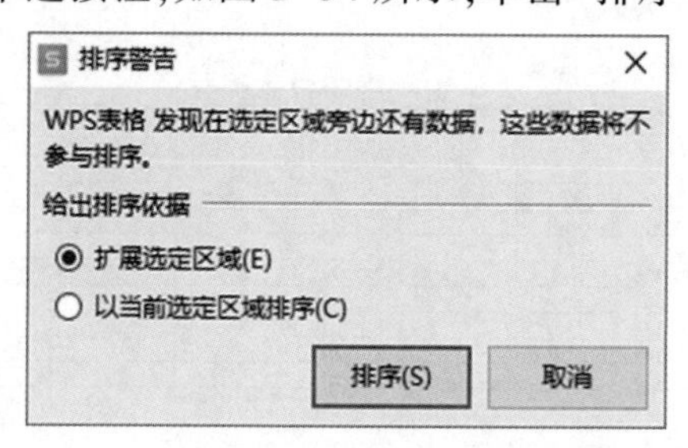

图 3-34 “排序警告”对话框

(2)弹出“排序”对话框,单击“选项”按钮,弹出“排序”选项对话框,“方向”区选中“按列排序”单选按钮,“方式”区域选中“笔画排序”单选按钮,如图 3-35 所示,单击“确定”按钮。

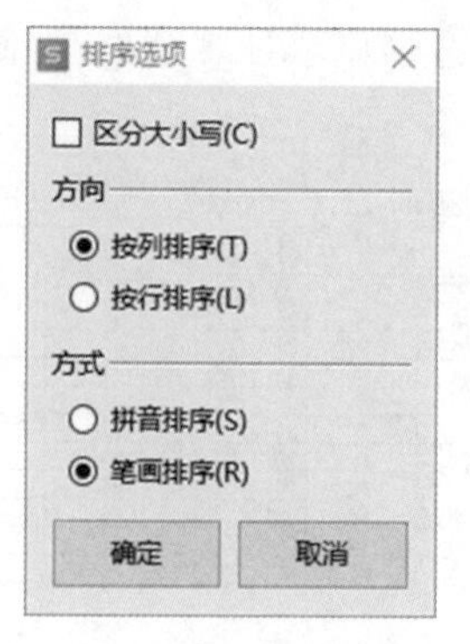

图 3-35 “排序选项”对话框

(3)在“主要关键字”列表中选择“(列 F)”,“排序依据”列表选择“数值”,“次序”列表选择“降序”。

(4)单击“添加条件”按钮,在“次要关键字”列表中选择“(列 B)”,“排序依据”列表选择“数值”,“次序”列表选择“升序”,如图 3-36 所示。

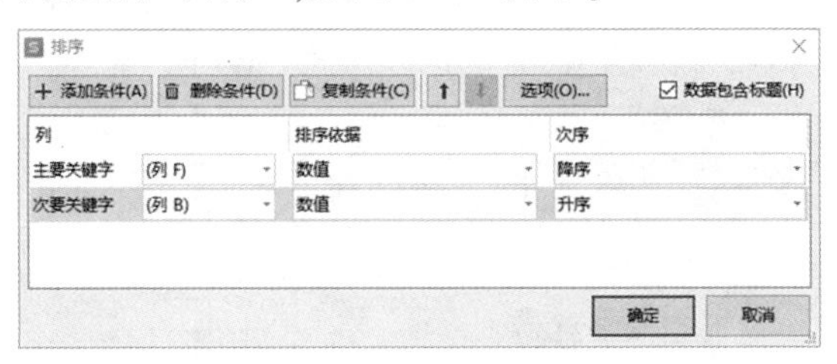

图 3-36　设置排序条件

(5)单击“确定”按钮,排序后的工作表如图 3-37 所示。

大学生网络知识竞赛得分

学号	姓名	性别	答题日期	常识题得分	挑战题得分	总分
020003	沈沉	男	2012/7/11	93	20	113
020006	钱文	女	2012/7/11	60	20	80
020007	李小	女	2012/7/11	84	10	94
020001	林清	男	2012/7/11	90	10	100
020010	黄丁	男	2012/7/11	88	10	98
020009	王强	女	2012/7/11	91	0	91
020004	刘锐	男	2012/7/11	81	0	81
020008	林霞	男	2012/7/11	76	0	76
020002	陈名	女	2012/7/11	65	-10	55
020005	赵力	女	2012/7/11	77	-30	47

图 3-37　排序后的工作表效果

步骤 7:筛选数据

(1)选中 E3~E12 单元格区域,单击“数据”选项卡中的“自动筛选”按钮,在 E3 单元格右下角自动显示“筛选”按钮,如图 3-38 所示。

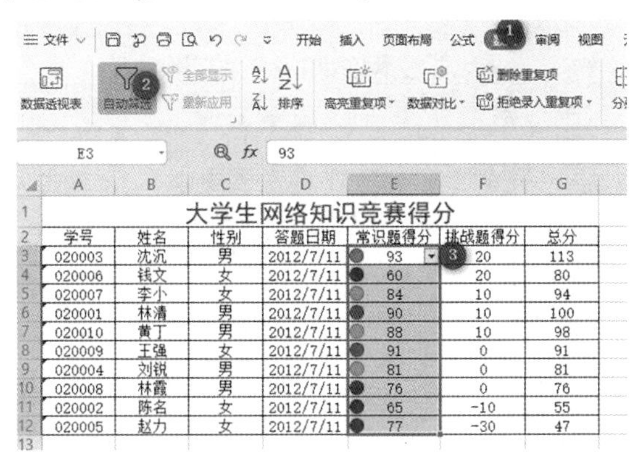

图 3-38　选择“自动筛选”

(2)单击“筛选”按钮,在弹出的列表中选择“数字筛选”选项,选择“高于平均值”子选项,如图 3-39 所示。

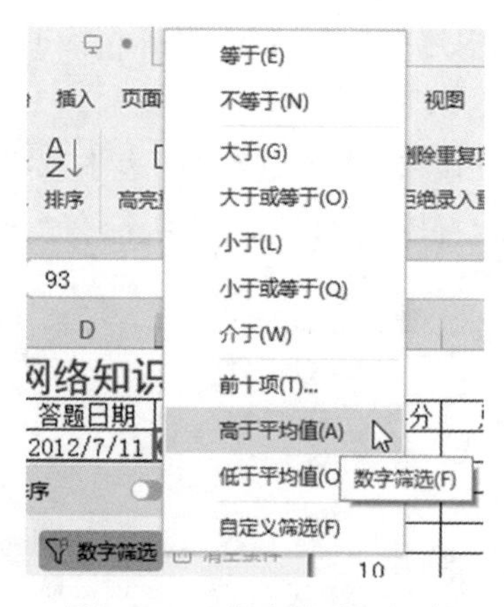

图 3-39 “数字筛选”选项

(3)此时常识题得分高于平均分的数据就筛选出来了,如图 3-40 所示。

	A	B	C	D	E	F	G
1	大学生网络知识竞赛得分						
2	学号	姓名	性别	答题日期	常识题得分	挑战题得分	总分
3	020003	沈沉	男	2012/7/11	93	20	113
5	020007	李小	女	2012/7/11	84	10	94
6	020001	林清	男	2012/7/11	90	10	100
7	020010	黄丁	男	2012/7/11	88	10	98
8	020009	王强	女	2012/7/11	91	0	91
9	020004	刘锐	男	2012/7/11	81	0	81
13							

图 3-40 筛选后的工作表

(4)选中表格,右击选择“复制”选项,选中 A15 单元格,右击选择“粘贴”按钮。

(5)单击 E3 单元格右侧的“筛选”按钮,在弹出的列表中选择“清空条件”选项,则之前的筛选被清除,设置后的工作表效果如图 3-41 所示。

	A	B	C	D	E	F	G
1	大学生网络知识竞赛得分						
2	学号	姓名	性别	答题日期	常识题得分	挑战题得分	总分
3	020003	沈沉	男	2012/7/11	93	20	113
4	020006	钱文	女	2012/7/11	60	20	80
5	020007	李小	女	2012/7/11	84	10	94
6	020001	林清	男	2012/7/11	90	10	100
7	020010	黄丁	男	2012/7/11	88	10	98
8	020009	王强	女	2012/7/11	91	0	91
9	020004	刘锐	男	2012/7/11	81	0	81
10	020008	林霞	男	2012/7/11	76	0	76
11	020002	陈名	女	2012/7/11	65	-10	55
12	020005	赵力	女	2012/7/11	77	-30	47
13							
14							
15	学号	姓名	性别	答题日期	常识题得分	挑战题得分	总分
16	020003	沈沉	男	2012/7/11	93	20	113
17	020007	李小	女	2012/7/11	84	10	94
18	020001	林清	男	2012/7/11	90	10	100
19	020010	黄丁	男	2012/7/11	88	10	98
20	020009	王强	女	2012/7/11	91	0	91
21	020004	刘锐	男	2012/7/11	81	0	81
22							

图 3-41 设置筛选后的工作表

步骤 8：分类汇总

（1）复制数据表到 A25。

（2）选中 C26～C35 单元格，单击“数据”选项卡中的“排序”按钮，在“排序警告”对话框中选中“以当前选定区域”单选框，单击“排序”按钮，“主要关键字”列表中选择“性别”，“排序依据”列表选择“数值”，“次序”列表选择“升序”，单击“确定”按钮。

（3）选中数据表，单击“数据”选项卡中的“分类汇总”按钮，弹出“分类汇总”对话框，“分类字段”列表选择“性别”，“汇总方式”列表选择“平均值”，“选定汇总项”列表选择“常识题得分”“挑战题得分”和“总分”复选框，选中“替换当前分类汇总”和“汇总结果显示在数据下方”复选框，如图 3-42 所示。

（4）单击“确定”按钮，表格按照“性别”对“常识题得分”“挑战题得分”“总分”进行汇总，如图 3-43 所示。

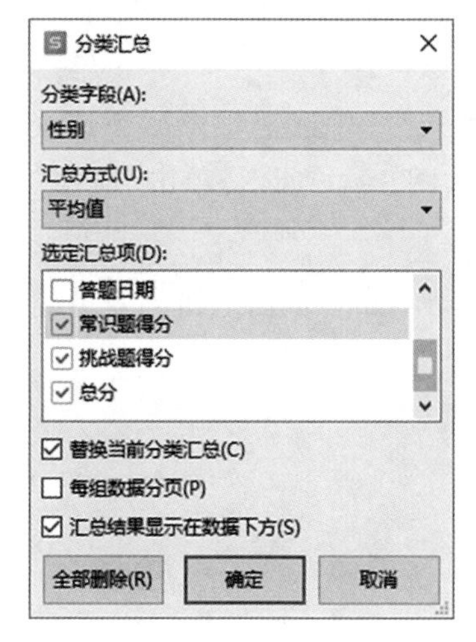

图 3-42 “分类汇总”对话框

	学号	姓名	性别	答题日期	常识题得分	挑战题得分	总分
24							
25	学号	姓名	性别	答题日期	常识题得分	挑战题得分	总分
26	020003	沈沉	女	2012/7/11	93	20	113
27	020006	钱文	女	2012/7/11	60	20	80
28	020007	李小	女	2012/7/11	84	10	94
29	020001	林清	女	2012/7/11	90	10	100
30	020010	黄丁	女	2012/7/11	88	10	98
31			女 平均值		83	14	97
32	020009	王强	男	2012/7/11	91	0	91
33	020004	刘锐	男	2012/7/11	81	0	81
34	020008	林霞	男	2012/7/11	76	0	76
35	020002	陈名	男	2012/7/11	65	-10	55
36	020005	赵力	男	2012/7/11	77	-30	47
37			男 平均值		78	-8	70
38			总平均值		80.5	3	83.5
39							

图 3-43 汇总后的表格效果

（5）单击汇总区域左上角的数字按钮“2”，此时即可查看第 2 级汇总结果，如图 3-44 所示。

	学号	姓名	性别	答题日期	常识题得分	挑战题得分	总分
24							
25	学号	姓名	性别	答题日期	常识题得分	挑战题得分	总分
31			女 平均值		83	14	97
37			男 平均值		78	-8	70
38			总平均值		80.5	3	83.5
39							

图 3-44 2 级汇总结果

步骤 9：插入饼图

（1）选中分类汇总后的图表，单击“插入”选项卡中的“全部图表”按钮，弹出“插入图表”对话框，选择“饼图”，如图 3-45 所示，单击“插入”按钮。

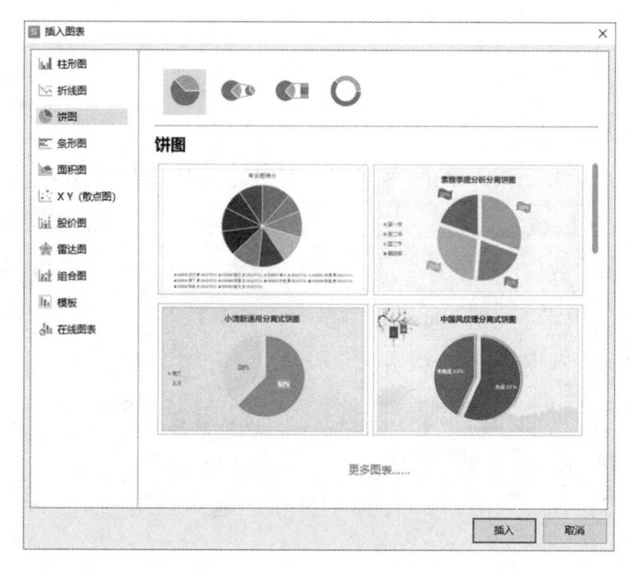

图 3-45 “插入图表”对话框

(2)单击图表右侧的 按钮,选中“数值”选项卡,在“系列”组中选中“总分”单选按钮,在“类别”组中选择“女 平均分”和“男 平均分”复选框,如图 3-46 所示,单击“应用”按钮。

(3)选择图表标题文本框,输入文本“大学生网络知识竞赛得分”,最后的饼图效果如图 3-47 所示。

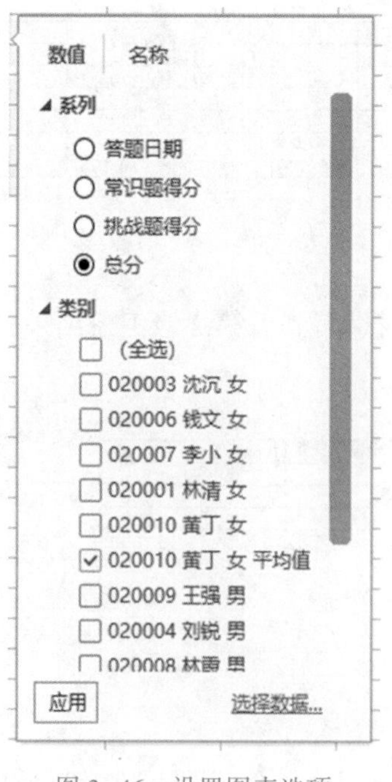

图 3-46 设置图表选项

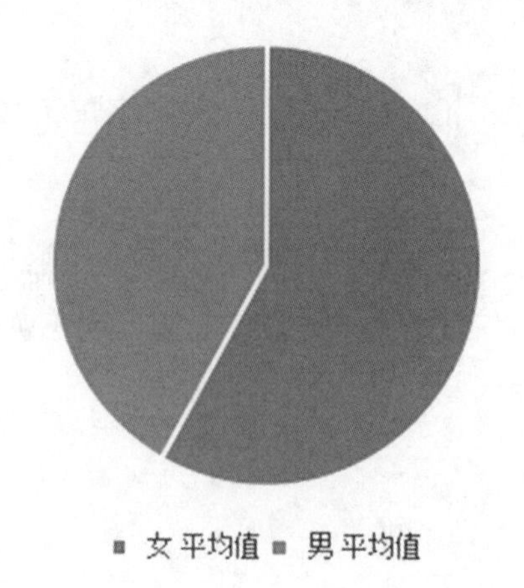

图 3-47 饼图效果图

三、知识拓展

数据有效性可以保证数据输入的正确性，如果输入有误，会导出窗口，进行出错警告，当然数据有效性也可以设置单元格内容选择性输入。分类汇总在工作中经常使用，但在使用前需要把分类字段的数据按类放在一起，可以通过按分类字段进行排序做到按类放在一起，然后再进行分类汇总。

思考与练习

(1)尝试使用数据透视表对竞赛数据进行分析，理解数据透视的使用。

(2)对男女生饼图进行设置，显示数据，改变颜色等。

任务十　公式与函数使用

利用 WPS 表格处理一些数据，是信息化办公的基本能力，公式、函数的应用是 WPS 表格应用的核心知识，下面我们来学习 WPS 表格中的引用、公式、函数的使用，主要学习 Sum( )、Sumif( )、Average( )、Count( )、Countif( )、If( )、And( )、Or( )、Not( )、Max( )、Min( )等函数的使用。

一、任务说明及要求

根据素材提出的各个要求，完成相应的操作，领会不同函数的应用。

(1)求出全球业绩表的合计项，包括各个城市、各洲、全球等业绩的合计。

(2)用函数求出费用表的合计项、平均项。

(3)用函数求出报名考试人数和参与考试人数。

(4)用 If( )函数求出各地区销售目标达成状况。

(5)用 If( )函数求出各位业务员是否迟到，是否早退；用 Countif( )函数求出迟到与早退人次。

(6)用 Sumif( )函数求出不同产品的销售金额。

(7)用 And 函数判断哪些女生未婚，未婚女生显示 true，否则显示 false。

(8)用 Or 函数判断有不及格课程的学生，并显示 true，否则显示 false。

(9)求出每位同学总分的平均分，再用 Not 函数判断有总分超过平均分的学生，并显示 true，否则显示 false。

(10)用函数求出最高、最低预算金额，平均预算，平均实际支出等。

二、任务解决及步骤

步骤 1：求出全球业绩表的合计项

（1）打开“任务十素材.et”文件，选择工作表“sum”，选中 O6 单元格，输入公式“=C6+D6+E6+F6+G6+H6+I6+J6+K6+L6+M6+N6”，按 Enter 键，O6 单元格显示计算结果，如图 3-48 所示。

O6　fx　=C6+D6+E6+F6+G6+H6+I6+J6+K6+L6+M6+N6

	A	B	C	D	E	F	G	H	I	J	K	L	M	N	O
1															
2		操作要求：请求出下表的合计项，包括各个城市，各洲，全球等业绩的合计。													
3															
4	2010年全球业绩														
5	地区与城市		一月	二月	三月	四月	五月	六月	七月	八月	九月	十月	十一月	十二月	全年合计
6		台北	$456	$568	$887	$976	$465	$267	$874	$657	$854	$326	$864	$552	$7,746
7	亚	东京	$564	$765	$540	$786	$768	$876	$765	$790	$762	$975	$245	$546	
8	洲	香港	$654	$876	$567	$790	$899	$845	$789	$588	$258	$654	$362	$646	
9	地	汉城	$456	$780	$436	$905	$547	$667	$476	$678	$866	$456	$456	$857	
10	区	亚洲合计													

图 3-48　计算台北市全年业绩总和

（2）选中 C6～C10 单元格区域，单击“开始”选项卡中的“求和”下拉按钮，在下拉列表中选择“求和”选项，如图 3-49 所示；则 C10 单元格中显示 C6～C9 单元格中数据的求和结果，如图 3-50 所示。O6 单元格计算结果也可用此方法进行计算。

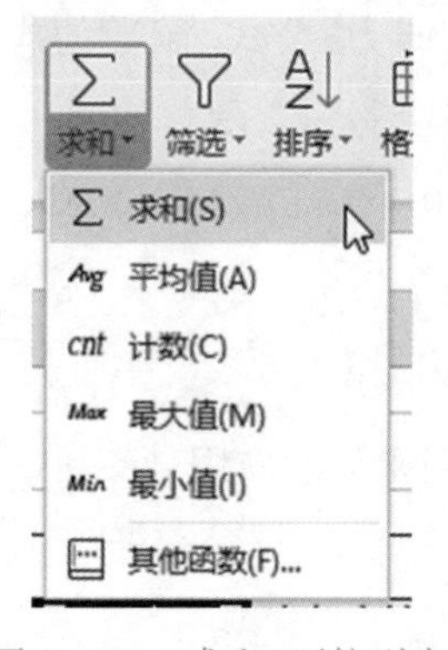

图 3-49　“求和”下拉列表

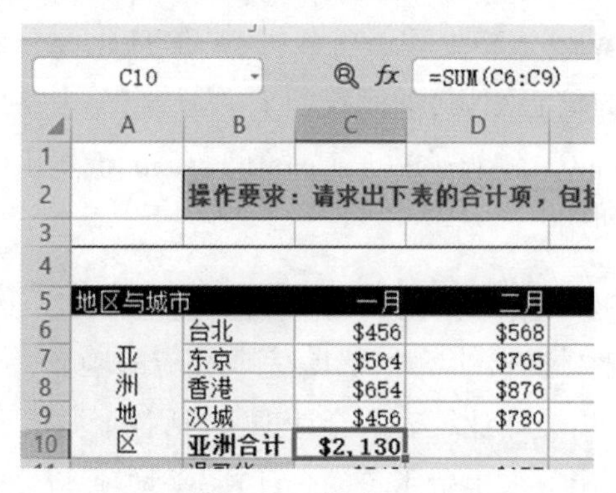

图 3-50　C6～C9 单元格求和结果

（3）参照以上方法分别对 C11～C15、C17～C19、C21～C24 单元格中的数据进行求和，求和结果分别保存在 C16、C20、C25 单元格中。

（4）选中 C26 单元格，输入公式“=C10+C16+C20+C25”，按 Enter 键，在 C26 单元格中显示计算结果。

（5）选中 C10～N10 单元格，单击“开始”选项卡中的“填充”下拉列表，选择“向右填充”选项，如图 3-51 所示，在 D10～N10 单元格中按照 C10 单元格中计算方法显示计算结果。参照以上方法分别对 D16～N16、D20～N20、D25～N25、D26～N26 单元格进行填充。

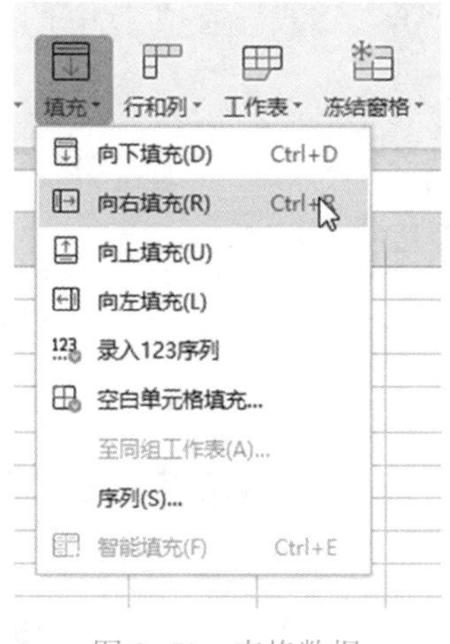

图 3-51 表格数据

(6)选中 O6~O26 单元格,单击“开始”选项卡中的“填充”下拉按钮,选择“向下填充”选项,在 O7~O26 单元格中按照 O6 单元格中数据的计算方法显示计算结果。

步骤 2:用函数求出费用表的合计项、平均项

(1)打开“任务十素材.et”文件,选择工作表“average”,选中 C12 单元格,单击“公式”选项卡中的“自动求和”下拉按钮,选择“求和”选项,C12 单元格中自动显示公式“=SUM(C7:C11)”,如图 3-52 所示,按 Enter 键,C12 单元格中显示计算结果。

SUM　=SUM(C7:C11)

操作要求：请用函数求出下表的合计项，平均项。

2011年上半年各项费用支出

项目	一月	二月	三月	四月	五月	六月
行政作业	$5,645.0	$8,111.0	$8,830.0	$7,517.0	$6,067.0	$6,462.0
数据输入与处理	$7,195.0	$5,421.0	$6,310.0	$5,087.0	$7,570.0	$7,685.0
人事管理	9320	5196	7193	7004	5542	6833
设备检测	9410	9418	7456	9421	7198	6716
环境美化清洁	6455	5574	5394	6129	5029	4923
合计	=SUM(C7:C11)					
平均	SUM(数值1, ...)					

图 3-52 用函数求费用表的合计项

(2)利用填充方式,将函数填充到 D12~H12 单元格,如图 3-53 所示。

H12　=SUM(H7:H11)

操作要求：请用函数求出下表的合计项，平均项。

2011年上半年各项费用支出

项目	一月	二月	三月	四月	五月	六月
行政作业	$5,645.0	$8,111.0	$8,830.0	$7,517.0	$6,067.0	$6,462.0
数据输入与处理	$7,195.0	$5,421.0	$6,310.0	$5,087.0	$7,570.0	$7,685.0
人事管理	9320	5196	7193	7004	5542	6833
设备检测	9410	9418	7456	9421	7198	6716
环境美化清洁	6455	5574	5394	6129	5029	4923
合计	38025	33720	35183	35158	31406	32619
平均						

图 3-53 填充合计项

(3) 选中 C13 单元格,单击“公式”选项卡中的“常用函数”下拉按钮,选择“AVERAGE”,如图 3-54 所示。

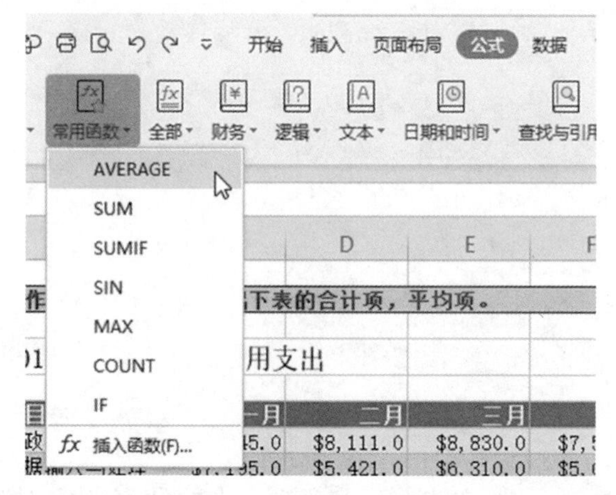

图 3-54　选择“AVERAGE”函数

(4)弹出“函数参数”对话框,“数值 1”选择 C7:C11 单元格区域,如图 3-55 所示。

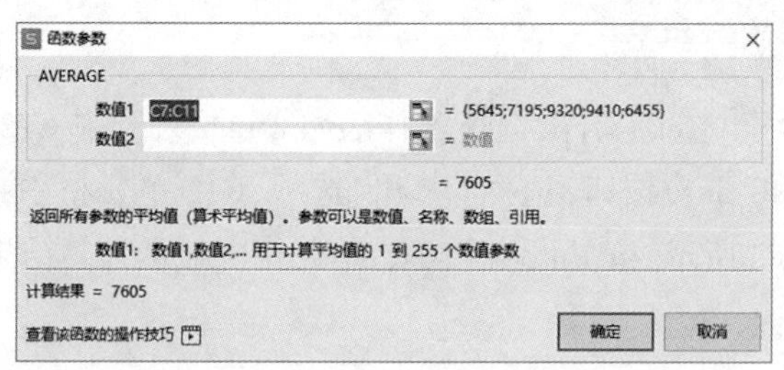

图 3-55　“函数参数”对话框

(5)单击“确定”按钮,在 C13 单元格中显示计算结果。利用填充方式,将函数填充到 D13:H13 单元格,如图 3-56 所示。

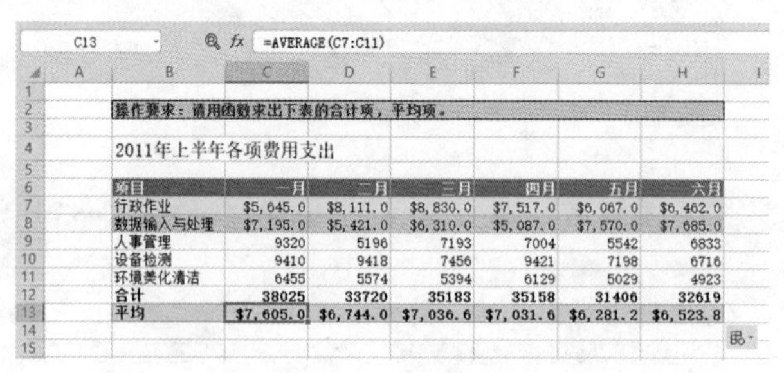

C13　=AVERAGE(C7:C11)

操作要求：请用函数求出下表的合计项，平均项。

2011年上半年各项费用支出

项目	一月	二月	三月	四月	五月	六月
行政作业	$5,645.0	$8,111.0	$8,830.0	$7,517.0	$6,067.0	$6,462.0
数据输入与处理	$7,195.0	$5,421.0	$6,310.0	$5,087.0	$7,570.0	$7,685.0
人事管理	9320	5196	7193	7004	5542	6833
设备检测	9410	9418	7456	9421	7198	6716
环境美化清洁	6455	5574	5394	6129	5029	4923
合计	38025	33720	35183	35158	31406	32619
平均	$7,605.0	$6,744.0	$7,036.6	$7,031.6	$6,281.2	$6,523.8

图 3-56　填充平均项

步骤 3:用函数求出报名考试人数和参与考试人数

(1)打开“任务十素材.et”文件,选择工作表“count”,选中 F5 单元格,单击“公式”选项卡中的“插入函数”按钮,弹出“插入函数”对话框,在“全部函数”选项卡的“或选择类别”列表中选择“统计”,在“选择函数”列表中选择“COUNTA”,如图 3-57 所示。

图 3-57 “插入函数”对话框

(2)单击“确定”按钮,弹出“函数参数”对话框,“值 1”选择 B5:B14 单元格区域,如图 3-58所示,单击“确定”按钮,F5 单元格中显示计算结果“10”。

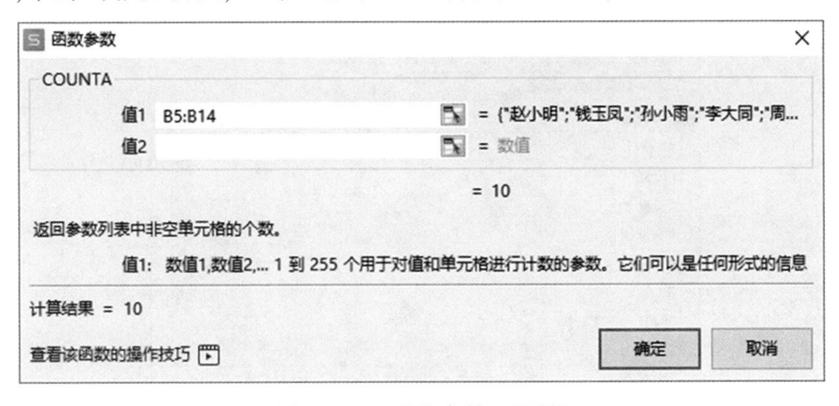

图 3-58 “函数参数”对话框

(3)选中 F6 单元格,单击“公式”选项卡中的“插入函数”按钮,弹出“插入函数”对话框,在“全部函数”选项卡的“或选择类别”列表中选择“统计”,在“选择函数”列表中选择“COUNT”,单击“确定”按钮,弹出“函数参数”对话框,“值 1”选择 C5:C14 单元格区域,单击“确定”按钮,F6 单元格中显示计算结果“8”。

如图 3-59 所示为统计函数计算结果。

操作要求：请用函数求出下表的报名考试人数和参与考试人数。

报名人员	笔试成绩
赵小明	92
钱玉凤	68
孙小雨	72
李大同	免试
周中强	88
吴奉天	0
郑功名	84
王莉婷	73
冯四海	
陈大福	68

报名考试人数：	10
参与考试人数：	8

图 3-59　统计函数计算结果

注意：COUNT 函数与 COUNTA 函数的功能类似，都能返回指定范围内单元格的数目，但在使用中它们还是具有以下区别：

1）COUNT 函数返回参数列表中包含数字的单元格数目；

2）COUNTA 函数返回参数列表中非空值的单元格数目，单元格的类型不限。

步骤 4：用 if( ) 函数求出各地区销售目标达成状况

（1）打开“任务十素材.et”文件，选择工作表“if”，选中 L7 单元格，单击“公式”选项卡中的“插入函数”按钮，弹出“插入函数”对话框，在“全部函数”选项卡的“或选择类别”列表中选择“逻辑”，在“选择函数”列表中选择“IF”，如图 3-60 所示。

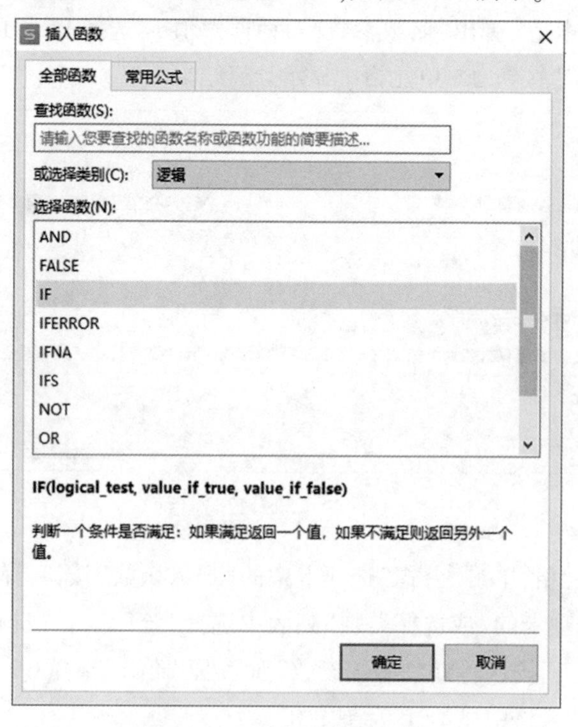

图 3-60　“插入函数”对话框

(2)单击“确定”按钮,弹出“函数参数”对话框,“测试条件”文本框输入“C7<=K7”,“真值”文本框输入“"达成"”,“假值”文本框输入“"未达成"”,如图 3-61 所示,单击“确定”按钮,L7 单元格显示函数结果“达成”。

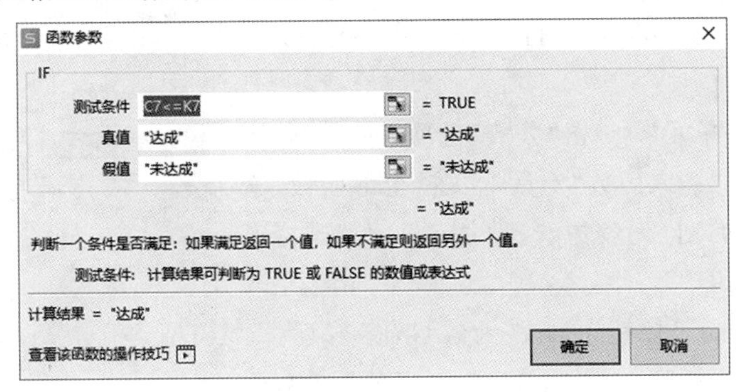

图 3-61 “函数参数”对话框

(3)选中 L7 单元格,将鼠标指针移至单元格右下角,指针变为黑色十字形状,拖动鼠标指针向下填充,将公式填充到 L8:L11 单元格。

(4)复制 L7 单元格的公式到 L13 单元格,L13 单元格中显示函数结果“未达成”,然后填充公式到 L14:L17 单元格。

(5)根据以上方法,在 L19:L23 单元格中填充公式并显示函数计算结果。最终效果如图 3-62 所示。

操作要求：请用if函数求出各地区销售目标达成状况。

全球销售状况与达成目标

地区	年度目标	第一季	第二季	上半年合计	第三季	第四季	下半年合计	全年总销售金额	目标达成状况
				各季销售金额					
台北	$2,200	$529	$484	$1,013	$785	$509	$1,294	$2,307	达成
新加坡	$2,000	$332	$355	$687	$822	$324	$1,146	$1,833	未达成
东京	$2,000	$454	$465	$919	$336	$851	$1,187	$2,106	达成
首尔	$1,500	$298	$394	$692	$374	$264	$638	$1,330	未达成
亚洲地区总销售量	$7,700	$1,613	$1,698	$3,311	$2,317	$1,948	$4,265	$7,576	未达成
伦敦	$2,400	$601	$446	$1,047	$681	$624	$1,305	$2,352	未达成
巴黎	$1,500	$407	$223	$630	$251	$493	$744	$1,374	未达成
罗马	$2,000	$323	$454	$777	$946	$475	$1,421	$2,198	达成
柏林	$2,100	$827	$666	$1,493	$330	$452	$782	$2,275	达成
欧洲地区总销售量	$8,000	$2,158	$1,789	$3,947	$2,208	$2,044	$4,252	$8,199	达成
纽约	$2,200	$329	$344	$673	$664	$907	$1,571	$2,244	达成
洛杉矶	$2,200	$422	$695	$1,117	$335	$586	$921	$2,038	未达成
多伦多	$2,000	$709	$270	$979	$344	$653	$997	$1,976	未达成
里约	$2,000	$867	$526	$1,393	$268	$228	$496	$1,889	未达成
美洲地区总销售量	$8,400	$2,327	$1,835	$4,162	$1,611	$2,374	$3,985	$8,147	未达成

图 3-62 if( )函数计算结果

步骤 5:用 if( )函数求出各位业务员是否迟到,是否早退;用 countif( )函数求出迟到与早退人次

(1)打开“任务十素材.et”文件,选择工作表“countif”,选中 F6 单元格,单击“公式”选项卡中的“插入函数”按钮,弹出“插入函数”对话框,在“全部函数”选项卡的“或选择类别”列表中选择“逻辑”,在“选择函数”列表中选择“IF”。

(2)单击“确定”按钮,弹出“函数参数”对话框,“测试条件”文本框输入“C6>

D14”,“真值”文本框输入“"是"”,“假值”文本框输入“"否"”,单击“确定”按钮,F6 单元格显示函数结果“是”。

(3)根据以上步骤在 F7:F11 单元格中输入函数并显示函数结果。

(4)选中 G6 单元格,单击“公式”选项卡中的“插入函数”按钮,弹出“插入函数”对话框,在“全部函数”选项卡的“或选择类别”列表中选择“逻辑”,在“选择函数”列表中选择“IF”。

(5)单击“确定”按钮,弹出“函数参数”对话框,“测试条件”文本框输入“D6<D15”,“真值”文本框输入“"是"”,“假值”文本框输入“"否"”,单击“确定”按钮,F6 单元格显示函数结果“否”。

(6)根据以上步骤在 G7:G11 单元格中输入函数并显示函数结果。

(7)选中 F12 单元格,单击“公式”选项卡中的“其他函数”按钮,在下拉列表中选择“统计”选项,在子菜单中选择“COUNTIF”,如图 3-63 所示。

(8)弹出“函数参数”对话框,“区域”选择 F6:F11 单元格,“条件”输入“"是"”,如图 3-64 所示,单击“确定”按钮,F12 单元格中显示计算结果“3”。

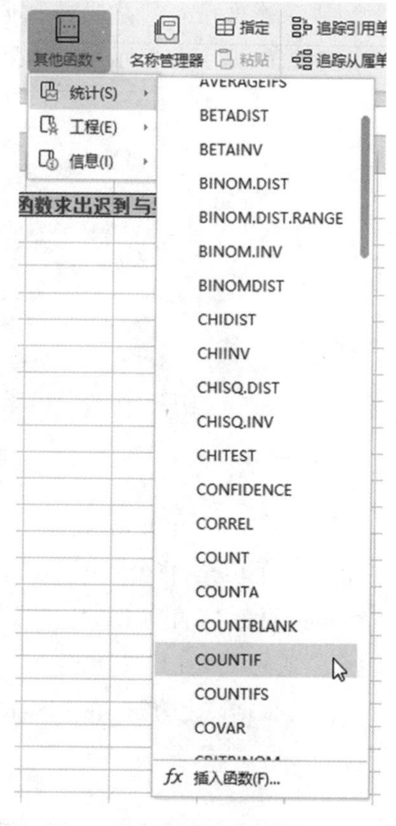

图 3-63 “其他函数”菜单

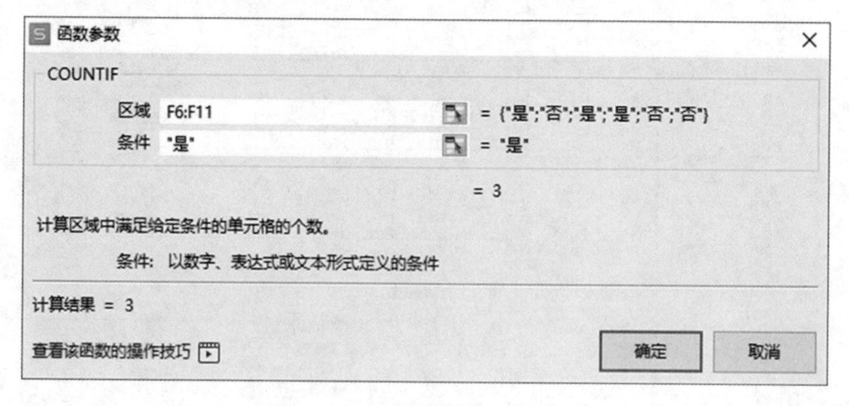

图 3-64 “函数参数”对话框

(9)选中 G12 单元格,输入“=COUNTIF(G6:G11,"是")”,按 Enter 键后 G12 单元格显示计算结果“2”。

如图 3-65 所示为进行函数计算后的表格。

业务员	上班时间	下班时间	工作时间	迟到与否	早退与否
刘小明	8:30	17:30	8:00	是	否
江美丽	7:37	16:33	7:56	否	是
李筱峰	9:01	18:04	8:03	是	否
张惠民	8:45	17:19	7:34	是	是
陈小英	7:53	17:31	8:38	否	否
刘怡婷	7:20	19:21	11:01	否	否
		迟到与早退人次：		3	2
规定上班时间：		8:00			
规定下班时间：		17:30			
规定午休开始时间：		12:00			
规定午休结束时间：		13:00			

图 3-65　进行函数计算后的表格

步骤 6：用 sumif( ) 函数求出不同产品的销售金额

(1) 打开“任务十素材.et”文件，选择工作表“sumif”，选中 K8 单元格，单击“公式”选项卡中的“常用函数”按钮，在下拉列表中选择“SUMIF”。

(2) 弹出“函数参数”对话框，“区域”输入“$B$7:$G$67”，“条件”选择 J8，“求和区域”输入“$G$7”，如图 3-66 所示，单击“确定”按钮，K8 单元格中显示函数计算结果“6002080”。

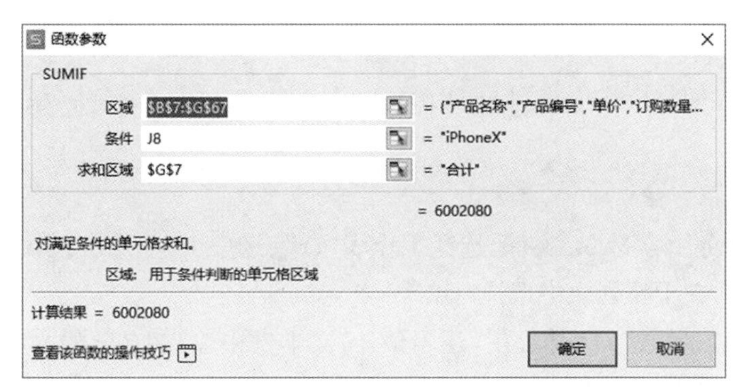

图 3-66　“函数参数”对话框

(3) 利用填充柄将公式填充到 K9:K20 单元格，函数计算结果如图 3-67 所示。

产品名称	销售金额
iPhoneX	6002080
立体声桌上型音箱	138720
果冻套(粉绿)	4928
果冻套(透明)	10384
智能型手机	6264780
无线对讲机	918060
辅助用品 - USB延长线	10395
辅助用品 - 充电器	17640
辅助用品 - 立体耳机	101250
辅助用品 - 蓝芽耳机	238740
数位学习板	1630680
锂电池	129360
蓝莓机	6393660

图 3-67　函数计算结果

步骤 7:用 and 函数判断哪些女生未婚,未婚女生显示 true,否则显示 false

(1)打开“任务十素材.et”文件,选择工作表“and”,选中 F5 单元格,单击“公式”选项卡中的“逻辑”按钮,在下拉列表中选择“AND”。

(2)弹出“函数参数”对话框,在“逻辑值 1”文本框中输入“B5="女"”,在“逻辑值 2”文本框中输入“D5="未婚"”,如图 3-68 所示,单击“确定”按钮,F5 单元格中显示计算结果“FALSE”。

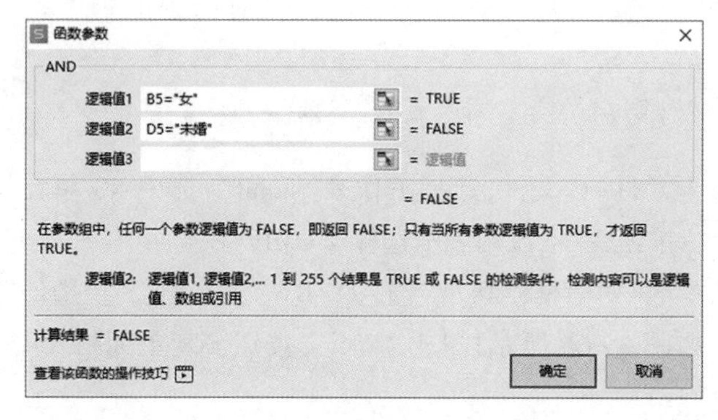

图 3-68 “函数参数”对话框

(3)利用填充柄将公式填充到 F6:F104 单元格。

步骤 8:用 or 函数判断有不及格课程的学生,并显示 true,否则显示 false

(1)打开“任务十素材.et”文件,选择工作表“or”,选中 I7 单元格,单击“公式”选项卡中的“逻辑”按钮,在下拉列表中选择“OR”。

(2)弹出“函数参数”对话框,在“逻辑值 1”文本框中输入“C7<60”,在“逻辑值 2”文本框中输入“D7<60”,在“逻辑值 3”文本框中输入“E7<60”,在“逻辑值 4”文本框中输入“F7<60”,在“逻辑值 5”文本框中输入“G7<60”,在“逻辑值 6”文本框中输入“H7<60”,如图 3-69 所示,单击“确定”按钮,I7 单元格中显示计算结果“FALSE”。

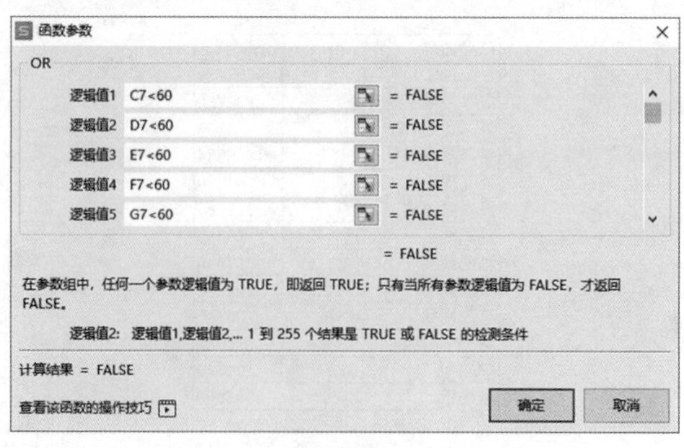

图 3-69 “函数参数”对话框

(3)利用填充柄将公式填充到 I8:I102 单元格。

步骤 9:求出每位同学总分的平均分,再用 NOT 函数判断有总分超过平均分的学生,并显示 true,否则显示 false

(1)打开"任务十素材.et"文件,选择工作表"not",选中 A106 单元格,输入文字"平均分"。

(2)选中 G106 单元格,单击"公式"选项卡中的"自动求和"下拉按钮,在下拉列表中选择"平均值"选项,则 G106 单元中自动输入公式"=AVERAGE(G6:G105)",如图 3-70 所示,按 Enter 键后 G106 单元格中显示计算结果。

SUMIF　　fx　=AVERAGE(G6:G105)

	A	B	C	D	E	F	G	H
94	1510089	马明	36	61	73	77	247	
95	1510090	王丹君	27	67	45	82	221	
96	1510091	李伟	3	79	73	69	224	
97	1510092	徐培沛	27	92	49	32	200	
98	1510093	陶维轶	16	56	64	38	174	
99	1510094	陈欧攀	7	43	48	79	177	
100	1510095	阮蓉	30	75	90	38	233	
101	1510096	蔡玉铭	68	68	82	51	269	
102	1510097	陈耿贞	48	46	82	76	252	
103	1510098	许纯霏	73	63	78	52	266	
104	1510099	张玉梦	77	63	45	86	271	
105	1510100	许希雪	90	88	97	84	359	
106	平均分						=AVERAGE(G6:G105)	

图 3-70　自动计算平均值

(3)选中 H6 单元格,单击"公式"选项卡中的"逻辑"按钮,在下拉列表中选择"NOT",弹出"函数参数"对话框,在"逻辑值"文本框中输入"G6<=$G$106",如图 3-71 所示,单击"确定"按钮,H6 单元格中显示计算结果"TRUE"。

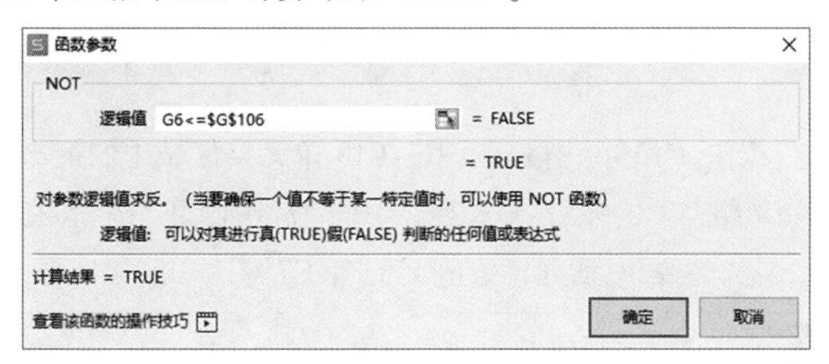

图 3-71　"函数参数"对话框

(4)利用填充柄将公式填充到 H7:H105 单元格。

步骤 10:用函数求出最高、最低预算金额,平均预算,平均实际支出等

(1)打开"任务十素材.et"文件,选择工作表"max,min",选中 E7 单元格,输入公式"=D7-C7",按 Enter 键,E7 单元格显示计算结果"-20",利用填充柄将公式填充到 E8:E13 单元格。

(2)选中 C15 单元格,单击“公式”选项卡中的“其他函数”按钮,在下拉菜单中选择“统计”选项,在子菜单中选择“MAX”选项,弹出“函数参数”对话框,“数值 1”选中 C7:C13 单元格区域,如图 3-72 所示。

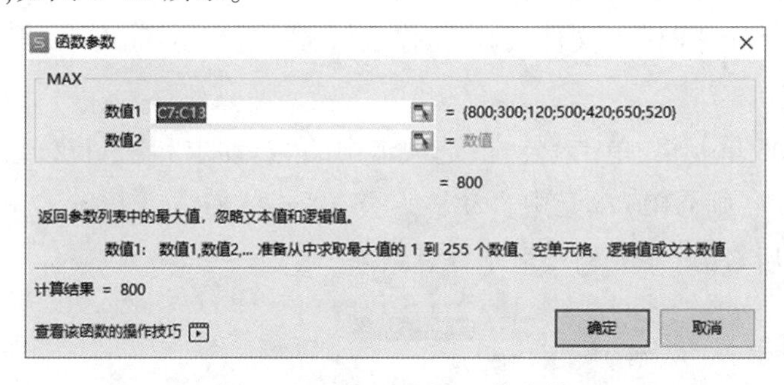

图 3-72　设置 MAX 函数参数

(3)单击“确定”按钮,C15 单元格显示 C7:C13 单元格区域中的最大值“800”。

(4)选中 C16 单元格,单击“公式”选项卡中的“其他函数”按钮,在下拉菜单中选择“统计”选项,在子菜单中选择“MIN”选项,弹出“函数参数”对话框,“数值 1”选中 C7:C13 单元格区域,如图 3-73 所示。

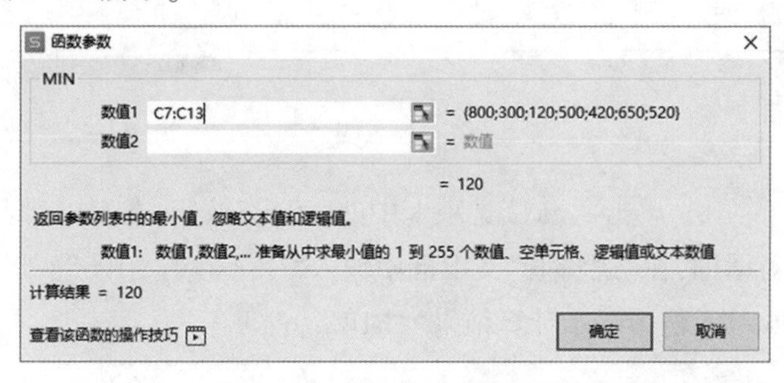

图 3-73　设置 MIN 函数参数

(5)单击“确定”按钮,C16 单元格显示 C7:C13 单元格区域中的最小值“120”。

(6)选中 H7 单元格,单击“公式”选项卡中的“常用函数”按钮,在下拉列表中选择“AVERAGE”,弹出“函数参数”对话框,“数值 1”选择 C7:C13 单元格区域,如图 3-74 所示。

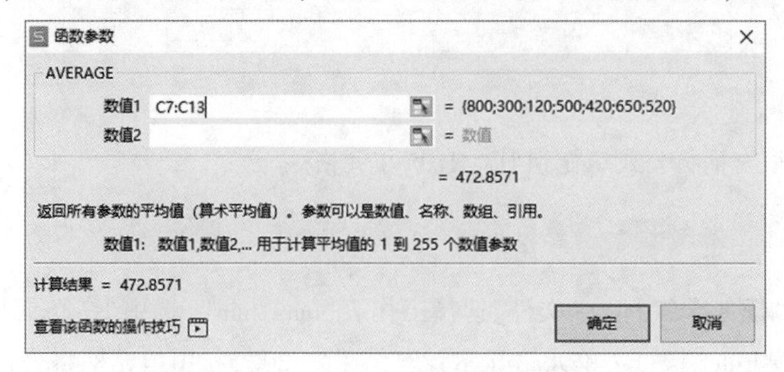

图 3-74　设置 AVERAGE 函数参数

(7) 单击“确定”按钮，H7 单元格中显示 C7：C13 单元格区域中数据的平均值“472.8571429”。

(8)选中 H8 单元格，单击“公式”选项卡中的“常用函数”按钮，在下拉列表中选择“AVERAGE”，弹出“函数参数”对话框，“数值 1”选择 D7：D13 单元格区域，如图 3-75 所示。

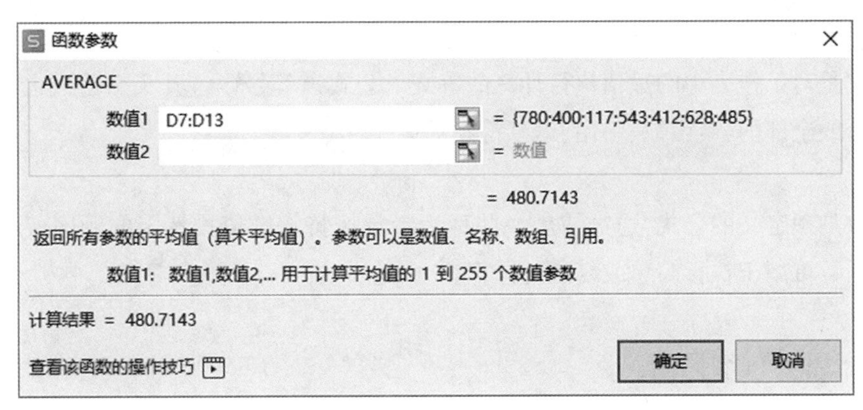

图 3-75 设置 AVERAGE 函数参数

(9) 单击“确定”按钮，H8 单元格中显示 D7：D13 单元格区域中数据的平均值“480.7142857”。

表格最终效果如图 3-76 所示。

2011 年度预算与实际支出

科目	预算	实际支出	差额
租金	800	780	-20
电话费	300	400	100
水费	120	117	-3
电费	500	543	43
办公文具	420	412	-8
差旅费	650	628	-22
福利金支出	520	485	-35

最高预算金额：	800
最低预算金额：	120

平均预算：	472.8571429
平均实际支出：	480.7142857

图 3-76 表格最终效果图

三、知识拓展

1. 绝对引用、相对引用和混合引用之间的区别

公式中的相对单元格引用(如 A1)是基于包含公式和单元格引用的单元格的相对位置。如果公式所在单元格的位置改变，引用也随之改变。如果多行或多列地复制或填充公式，引用会自动调整。默认情况下，新公式使用相对引用。

公式中的绝对单元格引用(如 $A$1)总是在特定位置引用单元格。如果公式所在单元格的位置改变，绝对引用将保持不变。如果多行或多列地复制或填充公式，绝对引用将

不作调整。默认情况下,新公式使用相对引用,您可能需要将它们转换为绝对引用。

混合引用具有绝对列和相对行或绝对行和相对列。绝对引用列采用 $A1、$B1 等形式。绝对引用行采用 A$1、B$1 等形式。如果公式所在单元格的位置改变,则相对引用将改变,而绝对引用将不变。如果多行或多列复制或填充公式,相对引用将自动调整,而绝对引用将不作调整。

2. 公式

公式是对工作表中的数值执行计算的等式。公式以等号(=)开头。公式也可以包括下列部分或全部内容:函数、引用、运算符和常量。

3. 函数

函数是预定义的公式,通过使用一些称为参数按特定数值按特定的顺序或结构执行计算。函数可用于执行简单或复杂的计算。

思考与练习

假设您要将两列或更多列的数据(如人的名字和地址),合并到单列中,请使用 CONCATENATE 函数或 & 来完成它。

任务十一　函数进阶使用

利用 WPS 表格处理一些数据是信息化办公的基本能力,函数的应用是 WPS 表格应用的核心知识,本任务进一步学习 WPS 表格中的一些公式、函数的使用,主要学习 Datedif()、Round()、Mod()、Int()、Mid()、Vlookup()等函数的使用。

一、任务说明及要求

根据素材提出的各个问题,使用相应函数操作,领会各个函数各个参数的使用。

(1)用数据有效性功能在 D5 单元格完成数据选择性输入操作。

(2)用 Sumif()函数查找各位销售员年终奖。

(3)用函数求出应发工资和实发工资,再用 Rank.eq()函数求出各位同学实发工资排名。

(4)计算各位同学的周岁。

(5)用 Round()函数对上半年平均费用进行四舍五入取整数。

(6)用 Mod()函数对被除数、除数取余数。

(7)求出平均分,再用 int()函数对平均分进行向下取整。

(8)用 Vlookup()函数找出各类商品的单价表,填写到单价列中。

(9)用 Hlookup()函数找出不同分店的书籍销售情况。

(10)根据身份证号,用 Mid()函数求出生日期和年龄。

二、任务解决及步骤

步骤 1:用数据有效性功能在 D5 单元格完成数据选择性输入操作

(1)打开"函数进阶应用素材.et",选择工作表"数据有效性"。

(2)选中 D4 单元格,输入文字"星期一",背景填充黄色。

(3)单击"数据"选项卡中的"有效性"下拉按钮,选择"有效性"选项,如图 3-77 所示。

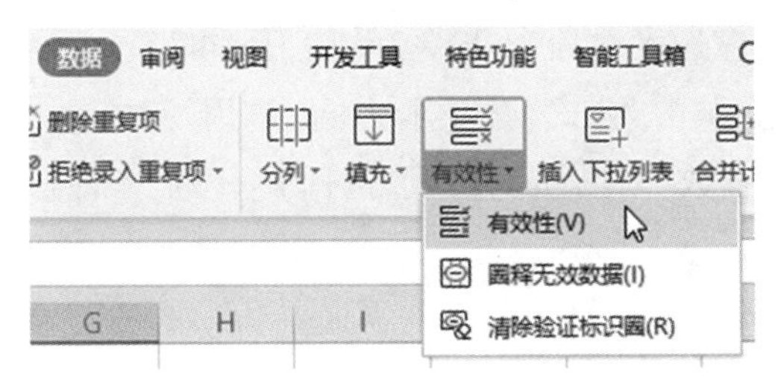

图 3-77 "有效性"下拉菜单

(4)弹出"有效性"对话库,切换到"设置"选项卡,在"允许"列表中选择"序列",选中"忽略空值"和"提供下拉箭头"复选框,"来源"文本框输入序列"星期一,星期二,星期三,星期四,星期五,星期六,星期日",如图 3-78 所示。

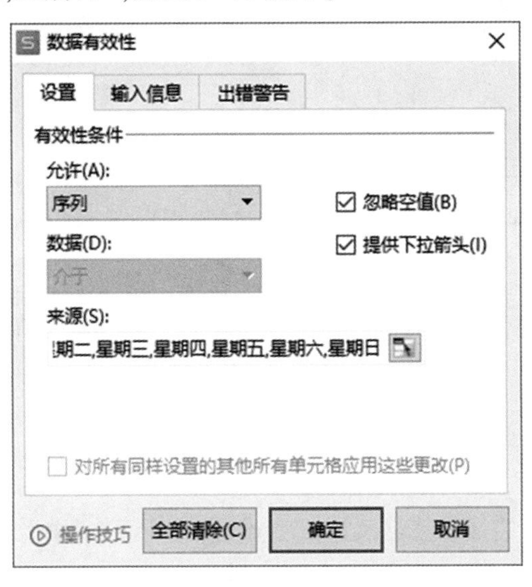

图 3-78 "数据有效性"对话框

(5)单击"确定"按钮,D4 单元格右侧出现下拉按钮,单击下拉按钮效果如图 3-79 所示。

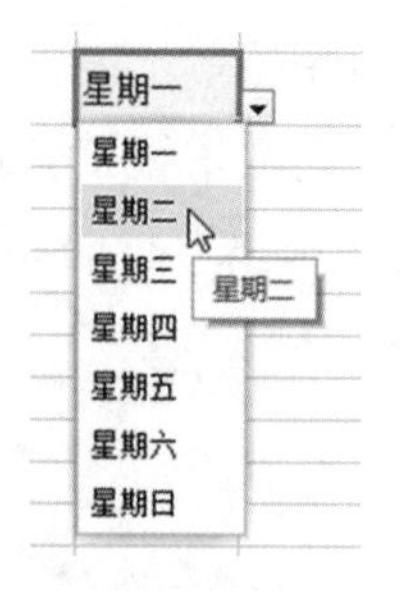

图 3-79 单击下拉按钮效果

步骤 2：用 sumif( ) 函数查找各位销售员年终奖

（1）打开“函数进阶应用素材.et”，选择工作表“sumif”。

（2）选中 L5 单元格，单击“公式”选项卡中的“常用函数”下拉按钮，在下拉菜单中选择“SUMIF”，弹出“函数参数”对话框，“区域”选择 B：H 列，条件选择 K5，求和区域选择 C：I 列，如图 3-80 所示。

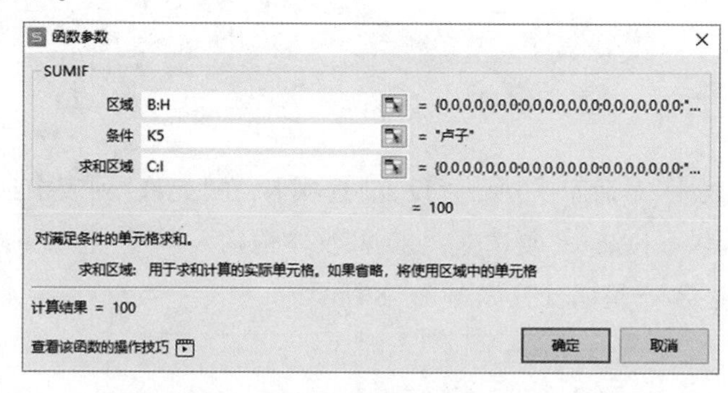

图 3-80 “函数参数”对话框

（3）单击“确定”按钮，L5 单元格显示函数计算结果。

（4）利用填充柄将公式填充到 L6：L11 单元格，表格效果如图 3-81 所示。

销售员	年终奖
卢子	100
不加班	200

销售员	年终奖
李四	100
朱青梅	200
邓展鹏	100

销售员	年终奖
路人甲	100
王五	50

销售员	年终奖
卢子	100
不加班	200
李四	100
朱青梅	200
邓展鹏	100
路人甲	100
王五	50

图 3-81 表格效果图

步骤 3：用函数求出应发工资和实发工资，再用 Rank.eq( ) 函数求出各位同学实发工资排名

（1）打开“函数进阶应用素材.et”，选择工作表“rank.eq”。

（2）选中 G6 单元格，单击“公式”选项卡中的“自动求和”按钮，选择“求和”选项，对 C6：F6 单元格数据自动求和，按 Enter 键，G6 单元格显示计算结果，利用填充柄将公式填充到 G7:G105 单元格。

(3)选中 I6 单元格,输入公式“=G6-H6”,按 Enter 键,I6 单元格显示计算结果,利用填充柄将公式填充到 I7:I105 单元格。

(4)选中 J6 单元格,单击“公式”选项卡中的“其他函数”按钮,在下拉列表中选择“统计”选项,在子菜单中选择“RANK.EQ”,弹出“函数参数”对话框,“数值”选择 I6,“引用”输入“$I$6:$I$105”,如图 3-82 所示,单击“确定”按钮,J6 单元格中显示排名结果。

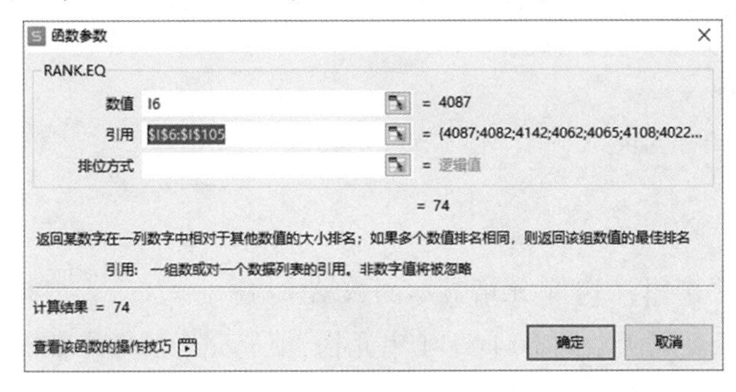

图 3-82 “函数参数”对话框

(5)双击填充柄在 J7:J105 单元格复制公式并完成填充。

步骤 4:计算各位同学的周岁

(1)打开“函数进阶应用素材.et”,选择工作表“datedif”。

(2)选中 D6 单元格,单击“公式”选项卡中的“日期和时间”按钮,选择“DATEDIF”弹出“函数参数”对话框,“开始日期”选择 C6,“终止日期”输入“TODAY()”,“比较单位”输入“"Y"”,如图 3-83 所示。

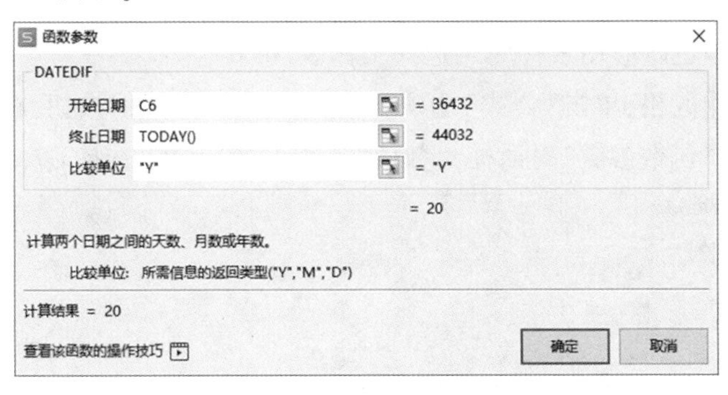

图 3-83 “函数参数”对话框

(3)单击“确定”按钮,D6 单元格中显示计算结果。

(4)双击填充柄在 D7:D65 单元格复制公式并完成填充。

步骤 5:用 round()函数对上半年平均费用进行四舍五入取整数

(1)打开“函数进阶应用素材.et”,选择工作表“round”。

(2)选中 C14 单元格,单击“公式”选项卡中的“数学和三角”按钮,在下拉菜单中选择“ROUND”,弹出“函数参数”对话框,“数值”选择 C13,“小数位数”输入“0”,如图 3-84 所示。

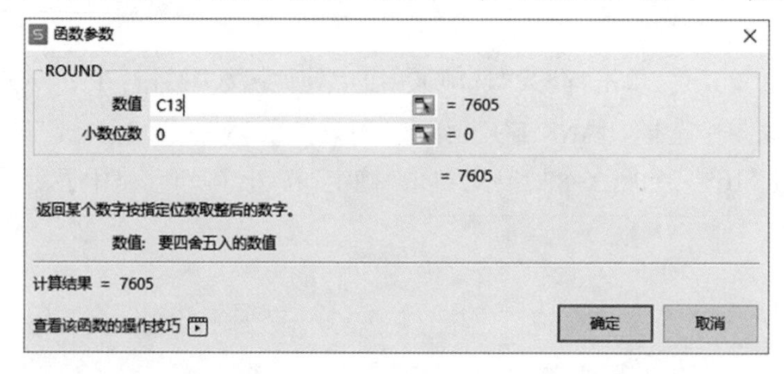

图 3-84 “函数参数”对话框

(3)单击“确定”按钮,C14 单元格显示函数结果。

(4)利用填充柄复制函数到 D14:H14 单元格,填充完毕后效果如图 3-85 所示。

2011年上半年各项费用支出

项目	一月	二月	三月	四月	五月	六月
行政作业	$5,645.0	$8,111.0	$8,830.0	$7,517.0	$6,067.0	$6,462.0
数据输入与处理	$7,195.0	$5,421.0	$6,310.0	$5,087.0	$7,570.0	$7,685.0
人事管理	9320	5196	7193	7004	5542	6833
设备检测	9410	9418	7456	9421	7198	6716
环境美化清洁	6455	5574	5394	6129	5029	4923
合计	38025	33720	35183	35158	31406	32619
平均	$7,605.0	$6,744.0	$7,036.6	$7,031.6	$6,281.2	$6,523.8
平均(整数)	7605	6744	7037	7032	6281	6524

图 3-85 函数效果

步骤 6:用 mod( )函数对被除数、除数取余数

(1)打开“函数进阶应用素材.et”,选择工作表“mod”。

(2)选中 D7 单元格,单击“公式”选项卡中的“数学和三角”按钮,在下拉列表中选择“MOD”选项,弹出“函数参数”对话框,“数值”选择 B7,“除数”选择 C7,如图 3-86 所示。

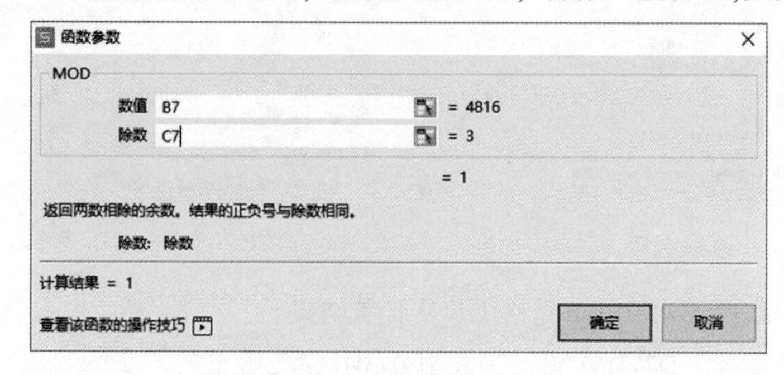

图 3-86 “函数参数”对话框

(3)单击“确定”按钮,D7 单元格中显示计算结果“1”。

(4)双击填充柄,复制公式到 D8:D32 单元格,填充效果如图 3-87 所示。

被除数	除数	余数
4816	3	1
4755	17	12
5400	27	0
6993	22	19
8847	14	13
2906	6	2
7885	27	1
5939	29	23
4083	4	3
6811	24	19
2751	18	15
4337	5	2
907	6	1
3677	29	23
9931	10	1
10	10	0
8231	19	4
8983	6	1
9971	13	0
6683	18	5
4158	11	0
1304	4	0
4819	14	3
588	26	16
8197	16	5
2944	21	4

图 3-87　表格最终效果图

步骤 7:求出平均分,再用 int( ) 函数对平均分进行向下取整

(1)打开"函数进阶应用素材.et",选择工作表"int"。

(2)选中 H6 单元格,单击"公式"选项卡中的"常用函数"按钮,在下拉菜单中选择"AVERAGE"选项,弹出"函数参数"对话框,"数值 1"选择"D6:G6",单击"确定"按钮,H6 单元格中显示计算结果"74"。双击填充柄复制公式到 H7:H105 单元格。

(3)选中 I6 单元格,单击"公式"选项卡中的"数学和三角"按钮,在下拉列表中选择"INT"选项,弹出"函数参数"对话框,"数值"选择 H6,如图 3-88 所示。

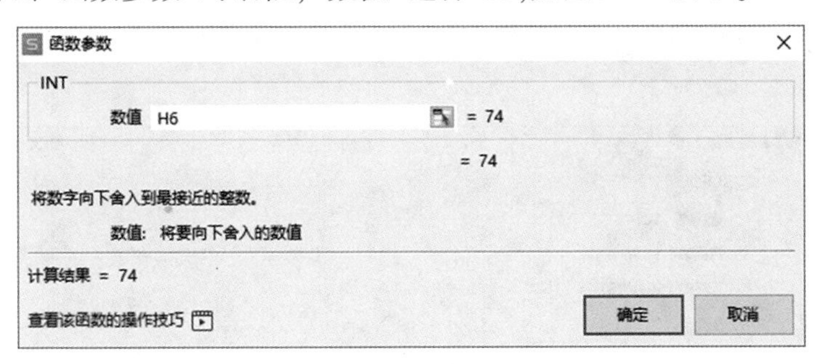

图 3-88　"函数参数"对话框

(4)单击"确定"按钮,I6 单元格显示计算结果"74"。

(5)双击填充柄复制公式到 I7:I105 单元格。

步骤 8:用 Vlookup( ) 函数找出各类商品的单价表,填写到单价列中

(1)打开"函数进阶应用素材.et",选择工作表"vlookup"。

（2）选中 E7 单元格，单击“公式”选项卡中的“查找与引用”按钮，选择“VLOOKUP”选项，弹出“函数参数”对话框，“查找值”选择 B7，“数据表”输入“$G$6:$H$9”，“列序号”输入“2”（查找范围的第 2 列），“匹配条件”输入“0”（0 表示精确匹配，1 表示近似匹配），如图 3-89 所示。

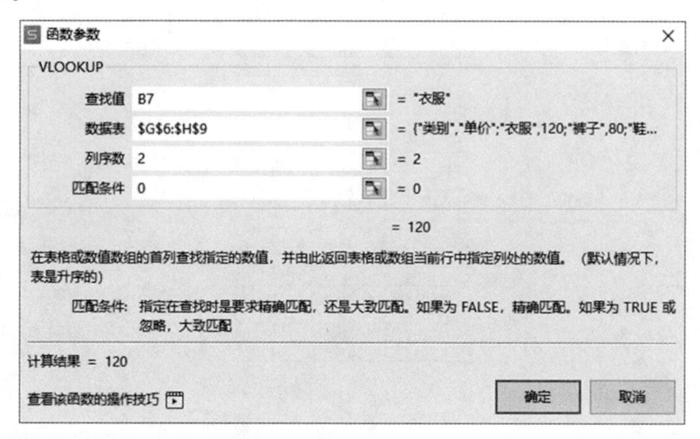

图 3-89 “函数参数”对话框

（3）单击“确定”按钮，E7 单元格中显示函数结果“120”。

（4）双击填充柄复制公式到 E8:E39 单元格。

步骤 9：用 Hlookup( ) 函数找出不同分店的书籍销售情况

（1）打开“函数进阶应用素材.et”，选择工作表“hlookup”。

（2）选中 C15 单元格，单击“公式”选项卡中的“查找与引用”按钮，选择“HLOOKUP”选项，弹出“函数参数”对话框，“查找值”选择$C$14，“数据表”输入“$B$6:$J$12”，“列序号”输入“ROW(B7)-5”，“匹配条件”输入“0”（0 表示精确匹配，1 表示近似匹配），如图3-90所示。

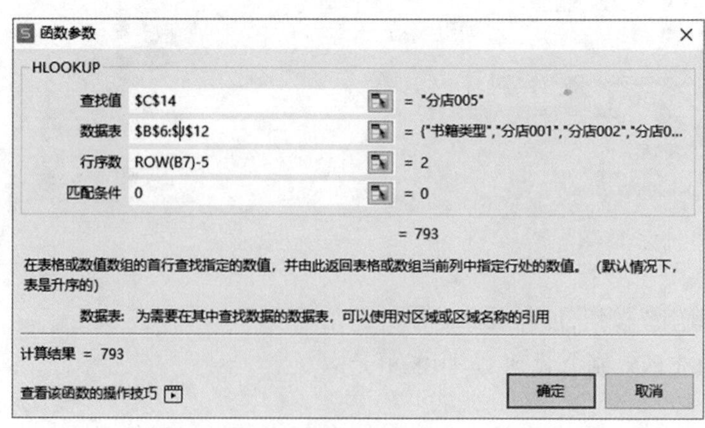

图 3-90 “函数参数”对话框

（3）单击“确定”按钮，C15 单元格中显示计算结果“793”。

（4）双击填充柄复制公式到 C16：C20 单元格，填充效果如图 3-91 所示。

艾瑞斯图书ARES BOOK STORE

书籍类型	分店001	分店002	分店003	分店004	分店005	分店006	分店007	分店008
财经书籍	1,115	1,364	692	1,735	793	1,255	583	1,846
计算机/信息/科技丛书	1,956	1,069	1,218	749	1,311	1,785	598	1,579
文学类书籍	1,341	1,676	1,997	708	1,850	780	623	965
非文学类书籍	724	1,277	1,494	518	1,456	517	1,272	1,372
童书画刊	709	1,416	1,566	1,900	1,378	1,422	1,720	701
其他类别	1,890	1,774	1,054	741	522	692	1,817	1,081

选择分店代码===>	分店005
财经书籍	793
计算机/信息/科技丛书	1,311
文学类书籍	1,850
非文学类书籍	1,456
童书画刊	1,378
其他类别	522

图 3-91　表格最终效果

步骤 10：根据身份证号，用 MID( ) 函数求出生日期和年龄

（1）打开“函数进阶应用素材.et”，选择工作表“mid”。

（2）选中 D5 单元格，单击“公式”选项卡中的“文本”按钮，在下拉列表中选择“MID”选项，弹出“函数参数”对话框，“字符串”选择 B5，“开始位置”输入“7”，“字符个数”输入“8”，如图 3-92 所示。

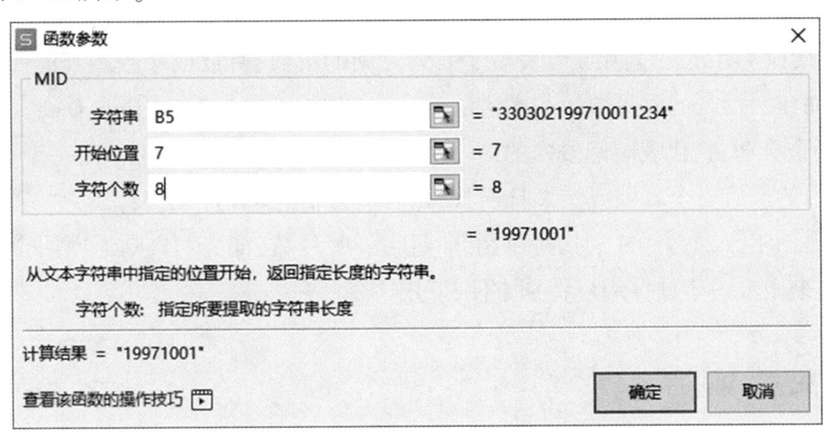

图 3-92　“函数参数”对话框

（3）单击“确定”按钮，D5 单元格中显示查找结果“19971001”。

（4）选中 D5 单元格，单击“公式”选项卡中的“日期与函数”按钮，在下拉列表中选择“DATEDIF”选项，弹出“函数参数”对话框，“开始日期”输入“DATE(1997,10,01)”。“终止日期”输入“TODAY()”，“比较单位”输入“"Y"”，如图 3-93 所示。

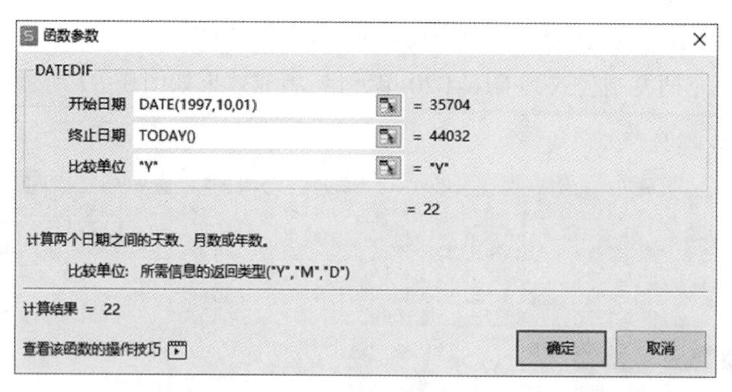

图 3-93 “函数参数”对话框

(5)单击“确定”按钮,表格最终效果如图 3-94 所示。

身份证号	出生日期	年龄
330302199710011234	19971001	22

图 3-94 表格最终效果

三、知识拓展

VLOOKUP()函数在日常工作中经常用于查找数据,但在运用 VLOOKUP 函数时,第一个参数“查找值”必须是被查询表中所选区域的第一列才可生效,否则就会出错。HLOOKUP()函数也一样,第一个参数“查找值”必须是被查询表中所选区域的第一行才可生效。

DATEDIF()函数,主要用于计算两个日期之间的天数、月数或年数。其返回的值是两个日期之间年/月/日的间隔数。基本语法为=DATEDIF(Start_Date,End_Date,Unit),Start_Date 为一个日期,它代表时间段内的第一个日期或起始日期;End_Date 为一个日期,它代表时间段内的最后一个日期或结束日期;Unit 为所需信息的返回类型,如为“Y”则返回两个日期间隔的年数,如为“M”则返回两个日期间隔的月数,如为“D”则返回两个日期间隔的天数,这个函数用于计算周岁特别方便、好用。

思考与练习

(1)在 WPS 表格文件中按 F1 键,打开帮助与问答对话框页面,输入你想了解的问题,可以查到让你满意的答案。

(2)利用 DATEDIF()函数,计算自己的周岁。

模块四

WPS 演示综合应用

在模块一中我们学习了 WPS 演示的基本操作，在本模块中，我们将进一步学习 WPS 演示的综合应用，通过完成演示文稿首页设计、演示文稿内容设计和演示文稿视频设计三个任务提高 WPS 演示的创作能力。

任务十二　演示文稿首页设计

WPS 演示文稿的首页设计非常重要，它将给观众留下第一印象，要对首页进行精心设计，从内容、构图和色彩处理上都要展现出专业性，它将提升观众的认可度。

一、任务说明和要求

确定一个主题，如“大爱中国”，设计不同风格的首页，要求首页突出主题，具有一定的吸引力。

二、任务解决和步骤

(1)新建并保存空白演示文稿。

(2)设计首页版式。

(3)为首页添加标题、背景、图片、音频等内容。

(4)保存。

三、知识拓展

WPS 演示文稿的首页和书本封面一样，首先要吸引人，而且还要与后面内容相匹配，避免造成落差。另外，同样的演示文稿，在不同的场合，首页信息的侧重点应该不同。一

般来说,首页应包括标题、副标题、制作人姓名和制作人单位等基本信息。WPS 演示文稿的首页可以设计成以下几种风格:

(1)全图型首页。制作全图型首页首先需要对图片素材进行分析,结合文案,并加以组合处理,让画面更加灵动丰富。

(2)极简。极简风格的精髓就是去除一切繁杂,只保留必要的元素,要求设计版面要干净、简单。合适的留白可以让设计更高端、细腻,还能让主题更突出。

(3)蒙版。使用图片作为背景,上层加以大色块作为蒙版,调节色块颜色及透明度,最上层放置文本框,调整文本大小及排列,最后加上小元素丰富细节,一个以蒙版为基础制作的首页就完成了。这种做法简单又不失大气,同时蒙版的添加还会使文本内容更加突出。一般这种做法,采用对称设计会别具美感。

(4)多元素运用。当首页中有太多必须保留的元素时,应合理分割页面,将重要的元素加强(增大字号,改变字体、颜色等),次要的元素弱化(减小字号,降低对比度等),以使页面整体强弱分明、保持平衡。

因此,WPS 演示文稿的首页设计的关键点在于:合理设置层次结构,使用阴影丰富层次,使用渐变作出特殊蒙版,巧用色块,使用各种对称手法(中心对称、镜面对称等),保持页面的平衡。

思考与练习

(1)简述首页设计的几种方法。

(2)以垃圾分类为主题设计 5 个幻灯片首页。

任务十三　演示文稿内容页设计

对于一个优秀的演示文稿来说,不仅要有一个好的首页设计,内容页设计也非常重要。演示文稿内容页的设计不但体现了制作者的审美和态度,而且能带给观众直观的视觉感受。

一、任务说明和要求

确定一个主题,如“大爱中国”,分别根据目录页、不同页面内容设计 10 个内容页版面。

二、任务解决和步骤

(1)打开任务十二中制作完成的演示文稿。

(2)添加 10 张幻灯片作为内容页。

(3)在内容页中添加基本内容。

(4)根据内容页的基本内容添加合适的图片。

(5)对内容页的图文内容进行设计,可以添加背景、形状、图表、音频和视频链接等。

(6)为每张幻灯片设计动画效果。

(7)设置幻灯片切换方式。

(8)保存。

三、知识拓展

1. WPS 演示文稿设计的原则

WPS 演示文稿内容页的设计需要遵循以下几个原则:

(1)强调重点原则。强调重点是演示文稿内容页设计的核心原则。在设计演示文稿时,每张幻灯片都要有鲜明的观点,重点要非常突出。一般来说,幻灯片中只能放入标题和结构性的文字,而不能放入过多的正文。如果实在需要放入较多正文,可以添加在备注中。也就是说,幻灯片中的文字应该是纲要性的。通常,幻灯片中的重点,要先提取出来,然后做加强。只有把核心明确突出地表现出来,在播放演示文稿时,观众才能够了解所讲的重点,使演示文稿达到质的变化,如果配合动画,就能够达到更好的效果。

(2)形象生动原则。形象生动原则的特点在于简短、简洁,便于观众记忆。所谓便于记忆,是指让人们记住幻灯片的观点和重点。在设计内容页时,如果文字量非常大,是不方便观众记忆的,只有把内容页做得简洁、简短,观点才能更加明确和突出。幻灯片内容页要多用图形、模型和图表来代替文字,这样做可以减少冗余文字,具有表现力强和形象生动的特点。

(3)把握细节原则。细节决定成败,把握细节很重要。很多演示文稿无法达到优秀等级,实际上就是因为没有把握好细节,例如,文字的位置、形状、大小及颜色配合,线的直度,网格的平均分布等。

(4)移动原则。演示文稿的制作除了注意细节外,还要遵守移动原则。移动原则是在演示文稿规划构建的基础上,按照一定的规律实行的,由此引出移动原则的两个显著特点:一是意识逻辑缜密,有条有理;二是让观众的视线随演讲人的思路移动。观众观看演示文稿时,能够根据演示文稿的设计关注不同的信息,是移动原则的根本所在。

(5)结合原则。演示文稿是一种很灵活的软件,在大原则基础上,可以实施多种形式的具体操作,因此在操作中要遵循结合原则。结合原则包括两方面特点:一是设计新颖,动静结合;二是文本、图像、图标、多媒体等元素有机结合。通过结合原则可以做多种形式的设计,除了插入文字、图形、图表、flash 动画、音乐和视频外,还能做出阴影、三维等丰富的效果。

(6)统一原则。统一原则是指演示文稿结构清晰、风格一致,包括统一的配色、文字格式、图形使用的方式和位置等,在演示文稿中形成一致的风格。当然,统一并不是绝对的,如果演示文稿从第一张到最后一张都是同一种风格,就会缺失个性,因此,统一是相对的。

2. 演示文稿大段文字的设计方法

在制作演示文稿内容页的时候，经常会遇到一大段文字的情况。一般需把它提炼成几点，然后内容分段，并列排开。但是，很多时候这一大段文字是没法提炼的，这时可以采用以下几种方法：

(1)基本设置。首先，在美观版面之前，要先对文字做一些基础设置，以增强其可读性。为了获得好的阅读体验，增强文字之间的呼吸感，可以将这段文字的行距设置为 1.3~1.5 倍行距。也可以采用增加字距的方法，如将常规设为稀松。

(2)用形状修饰。形状既可以作为背景，也可以作为点缀，不同的形状还能带来不一样的效果。例如，可以将背景设置为单一颜色，插一个圆形放在中间，或者用一个矩形放在中间，压缩版心，增加页面的空间利用率。当然，也可以插入以下图形进行比较创意的点缀排版。

(3)用线框修饰。除了形状，还可以用线框来修饰页面，如把线框层叠。有时候，只是单纯地增加几个线条，就可以减少页面的单调感。

(4)半图修饰。在内容页中加入半张图，再配合使用形状，排版会更灵活。最基础的，可以加一个色块，左右布局，规范排版；也可以加一个线框，增加图片与文字的连接感。或者对线框内的文字用色块区分重点和规范区域。

(5)全图修饰。使用全图型幻灯片时，要注意减少图片对于文字的干扰，最常用的手法是加入形状蒙版，如矩形蒙版、不规则的梯形蒙版。

(6)不规则图片。在内容页中作出一些不规则图片，排版会更有新意。

对于不能分段的大量文字，可在保证清晰阅读的情况下，根据实际条件，对页面进行美化，简单到几根线条，复杂到不规则形状，这些方法都可以使用。

思考与练习

(1)简述演示文稿内容页的设计原则。

(2)请列举几种包含大段文字内容页的设计方法。

(3)以垃圾分类为主题设计 10 张内容页，要求内容包括垃圾分类的概念、垃圾分类的意义、垃圾分类的现状、垃圾分类的方法等。

任务十四　演示文稿视频制作

大家外出旅游，逢年过节，同学聚会，公司周年庆，新产品发布，产品介绍，招聘推荐，自我欣赏等，都喜欢拍一些照片，如何通过演示文稿将这些照片制作成视频文件，进行宣传、保存,方便他人欣赏呢？下面通过主题视频制作了解演示文稿的魅力。

一、任务说明和要求

根据主题(大爱中国),以小组形式(可按寝室分组,或自由组合,或教师制定等)利用 WPS 演示文稿完成一个视频制作(2~5min)和宣传页面图片(A4)。

要求内容健康,弘扬社会主义核心价值观。宣传页面设计精美,二维码清晰、有效,可以插入视频但视频要无广告,要有背景音乐,旁白声音要无杂音,视频时长 2~5min,视频内容逻辑清晰,切换合理,视频内容文本精练,无多余文本,视频内容图片文本等清晰,提交 A4 宣传页面图片(包含视频链接二维码)。

二、任务解决和步骤

(1)“大爱中国”主题视频制作思路头脑风暴。

(2)确定演示文稿主色调。

(3)准备文本。

(4)收集照片,既可以自己用手机拍,也可以到网上下载。

(5)新建演示文稿,命名为“学号-姓名-大爱中国”。

(6)制作演示文稿母版。

(7)完成封面幻灯片制作。

(8)制作内容页,编辑文本,添加图片(也可以添加小视频)。

(9)设置多媒体对象动画。

(10)设置幻灯片切换效果。

(11)添加背景音乐,也可以添加旁白,并进行播放设置。

(12)排练计时预演,并保存排练计时。

(13)另存为视频格式(保存时会延时,注意不要太早关闭文件)。

(14)上传视频(可以上传 B 站、新浪微博或其他平台)。

(15)把视频链接制作成二维码。

(16)把二维码制作成 A4 宣传页面,设计新颖、二维码有效,有主题、制作团队信息等。

三、知识拓展

制作好演示文稿后,可将其制作成视频文件,以便在其他计算机中播放。将演示文稿输出为视频的具体步骤如下：

(1)打开“学号-姓名-大爱中国”演示文稿,单击“特色功能”选项卡中的“输出转换功能”下拉按钮,如图 4-1 所示。

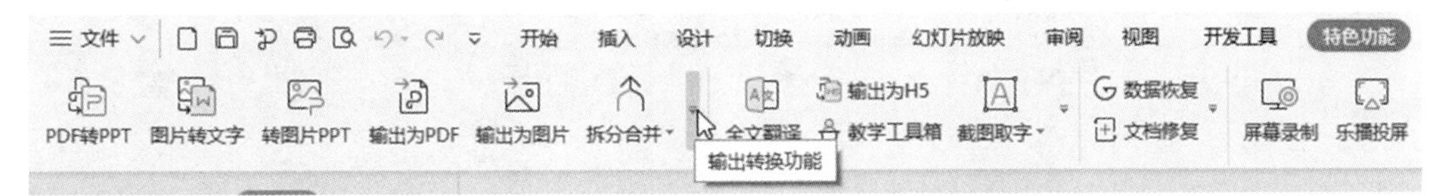

图 4-1　单击“输出转换功能”下拉按钮

(2)弹出“应用中心”对话框,单击“输出为视频”按钮,如图 4-2 所示。

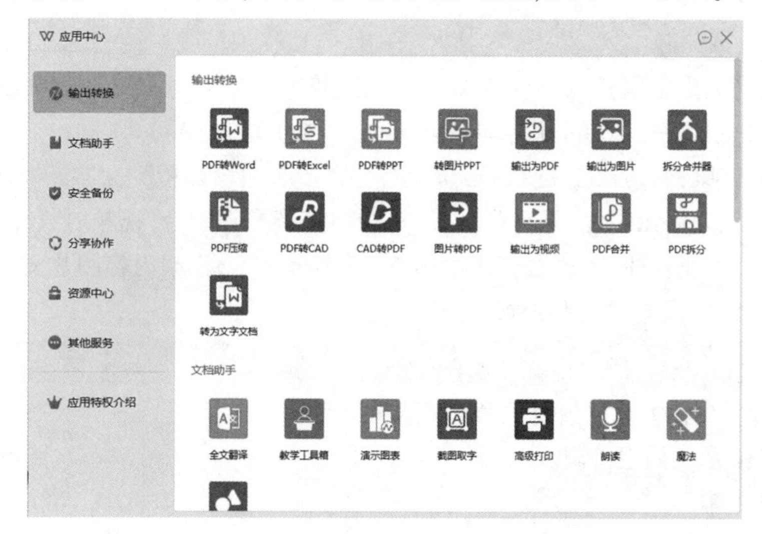

图 4-2 “应用中心”对话框

(4)弹出“另存为”对话框,选择文件保存位置,单击“保存”按钮,如图 4-3 所示。

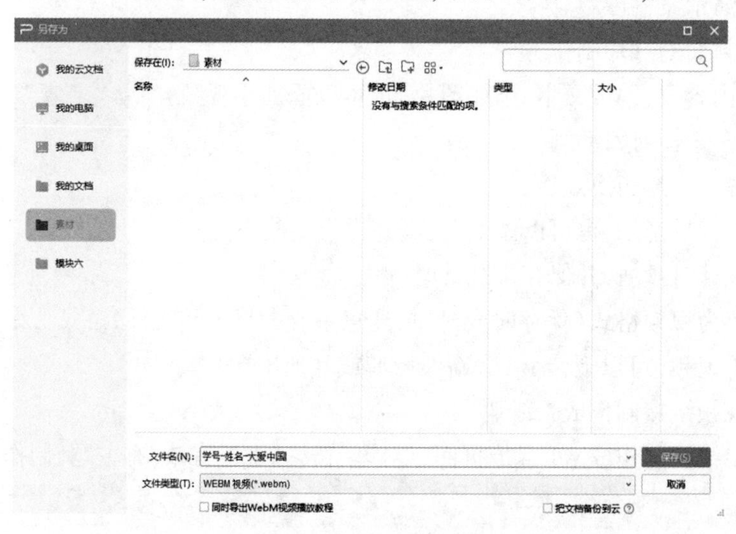

图 4-3 “另存为”对话框

(5)弹出“正在输出视频格式(WebM 格式)”对话框,等待一段时间,如图 4-4 所示。

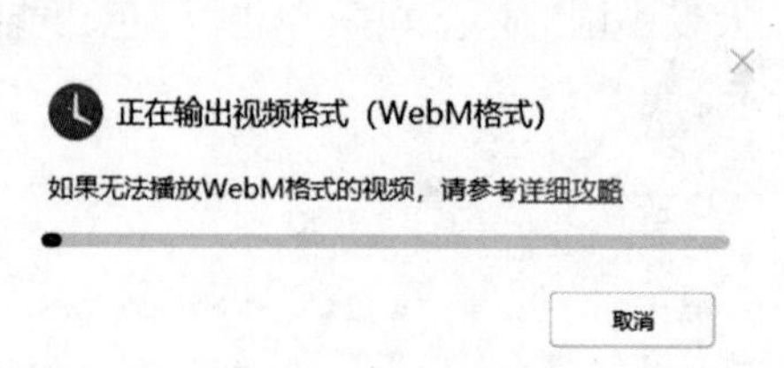

图 4-4 “正在输出视频格式(WebM 格式)”对话框

(6)提示输出视频完成,单击“打开视频”按钮,如图 4-5 所示。

图 4-5 “输出视频完成”对话框

(7)演示文稿以视频形式开始播放。

思考与练习

(1)如何添加视频、设置视频播放?

(2)如何制作二维码?

(3)如何设计 A4 宣传页面?

模块五

WPS 表格综合应用

在模块三中已经学习了 WPS 表格的基本操作，在本模块中，将进一步学习 WPS 表格的综合应用，通过学生信息管理、班级信息管理和职工信息管理 3 个任务学习公式和函数的应用、数据分析与处理、图表的创建和美化、数据透视表和数据透视图。

任务十五　学生信息管理

利用 WPS 表格处理一些数据，是信息化办公的基本能力，在学习了一些函数应用的基础上，本任务通过综合应用 WPS 表格管理学生信息来进一步巩固 WPS 表格应用技能。

一、任务说明及要求

打开素材文件，完成下列操作。

(1)对“学生信息表”的数据处理，要求进行以下数据处理。

1)从身份证号码中提取“出生日期”，填写在相应列中，计算每个学生的周岁。

2)从学号生成“准考证号”，生成规则为 131791111 再加学号后 5 位(前几位的含义是 2013 年第一学期代号为 791 的学校，考试级别和类型为 111)。

(2)对“英语总评成绩表”中的数据计算处理，要求对总评成绩进行以下计算和处理。

1)计算每位同学的英语总评成绩，评分规则为“总成绩=平时成绩 * 20%+听力 * 20%+阅读 * 40%+写作 * 20%”，四舍五入保留整数。

2)将每位同学的英语总评成绩复制到“学生总成绩表”的“英语”列。

(3)“学生总成绩表”的数据处理，根据以下要求对“学生总成绩表”工作表中的总评成绩进行计算和处理：

1)在"法律基础"列右侧插入"法律分值"列,将每位同学的考查课"法律基础"成绩转换成分值,转换规则为"优秀=95、良好=85、中等=75、及格=65、不及格=40"。

2)在"英语"列右侧插入"总分""平均分"列,统计每位学生的总分、平均分(四舍五入保留小数2位)。注意:上述这些计算不考虑"德育考评"和"办公软件(选修)"的成绩。

3)在"平均分"列右侧插入"校排名"和"系排名"列,在不同范围根据平均分进行校、系排名。

4)在"德育考评"列右侧插入一列"德育",考评成绩转换成三档:85分以上为优秀、60~84为合格、60分以下为不合格。

(4)根据"学生总成绩表"进行奖惩处理,根据"学生总成绩表"工作表中的各项成绩标注各类奖学金和允许转专业的学生,具体要求如下:

1)在表格的最后增加2列:"允许转专业"和"奖学金";允许转专业的条件为"校排名为前20%,且德育成绩为优"。对于符合条件的学生在"允许转专业"列中填写"允许",不符合条件的这列为空白。

2)根据各科成绩评定各等级的奖学金,并且将等级填写到"奖学金"列,评定条件为一等奖学金:平均成绩在90分以上,且最低成绩在85分之上,系排名为前6名;二等奖学金:平均成绩在85分以上,且系排名为前10名;三等奖学金:平均成绩在80分以上,且最低成绩在70分之上,或者系排名为前15名。

3)对于有一门及以上不及格的学生或者德育不合格的学生,在补考列中注明"补考",提醒需要另发补考通知。

(5)对"自动化专业"工作表制作图表。

1)对"自动化专业"中的女学生的主干课程创建"簇状柱形图",设置图表标题为"自动化专业女生主干课程成绩示意图"。主干课程为大学计算机、高数、C程序设计和英语。

2)对该专业学生的男女比例作"饼图",设置图表标题为"自动化专业男女比例示意图"。

二、任务解决及步骤

步骤1:对"学生信息表"进行数据处理

(1)打开素材文件"操作素材—学生信息管理.et",选择工作表"学生信息表"。

(2)选中G2单元格,单击"公式"选项卡中的"文本"按钮,在下拉列表中选择"TEXT"选项,弹出"函数参数"对话框,"数值格式"文本框中输入"#0000-00-00",然后将光标定位在"值"文本框中,单击"插入函数"按钮 fx,弹出"插入函数"对话框,在"选择函数"列表中选择“MID”，单击“确定”按钮，弹出 MID 函数的“函数参数”对话框，“字符串”选择“F2”，“开始位置”输入“7”，“字符个数”输入“8”，单击“确定”按钮，G2 单元格显示计算结果“1993-04-24”。

(3)双击填充柄将公式复制到 G3:G171 单元格。

(4)选中 H2 单元格，输入公式“=DATEDIF(G2,TODAY(),"Y")”，按 Enter 键，H2 单元格显示计算结果，双击填充柄将公式复制到 H3:H171 单元格。

(5)选中 I2 单元格，输入公式“=TEXT(RIGHT(A2,5),"131791111#00000")”，按 Enter 键，I2 单元格显示计算结果，双击填充柄将公式复制到 I3:I171 单元格。

(6)选中 J2 单元格，输入公式“=COUNTIF(F:F,"420*")”(湖北省身份证号前三位为 420)，J2 单元格显示计算结果“10”。

步骤 2：对“英语总评成绩表”中的数据计算处理

(1)打开素材文件“操作素材—学生信息管理.et”，选择工作表“英语总评成绩表”。

(2)选中 I2 单元格，单击“公式”选项卡中的“数学和三角”按钮，在下拉列表中选择“ROUND”，弹出“函数参数”对话框，在“数值”文本框中输入公式“E2*20%+F2*20%+G2*40%+H2*20%”，“小数位数”输入“0”，如图 5-1 所示。

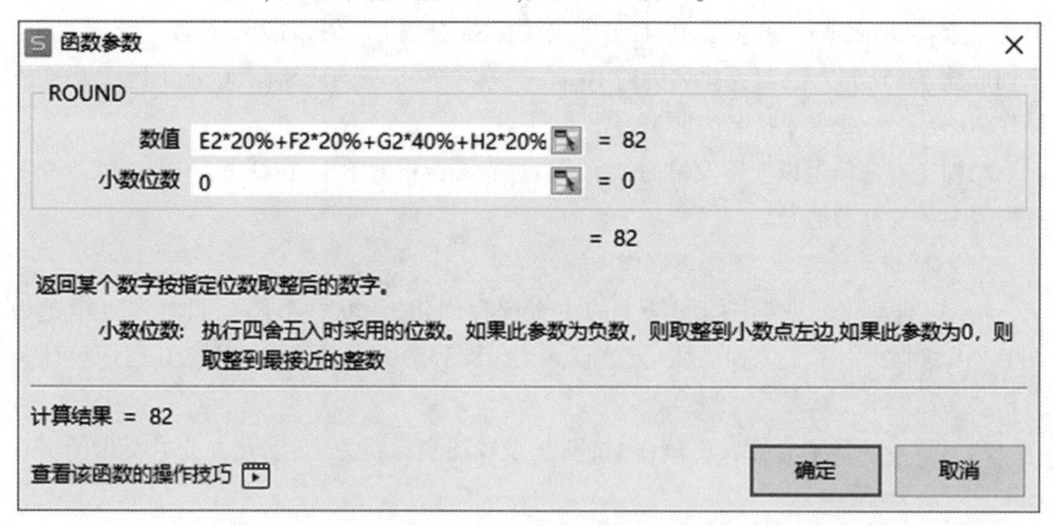

图 5-1 “函数参数”对话框

(3)单击“确定”按钮，I2 单元格中显示计算结果“82”，双击填充柄复制公式到 I3:I171 单元格。

(4)在工作表“英语总评成绩表”中选中 I2:I171 单元格，右击选择“复制”选项，打开工作表“学生总成绩表”，在 K2 单元格处右击选择“选择性粘贴”选项，弹出“选择性粘贴”对话框，在“粘贴”组中选中“数值”单选按钮，在“运算”组选中“无”单选按钮，如图 5-2 所示。

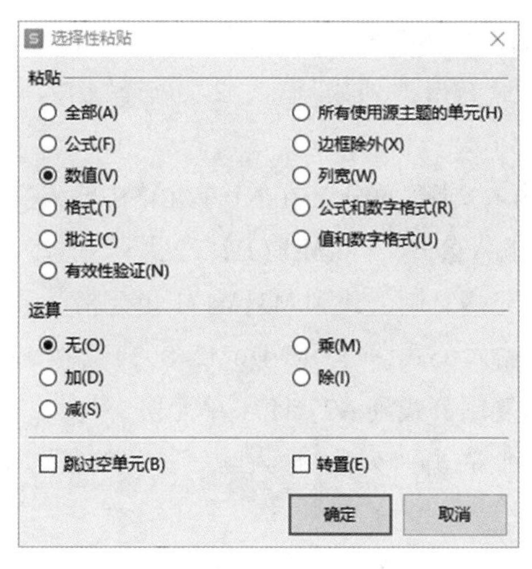

图 5-2 “选择性粘贴”对话框

(5)单击“确定”按钮,每位同学的英语总评成绩被复制到工作表“学生总成绩表”的“英语”列。

步骤 3:“学生总成绩表”的数据处理

(1)打开素材文件“操作素材—学生信息管理.et”,选择工作表“学生总成绩表”。

(2)选中“英语”列,右击,“列数”输入“1”,选择“插入”选项,如图 5-3 所示,在“英语”列的左侧插入一个新的列。

(3)在 K1 单元格中输入文字“法律分值”,选中 K2 单元格,输入公式“=IF(J2="优秀",95,IF(J2="良好",85,IF(J2="中等",75,IF(J2="及格",65,IF(J2="不及格",40)))))”,按 Enter 键,K2 单元格显示计算结果“85”。

图 5-3 右键菜单

(4)双击填充柄复制公式到 K3:K171 单元格。

(5)选中“德育考评”列,右击,“列数”输入“2”,选择“插入”选项,在“德育考评”列的左侧插入两个新的列。

(6)在 M1 单元格中输入文字“总分”,在 N1 单元格中输入文字“平均分”。

(7)选中 M2 单元格,输入公式“=SUMIF(D2:L2,">=0")”,按 Enter 键,M2 单元格显示计算结果“636”,双击填充柄复制公式到 M3:M171 单元格。

(8)选中 N2 单元格,输入公式“=ROUND(M2/8,2)”,按 Enter 键,N2 单元格显示计算结果“636”,双击填充柄复制公式到 N3:M171 单元格。

(9)选中“德育考评”列,右击,“列数”输入“2”,选择“插入”选项,在“德育考评”列的左侧插入两个新的列。

(10)在 O1 单元格中输入文字“校排名”,在 P1 单元格中输入文字“系排名”。

(11)选中 O2 单元格,单击“公式”选项卡中的“其他函数”按钮,在下拉列表中选择“统计”选项,在子菜单中选择“RANK”,弹出“函数参数”对话框,“数值”选择 N2,“引用”选择 N 列,如图 5-4 所示,单击“确定”按钮,O2 单元格显示排名结果。双击填充柄复制公式到 O3:O171 单元格。

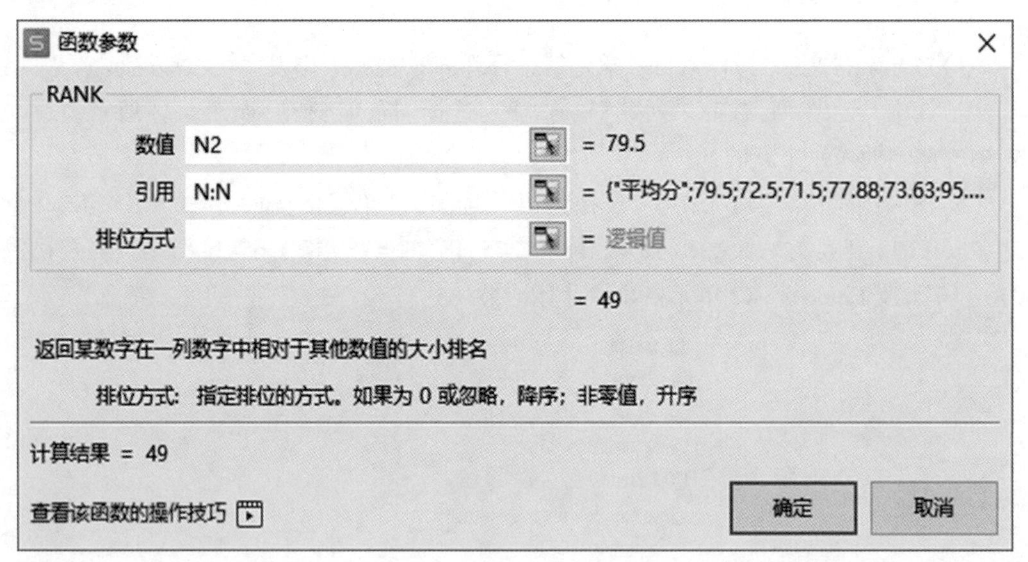

图 5-4 “函数参数”对话框

(12)选中 P2 单元格,单击“公式”选项卡中的“其他函数”按钮,在下拉列表中选择“统计”选项,在子菜单中选择“RANK”,弹出“函数参数”对话框,“数值”选择 N2,“引用”选择 $N$2:$N$55,单击“确定”按钮,P2 单元格显示排名结果。拖动填充柄复制公式到 P55 单元格。

(13)选中 P56 单元格,单击“公式”选项卡中的“其他函数”按钮,在下拉列表中选择“统计”选项,在子菜单中选择“RANK”,弹出“函数参数”对话框,“数值”选择 N56,“引用”

选择 $N$56:$N$113,单击“确定”按钮,P56 单元格显示排名结果。拖动填充柄复制公式到 P113 单元格。

(14)选中 P114 单元格,单击“公式”选项卡中的“其他函数”按钮,在下拉列表中选择“统计”选项,在子菜单中选择“RANK”,弹出“函数参数”对话框,“数值”选择 N114,“引用”选择 $N$114:$N$171,单击“确定”按钮,P114 单元格显示排名结果。拖动填充柄复制公式到 P171 单元格。

(15)选中“办公软件(选修)”列,右击,“列数”输入“1”,选择“插入”选项,在“办公软件(选修)”列的左侧插入一个新的列。

(16)R1 单元格输入文字“德育”。

(17)选中 R2 单元格,输入公式“=IF(Q2>=85,"优秀",IF(Q2>=60,"合格","不合格"))”,按 Enter 键,R2 单元格显示函数结果“合格”。双击填充柄复制公式到 R3:R171 单元格。

步骤 4:根据“学生总成绩表”进行奖惩处理

(1)打开素材文件“操作素材—学生信息管理.et”,选择工作表“学生总成绩表”。

(2)在 T1 单元格输入文字“允许转专业”,在“U1”单元格输入文字“奖学金”,在 V1 单元格输入文字“补考”。

(3)选中 T2 单元格,输入公式“=IF(O2<20%*170,"允许"," ")”,按 Enter 键,T2 单元格显示为空,双击填充柄复制公式到 T3:T171 单元格。

(4)选中 U2 单元格,输入公式“=IF(AND(N2>=90,MIN(D2,E2,F2,G2,H2,I2,K2,L2)>=85,P2<=6),"一等奖学金",IF(AND(N2>=85,P2<=10),"二等奖学金",IF(AND(N2>=80,MIN(D2,E2,F2,G2,H2,I2,K2,L2),P2<=15),"三等奖学金"," ")))”,按 Enter 键,T2 单元格显示为空,双击填充柄复制公式到 T3:T171 单元格。

(5)选中 V2 单元格,输入公式“=IF(OR(D2<60,E2<60,F2<60,G2<60,H2<60,I2<60,J2="不及格",L2<60,R2="不合格"),"补考"," ")”,按 Enter 键,V2 单元格显示为空,双击填充柄复制公式到 V3:V171 单元格。

步骤 5:对“自动化专业”工作表制作图表

(1)打开素材文件“操作素材—学生信息管理.et”,选择工作表“自动化专业”。

(2)选中整个工作表,单击“数据”选项卡中的“自动筛选”按钮,在列标题上出现下拉按钮,如图 5-5 所示。

(3)单击“姓名”右侧的下拉按钮,在弹出的对话框中选中“女”复选框,如图 5-6 所示。

(4)单击“确定”按钮,工作表只显示性别为女的相关数据,如图 5-7 所示。

	A	B	C	D	E	F	G	H	I	J	K	L
1	学号	姓名	性别	哲学	政治	大学计算机	体育	高数	C程序设计	法律基础	法律分值	英语
2	201212004	周卫军	男	79	72	84	76	61	70	中等	75	71
3	201212005	张静	女	86	76	93	68	81	69	良好	85	85
4	201212006	张李勇	男	43	68	55	40	51	62	不及格	40	54
5	201212007	陈杭锋	男	92	86	84	86	78	87	优秀	95	92
6	201212008	柴燕飞	女	95	90	88	97	88	89	优秀	95	93
7	201212010	汪玉琼	女	79	92	85	62	69	77	中等	75	66
8	201212012	黄利冬	男	84	95	84	75	79	69	良好	85	83
9	201212013	周伟强	男	89	79	73	85	66	51	中等	75	78
10	201212014	陈芳芳	女	93	84	74	72	60	71	良好	85	83
11	201212015	赵英俊	男	84	89	94	81	92	84	优秀	95	91
12	201212016	孙朝平	男	72	93	70	73	68	60	中等	75	57
13	201212017	夏冰	男	80	84	88	67	78	64	良好	85	95
14	201212018	王渊源	男	81	72	83	68	68	86	良好	85	83
15	201212019	陆冬春	女	86	80	87	76	72	67	良好	85	76
16	201212020	冯旭敏	男	45	56	30	68	62	48	不及格	40	55
17	201212021	陈廷鹏	男	79	79	82	80	76	58	中等	75	78
18	201212022	张刚强	男	80	63	51	79	63	66	中等	75	64
19	201212023	刘晓强	男	81	64	68	82	86	67	良好	85	73

图 5-5　数据筛选

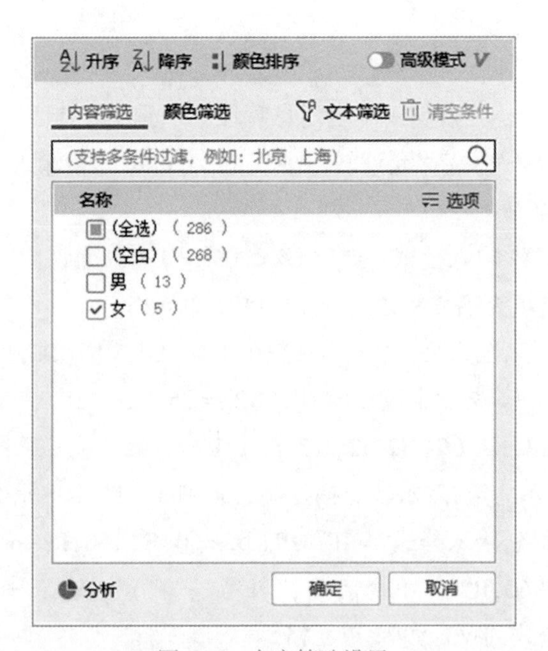

图 5-6　内容筛选设置

	A	B	C	D	E	F	G	H	I	J	K	L
1	学号	姓名	性别	哲学	政治	大学计算机	体育	高数	C程序设计	法律基础	法律分值	英语
3	201212005	张静	女	86	76	93	68	81	69	良好	85	85
6	201212008	柴燕飞	女	95	90	88	97	88	89	优秀	95	93
7	201212010	汪玉琼	女	79	92	85	62	69	77	中等	75	66
10	201212014	陈芳芳	女	93	84	74	72	60	71	良好	85	83
15	201212019	陆冬春	女	86	80	87	76	72	67	良好	85	76

图 5-7　筛选结果

(5)选中整个表格,单击“插入”选项卡中的“全部图表”按钮,选择“柱形图”中的“簇状柱形图”,如图 5-8 所示。

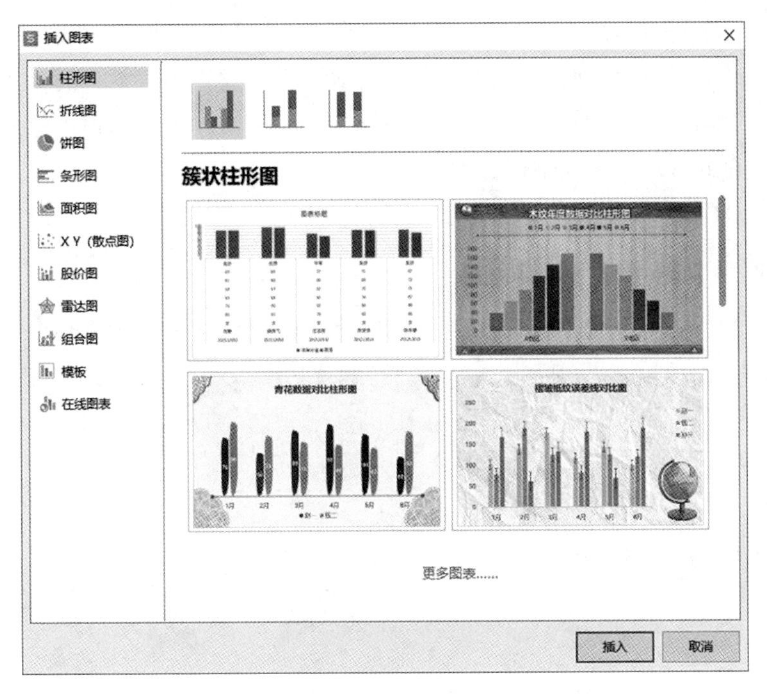

图 5-8　插入簇状柱形图

(6)单击“插入”按钮,则簇状柱形图被插入工作表。选中图表,右击在快捷菜单中选择“选择数据”选项,如图 5-9 所示。

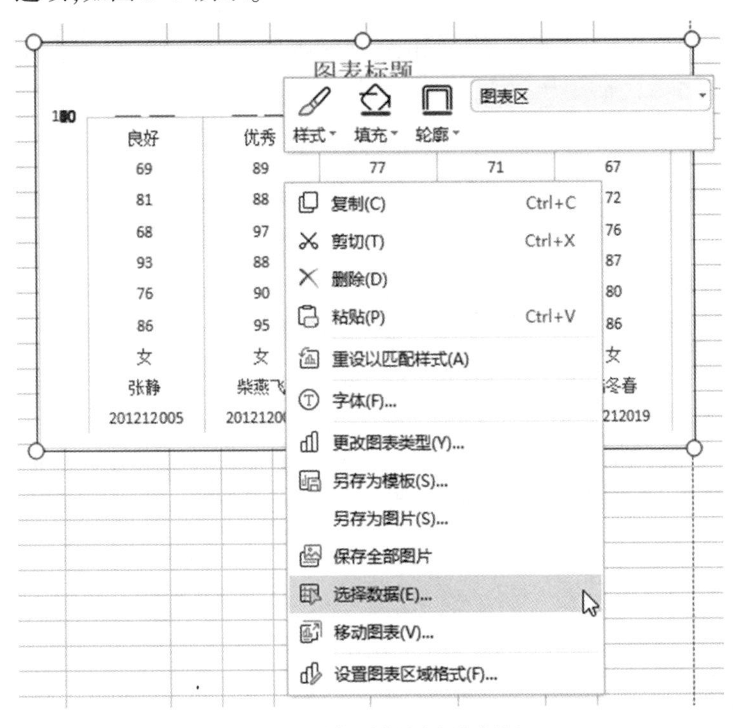

图 5-9　重新选择图表数据源

(7)弹出“编辑数据源”对话框,如图 5-10 所示。“系列生成方向”选择“每列数据作为一个系列”,“图例项(系列)”列表中增加“大学计算机”“高数”“C 程序设计”,删除“法律分值”,单击“类别”右侧的“编辑”按钮,弹出“轴标签”对话框,“轴标签系列”选择“姓名”列,单击“确定”按钮,完成轴标签的设置。

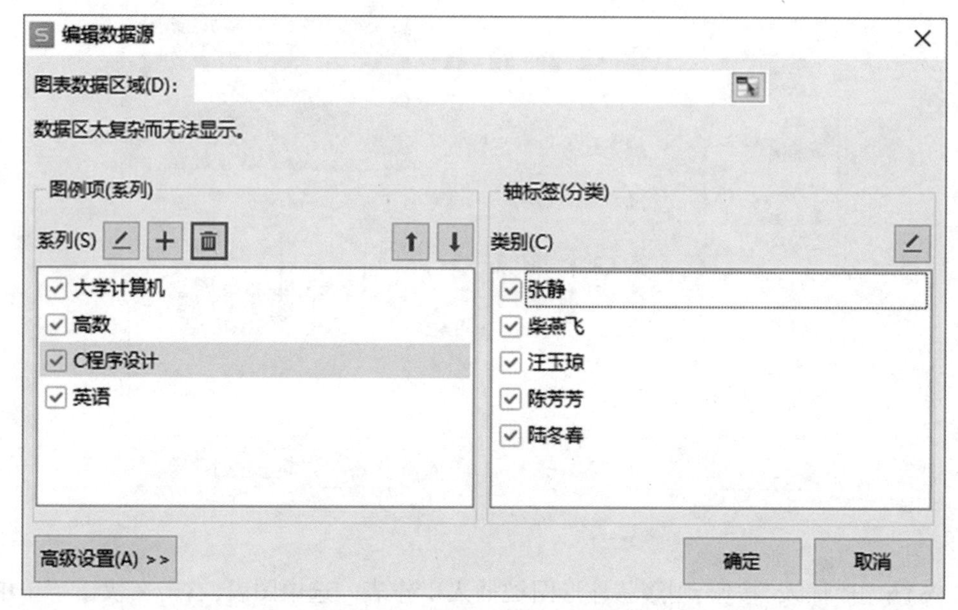

图 5-10 “编辑数据源”对话框

(8)单击“确定”按钮,生成图表,单击图表右侧的按钮,选中“图表标题”和“数据标签”复选框,如图 5-11 所示。

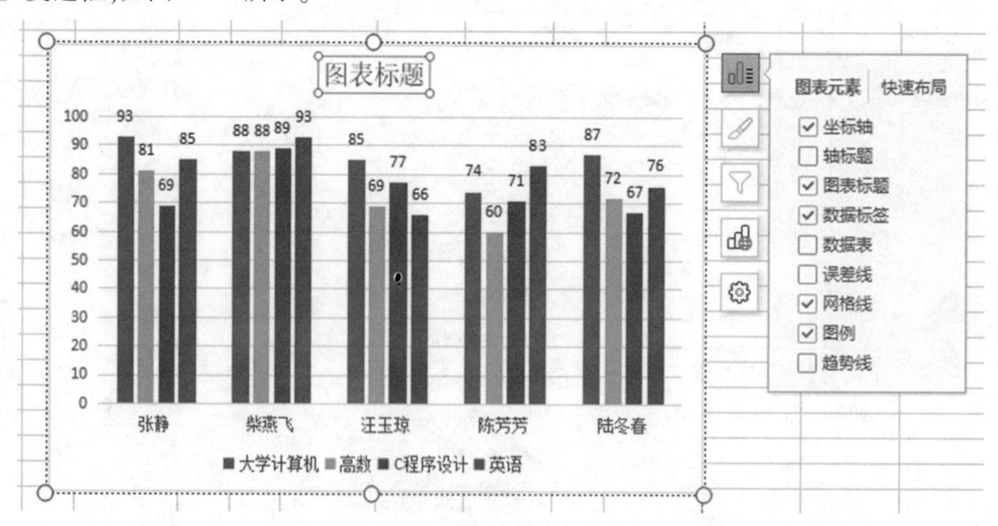

图 5-11 设置图表元素

(9)选中“图表标题”文本框,输入图表标题“自动化专业女生主干课程成绩示意图”,最终图表效果如图 5-12 所示。

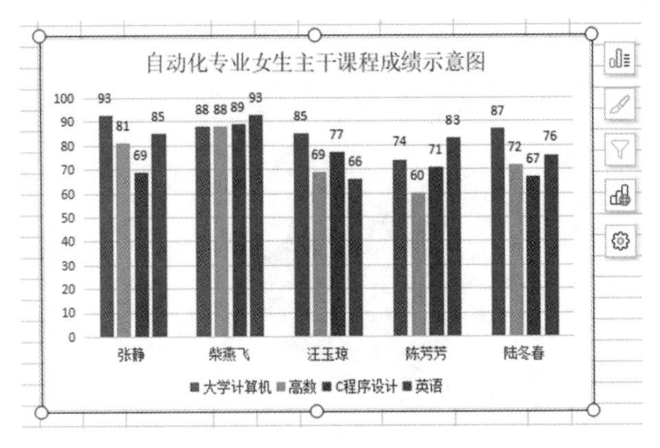

图 5-12 “自动化专业女生主干课程成绩示意图”效果

(10)在 N1 和 N3 单元格中分别输入“男生比例”和“女生比例”,在 O1 单元格中输入公式“=COUNTIF(学生信息表! E2:E171,"男")/COUNTA(学生信息表! E2:E171)”,按 Enter 键,则 O1 单元格显示计算结果,设置该单元格的数字格式为“百分比”。

(11)选中 O3 单元格,输入公式“=1-O1”,按 Enter 键,O3 单元格显示计算结果,设置该单元格的数字格式为“百分比”。

(12)选中 N1:O3 单元格,单击“插入”选项卡中的“全部图表”选项,弹出“插入图表”对话框,选择“饼图”中的“饼图”,单击“插入”按钮,如图 5-13 所示。

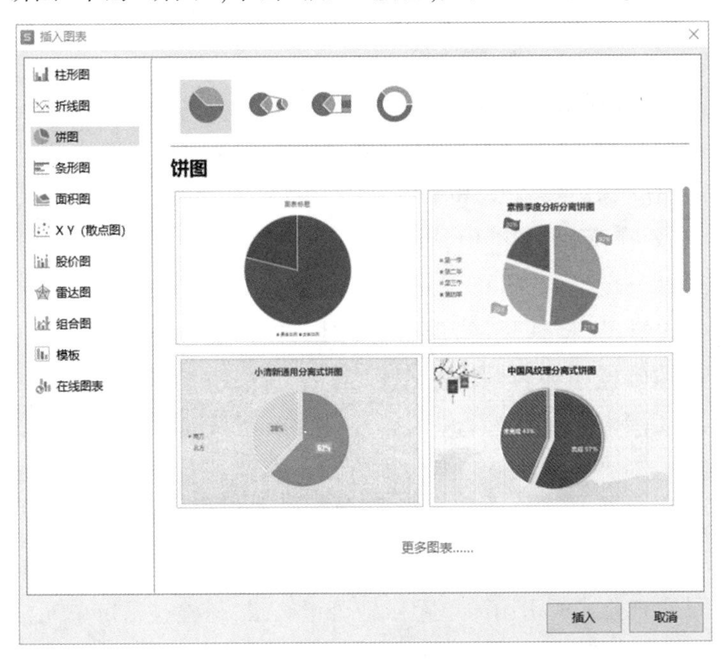

图 5-13 插入饼图

(13)单击图表右侧的按钮,选中“数据标签”复选框。

(14)选中“图表标题”文本框,输入图表标题“自动化专业男女比例示意图”,图表最终效果如图 5-14 所示。

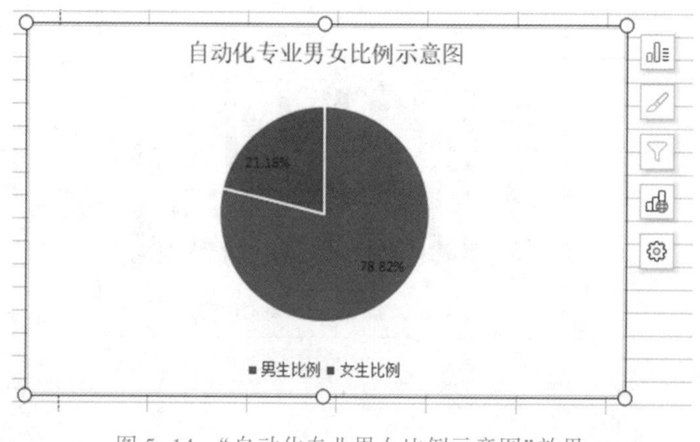

图 5-14 “自动化专业男女比例示意图”效果

三、知识拓展

1. 函数嵌套

一个函数表达式中包括一个或多个函数,函数与函数之间可以层层相套,括号内的函数作为括号外函数的一个参数,这样的函数即是嵌套函数。函数嵌套时,在函数参数文本框中单击鼠标定位,再到函数名称框中选择被嵌套的函数名称即可。最多可以嵌套 64 个级别的函数。

2. 调试公式

公式作为电子表各种数据处理的核心,在使用过程中出错的概率非常大,为了有效避免输入的公式出错,需要对公式进行调试,使公式能够按照预想的方式计算出数据的结果。调试公式的操作包括检查公式和审核公式。

(1)检查公式。在 WPS 表格中,要查询公式错误的原因可以通过“错误检查”功能实现,该功能可以根据设定的规则对输入的公式自动进行检查。如果在选择的单元格中检测到公式错误,将打开“错误检查”对话框,并显示公式错误的位置以及错误的原因,单击“在编辑栏中编辑”按钮,返回 WPS 表格的工作界面,在编辑栏中重新输入正确的公式,然后单击“错误检查”对话框中的“下一个”按钮,系统会自动检查表格中的下一个错误。

(2)审核公式。在公式中引用单元格进行计算时,为了降低使用公式时发生错误的概率,可以利用 WPS 表格提供的公式审核功能对公式的正确性进行审核。对公式的审核包括两个方面:一是检查公式所引用的单元格是否正确,二是检查指定单元格被哪些公式多引用得多。

思考与练习

对 WPS 表格“工资表(素材).et”进行下列操作:

(1)打开“工资表(素材).et”,将文件另存为“工资表(学号姓名).xlsx”。

(2)在“Sheet1”工作表的“××公司工资表”数据清单中,利用公式与函数计算工资,并设置突出显示的格式,具体要求如下:

1)利用 IF 函数,根据“职务”计算“职务津贴”。其中,总经理的职务津贴为 3000 元,经理的职务津贴为 2000 元,工程师的职务津贴为 1500 元,其他员工的职务津贴为 1000 元。

2)计算“应发工资”。其中,应发工资=基本工资+职务津贴+基本工资×加班天数/20。

3)计算实发工资。其中,实发工资=应发工资-基本工资×请假天数/20。

4)利用 ROUND 函数对“实发工资”的数据进行四舍五入,保留小数点后一位数字。

5)将“基本工资”“职务津贴”“应发工资”及“实发工资”的数字格式设置为“货币”格式。

6)使用条件格式将所有加班天数大于 0 的数据用“绿填充色深绿色文本”突出显示;将所有请假天数大于 0 的数据用“浅红填充色深红色文本”突出显示。

(3)将“Sheet1”工作表重命名为“1 月工资”。

(4)在“1 月工资”工作表的相应单元格中利用函数进行计算,具体要求如下:

1)利用 COUNT 或 COUNTA 函数统计出公司总人数。

2)利用 COUNTIF 函数统计出各部门人数。

3)利用 SUM 函数计算出实发工资总额。

4)利用 MAX、MIN 函数分别计算出最高实发工资和最低实发工资。

5)利用 AVERAGE 函数计算出平均实发工资。

6)利用 COUNTIFS 函数统计出实发工资大于 6000 元、实发工资小于等于 6000 元且大于等于 3000 元以及实发工资小于 3000 元的人数。

任务十六　班级信息管理

制作统计类的表格,要想体现很好的视觉效果,就需要借助 WPS 表格的图表功能,通过图表能够将工作表中枯燥的数据显示得更清楚、更易于理解,从而使分析的数据更具有说服力。本任务主要学习 WPS 表格中的数据处理以及图表的创建与编辑。

一、任务说明及要求

打开素材文件,完成下列操作。

(1)对“学生基本信息”表的数据处理,要求进行以下数据处理。

1)根据身份证号码前四位,确定每位同学的籍贯,填写到相应列中(33 是指浙江省,01

指杭州,02 指宁波,03 指温州)。

2)从身份证号码中提取“出生日期”,填写在相应列中。

3)计算每个学生的周岁,(隐藏函数)= DATEDIF("1999/10/1",TODAY(),"y")

4)用随机函数产生手机号码,前两位为 13,填写到相应列中。

(2)对“成绩表 t1”的数据处理。

1)用条件格式,设置各科不及格成绩为红色加粗字体。

2)在“总分”列左侧插入“法律”列,将每位同学的考查课“法律基础”成绩转换成分值,转换规则为“优秀=90、良好=80、中等=70、及格=60、不及格=40”。

3)统计每位学生的总分、平均分(四舍五入保留小数 2 位)。注意:上述这些计算不考虑“办公软件(选修)”的成绩。

4)根据总分对排名列进行最佳排名。

5)根据各科成绩评定各等级的奖学金,并且将等级填写到“奖学金”列,评定条件为一等奖学金:平均成绩在 90 分以上,且最低成绩在 85 分之上,排名为前 10 名;二等奖学金:平均成绩在 85 分以上,且排名为前 20 名;三等奖学金:平均成绩在 80 分以上,且没有补考课程。

6)对于有一门及以上不及格的学生,在补考列中注明“补考次数”。

(3)对“政治面貌”工作表制作图表,对党员、团员的比例作“饼图”,设置图表标题为“党员比例示意图”“团员比例示意图”。

(4)对“男女生”工作表制作图表,男女学生的平均分进行图表分析,设置图表标题为“男女生成绩示意图”,对男女比例作图例分析,设置图表标题为“男女比例示意图”。用数据分析图,列出各团队的参加人数。

二、任务解决及步骤

步骤 1:对“学生基本信息”的数据处理

(1)打开素材文件“操作素材—班级信息管理.et”,选择工作表“学生基本信息”。

(2)选中 F2 单元格,输入公式“=IF(LEFT(E2,4)="3301","浙江省杭州市",IF(LEFT(E2,4)="3302","浙江省宁波市",IF(LEFT(E2,4)="3303","浙江省温州市","")))”,按 Enter 键,F2 单元格显示函数结果“浙江省杭州市”,双击填充柄复制公式到 F3:F51 单元格。

(3)选中 G2 单元格,输入公式“=TEXT(MID(E2,7,8),"#0000-00-00")”,按 Enter 键,G2 单元格显示计算结果“1993-04-24”,双击填充柄复制公式到 G3:G51 单元格。

(4)选中 H2 单元格,输入公式“=DATEDIF(G2,TODAY(),"Y")”,按 Enter 键,H2 单元格显示计算结果“1993-04-24”,双击填充柄复制公式到 H3:H51 单元格。

(5)选中 K2 单元格,输入公式“=13&RANDBETWEEN(100000000,999999999)”,按

Enter 键,K2 单元格显示计算结果“1993-04-24”,双击填充柄复制公式到 K3:K51 单元格。

步骤 2:对“成绩表 t1”的数据处理

(1)打开素材文件“操作素材—班级信息管理.et”,选择工作表“成绩表 t1”。

(2)选中 E:J 列和 N 列,单击“开始”选项卡中的“条件格式”按钮,在下拉列表中选择“突出显示单元格规则”选项,在子菜单中选择“小于”选项,如图 5-15 所示。

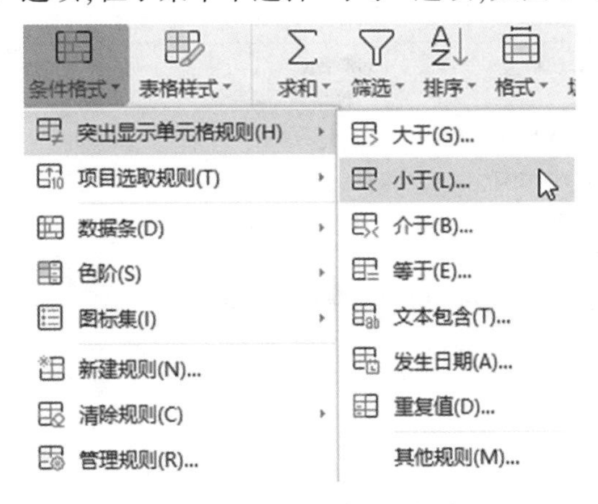

图 5-15　选择“小于”选项

(3)弹出“小于”对话框,“为小于以下值的单元格设置格式”文本框输入“60”,“设置为”列表选择“自定义格式”选项,如图 5-16 所示。

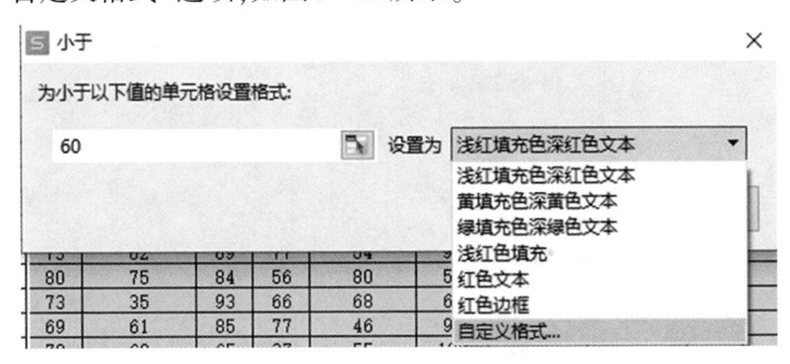

图 5-16　“小于”对话框

(4)弹出“单元格格式”对话框,选择“字体”选项卡,“字体”选择“粗体”,“颜色”选择“红色”,如图 5-17 所示。

(5)单击“确定”按钮,返回到“小于”对话框,单击“确定”按钮,各科不及格成绩被设置为红色加粗字体。

(6)选中“总分”列,单击“开始”选项卡中的“行和列”按钮,在下拉列表中选择“插入单元格”选项,在子菜单中选择“插入列”选项,如图 5-18 所示,“总分”列左侧插入一个新的列。

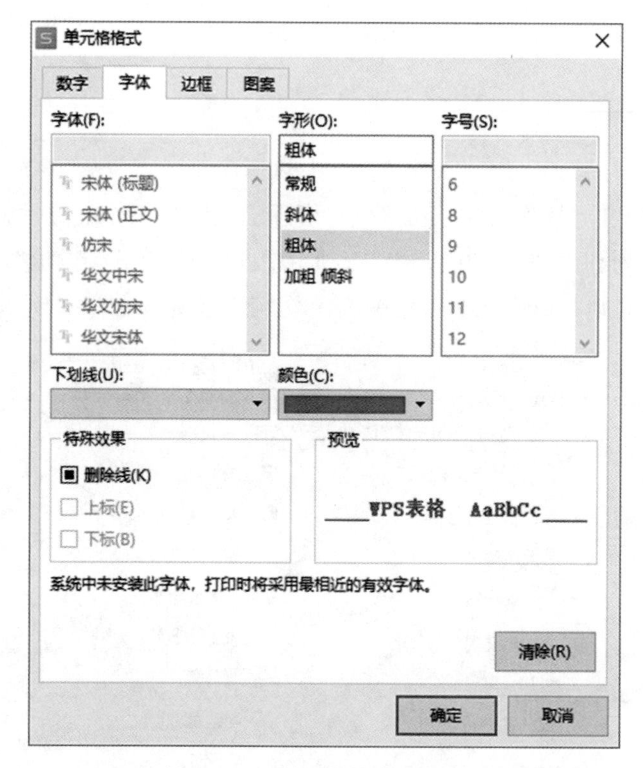

图 5-17 “单元格格式”对话框

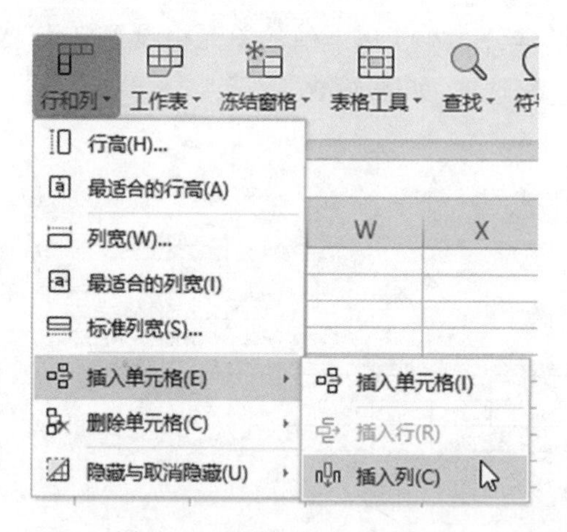

图 5-18 选择“插入列”选项

(7)在 K1 单元格中输入“法律”。

(8)选中 K2 单元格，输入公式“=IF(P2="优秀",90,IF(P2="良好",80,IF(P2="中等",70,IF(P2="及格",60,IF(P2="不及格",40," ")))))”，按 Enter 键，K2 单元格显示计算结果“80”，双击填充柄复制公式到 K3:K51 单元格。

(9)选中 L2 单元格，输入公式“=SUM(E2:K2)”，按 Enter 键，L2 中显示函数计算结果“556”，双击填充柄复制公式到 L3:L51 单元格。

(10)选中 M2 单元格,输入公式“=ROUND(AVERAGE(E2:K2),2)”,按 Enter 键,M2 中显示函数计算结果“79.43”,双击填充柄复制公式到 M3:M51 单元格。

(11)选中 N2 单元格,输入公式“=RANK(L2,L:L)”,按 Enter 键,N2 中显示函数计算结果“16”,双击填充柄复制公式到 N3:N51 单元格。

(12)选中 Q2 单元格,输入公式“=IF(AND(MIN(E2:K2,O2)>=85,M2>=90),"一等奖学金",IF(AND(M2>=85,N2<=20),"二等奖学金",IF(AND(MIN(E2:K2,O2)>=60,M2>=80),"三等奖学金"," ")))”,按 Enter 键,Q2 中显示为空,双击填充柄复制公式到 Q3:Q51 单元格。

(13)选中 R2 单元格,输入公式“=COUNTIF(E2:K2,"<60")+COUNTIF(O2,"<60")”,按 Enter 键,R2 中显示函数计算结果“0”,双击填充柄复制公式到 R3:R51 单元格。

步骤 3:对“政治面貌”工作表制作图表

(1)打开素材文件“操作素材—班级信息管理.et”,选择工作表“政治面貌”。

(2)在 A2 单元格中输入文本“学生总数”,在 B2 单元格中输入公式“=COUNTA(学生基本信息! C2:C51)”,按 Enter 键,B2 单元格显示计算结果。

(3)在 A4 单元格中输入文字“党员比例”,在 B4 单元格中输入公式“=COUNTIF(学生基本信息! I2:I51,"党员")/B2”,按 Enter 键,B4 单元格显示计算结果。将 B5 单元格数字格式设置为“百分比”。

(4)在 A5 单元格输入文字“非党员比例”,在 B5 单元格中输入公式“=1-B4”,B5 单元格显示计算结果。将 B5 单元格数字格式设置为“百分比”。

(5)在 A6 单元格中输入文字“党员比例”,在 B6 单元格中输入公式“=COUNTIF(学生基本信息! J2:J51,"团员")/B2”,按 Enter 键,B6 单元格显示计算结果。将 B6 单元格数字格式设置为“百分比”。

(6)在 A7 单元格输入文字“非党员比例”,在 B7 单元格中输入公式“=1-B6”,B7 单元格显示计算结果。将 B7 单元格数字格式设置为“百分比”。

(7)选中 A4:B5 单元格,单击“插入”选项卡中的“二维饼图”下拉按钮,选择“饼图”,在工作表中插入了一张饼图,单击图表右侧的“图表元素”按钮,勾选“数据标签”复选框,选中“图表标题”文本框,输入图表标题“党员比例示意图”。

(8)选中 A6:B7 单元格,单击“插入”选项卡中的“二维饼图”下拉按钮,选择“饼图”,在工作表中插入了一张饼图,单击图表右侧的“图表元素”按钮,勾选“数据标签”复选框,选中“图表标题”文本框,输入图表标题“团员比例示意图”。

如图 5-19 所示为添加图表后的工作表效果。

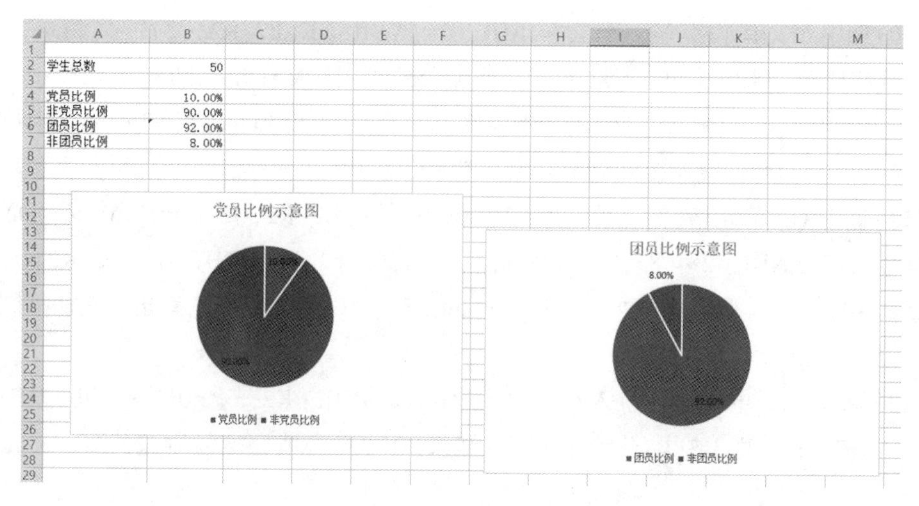

图 5-19 添加图表后的工作表效果

步骤 4：对“男女生”工作表制作图表

（1）打开素材文件“操作素材—班级信息管理.et”，选择工作表“男女生”。

（2）在 A2 和 A3 单元格中分别输入文字“男生平均分”和“女生平均分”。

（3）选择工作表“成绩表 t1”，单击“数据”选项卡中的“自动筛选”按钮，在列标题上出现下拉按钮。

（4）单击“性别”右侧的下拉按钮，在弹出的列表中选择“升序”选项，工作表中的数据按照性别排序。

（5）单击“数据”选项卡中的“分类汇总”按钮，弹出“分类汇总”对话框，在“分类字段”下拉列表框中选择“性别”，“汇总方式”下拉列表框选择“平均值”，“选定汇总项”列表选择“平均分”，选中“替换当前分类汇总”和“汇总结果显示在数据下方”复选框，如图 5-20 所示。

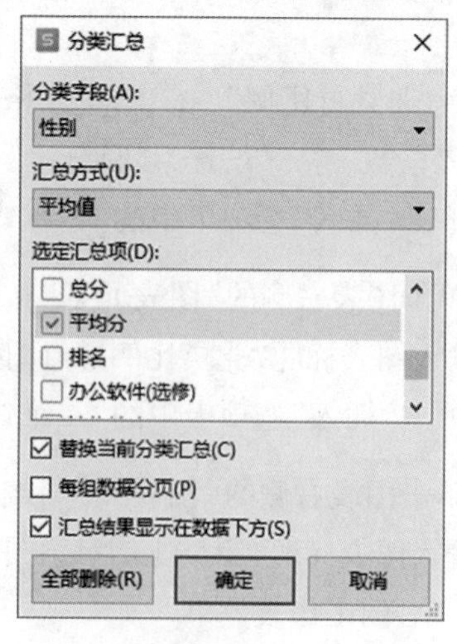

图 5-20 “分类汇总”对话框

(6)单击“确定”按钮,表格按照“性别”对平均值进行汇总,如图 5-21 所示。

9	48	132105348	郑勇敢	男	86	91	72	69	83	86	80	567	81	12	85
0	50	132105350	陈明刚	男	79	91	73	68	77	64	70	522	74.57	29	
1				男 平均值									76.77641		
2	4	132105304	陈璐	女	57	83	79	74	82	66	80	521	74.43	30	87
3	5	132105305	陈宁宁	女	80	80	81	60	70	63	70	504	72	40	76
4	12	132105312	季世豪	女	73	62	69	77	54	92	60	487	69.57	46	
5	20	132105320	沈丽君	女	73	91	73	56	81	55	80	509	72.71	38	
6	29	132105329	徐家豪	女	82	85	79	84	72	77	80	559	79.86	14	68
7	35	132105335	彭夏梅	女	79	83	82	73	69	71	80	537	76.71	23	70
8	39	132105339	赵丽	女	95	84	91	81	63	79	90	583	83.29	8	78
9	42	132105342	刘腾飞	女	89	82	71	77	60	55	80	514	73.43	36	65
0	43	132105343	楼燕婷	女	93	79	86	82	86	70	90	586	83.71	7	90
1	47	132105347	钱思思	女	87	88	85	89	88	86	90	613	87.57	3	88
2	49	132105349	徐春妮	女	79	71	81	74	80	66	70	521	74.43	30	70
3				女 平均值									77.064545		
4				总平均值									76.8398		
5															

图 5-21 分类汇总结果

(7)复制男生平均值和女生平均值到“男女生”工作表的 B2 和 B3 单元格中,粘贴时选择“粘贴为数值”。将 B2 和 B3 单元格中的数字格式设置为“数值”,小数点位数为“2”。

(8)选中 A2:B3 单元格,单击“插入”选项卡中的“二维柱形图”下拉按钮,选择“簇状柱形图”,工作表中插入图表,单击图表右侧的“图表元素”按钮,选中“数据标签”复选框,图表中显示数据标签。选中“图表标题”文本框,输入图表标题“男女生成绩示意图”。

(9)分别在 A5 和 A6 单元格中输入文字“男生比例”和“女生比例”,选中 B5 单元格,输入公式“=COUNTIF(学生基本信息! D2:E51,"男")/COUNTA(学生基本信息! D2:D51)”,按 Enter 键,B5 单元格中显示计算结果。

(10)选中 B6 单元格,输入公式“1-B5”,按 Enter 键,B6 单元格中显示计算结果。设置 B5 和 B6 单元格数字格式为“百分比”。

(11)选中 A5:B6 单元格,单击“插入”选项卡中的“二维饼图”下拉按钮,选择“饼图”,工作表中插入图表,单击图表右侧的“图表元素”按钮,选中“数据标签”复选框,图表中显示数据标签。选中“图表标题”文本框,输入图表标题“男女比例示意图”。

图 5-22 “数据透视图”任务窗格

(12)选中 A20 单元格,单击“插入”选项卡中的“数据透视图”按钮,弹出“创建数据透视图”对话框,“请选择单元格区域”选择“学生基本信息! $A$1:$M$51”,单击“确定”按钮,在工作表“男女生”中显示“数据透视图”任务窗格。在“字段列表”中选择“姓名”和“团队”复选框,在“在以下区域间拖动字段”区域拖动“团队”到“图例(系列)”,将“姓名”拖动到“Σ 值”,如图

5-22所示。单击“姓名”右侧的下拉按钮,在下拉菜单中选择“值字段设置”选项,弹出“值字段”对话框,可以选择需要的“值字段汇总方式”,如图 5-23 所示。

图 5-23 “值字段设置”对话框

(13)为图标添加数据标签,数据透视图的最终效果图如图 5-24 所示。

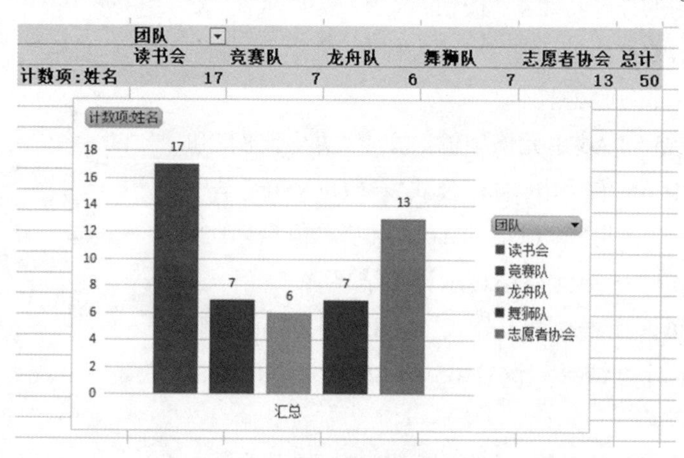

图 5-24 数据透视图的最终效果图

三、知识拓展

1. 数据透视表

数据透视表是一种对大量数据进行快速汇总和建立交叉列表的交互式表格,它不仅可以转换行和列查看源数据的不同汇总结果,而且还可以显示不同页面筛选数据。数据透视表是一种动态的图表,它提供了一种以不同角度观看数据的简便方法。在创建数据透视表之前,首先需将数据组织好,确保数据中的第一行包含列标签,然后必须确保表格中含有数字的文本。如果对数据透视表布局不满意,还可以对其进行重新设置。

2. 数据透视图

数据透视图的创建与透视表的创建相似,关键在于数据区域与字段的选择。另外,在创建数据透视图的同时,WPS 表格也会同时创建数据透视表。也就是说,数据透视图和数据透视表是关联的,无论哪一个对象发生了变化,另一个对象也将同步发生变化。在 WPS 表格中预设了 16 种不同类型的数据透视图样式,为了快速制作出美观且专业的透视图,可以直接选择预设的样式进行透视图的设置。

思考与练习

在学生个人工作表中,完成如下操作:

(1)在 Sheet1 中,利用数组公式在 J2:J16 中求学生的总分;

(2)在 Sheet1 中,使用 MID 函数截取身份证号码出生年月,结果存放在 C2:C16 单元格中。

(3)在 Sheet1 中,使用 REPLACE 函数,将身份证号前两位替换为“45”,结果放在 D2:D16 单元格区域中。

(4)在 Sheet1 中,用 COUNTIFS 函数统计计算机专业大学语文成绩大于 90 分的人数,将结果放在 A18 单元格中。

(5)在 Sheet1 中,使用 DGET 函数,获取大学语文成绩大于 95 分且计算机分数小于 60 分的同学姓名,条件区域放在 B19 单元格起始区域,结果存放在 E22 单元格内。

(6)在 Sheet1 中,选取核实函数,根据学生家庭地址把学生家庭地址所在城市名称提取出来,结果存放在 K2:K16 单元格内。

(7)在 Sheet1 中,使用逻辑函数(AND 函数和 IF 函数)判断学生成绩是否为优秀,判断标准:大学语文>60,计算机>90。若为优秀,输出“是”;否则,输出“否”。结果放在 L2:L6 中。

(8)在 Sheet2 中,使用 VLOOKUP 函数,根据 I2:J10 单元格区域的图书名称、图书编号表格数据,将图书编号结果匹配到 E3:E18 单元格区域。

(9)在 Sheet2 中,将 A21:G37 单元格区域中的数据,按书店名称分类汇总销量总值。

(10)在 Sheet2 中,根据 A2:G18 数据,创建数据透视表,查看不同书店不同图书的销售总量。行标签为书店名称,列标签为图书名称。创建的数据透视表放在 Sheet3 中,A1 起始的单元格区域。

任务十七　职工信息管理

完成 WPS 表格中数据的计算后,还应该对其进行适当的管理和分析,以便更好地了解表格中的数据信息。本任务将通过综合应用 WPS 表格管理职工信息来进一步巩固 WPS 表格应用技能。

一、任务说明及要求

打开素材文件,完成下列操作。

(1)根据提供素材,完成基本信息数据:

1)给工作表 Sheet1,Sheet2 分别重命名为"基本信息表""数据分析"。

2)在"基本信息表"中,冻结窗口,使姓名列与列标题冻结。

3)计算职工工龄,计算职工年龄(隐藏函数 Datedif())。

4)资深员工标注:工龄在 25 年以上的。

5)计算职务工资:总经理为 15000 元,经理为 10000 元,副经理为 8000 元,普通员工为 5000 元。

6)计算职称工资:助理工程师为 5%,工程师为 10%,高工为 15%。

7)计算合计应发=职务工资+职称工资额+迟到旷工扣款+保险扣款。

8)计算个人所得税(=应纳税额 * 税率-速算扣除数),税率及速算扣除数见表 5-1。

表 5-1 纳税表

应纳税额	税率	速算扣除数
低于 1500	3%	0
1500~4500	10%	105
4500~9000	20%	555
9000~35000	25%	1005
35000~55000	30%	2755
55000~80000	35%	5505
80000 以上	45%	13505

9)计算实发工资=合计应发-个人所得税。

10)按月自动显示员工生日情况,在备注栏里显示。

(2)根据提供的素材,完成"数据分析"表,操作要求如下。

1)统计不同工龄段的职工人数:用 Frequency 或其他函数,完成统计。

2)统计少数民族职工的总数。

3)用 VLOOKUP 查找李亚林的学历。

4)用图表功能,显示党员与非党员比例。

(3)用数据透视图,显示不同部门不同学历员工的人数,结果放在 sheet3 中。

(4)在 sheet4 中,同步显示每位员工的工资信息。

二、任务解决及步骤

步骤 1：根据提供素材，完成基本信息数据

（1）打开素材文件“操作素材—职工信息管理.et”，右击标签“sheet1”，选择“重命名”选项，标签变成可编辑状态，输入文字“基本信息表”。参照以上方法将“sheet2”重命名为“数据分析”。

（2）选择“基本信息”选中 C1 单元格，单击“开始”选项卡中的“冻结窗口”按钮，选择“冻结至第 B 列”选项，如图 5-25所示，则“姓名”列被冻结。继续单击“冻结窗口”按钮，选择“冻结首行”选项，则标题行被冻结。

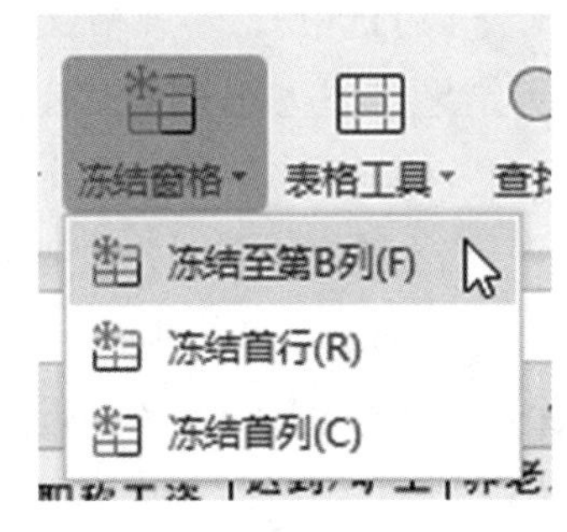

图 5-25 冻结“姓名”列

（3）选中 I2 单元格，单击“公式”选项卡中的“日期与时间”按钮，在下拉列表中选择“DATEDIF”选项，弹出“函数参数”对话框，“开始日期”选择“H2”，终止日期输入“TODAY()”，“比较单位”输入“"Y"”，单击“确定”按钮，I2 单元格显示计算结果“31”，双击填充柄复制公式到 I3:I66 单元格完成填充。

（4）选中 J2 单元格，输入公式“=DATEDIF(TEXT(MID(D2,7,8),"#0000-00-00"),TODAY(),"Y")”，按 Enter 键，J2 单元格显示计算结果“59”，双击填充柄复制公式到 J3:J66 单元格完成填充。

（5）选中 K2 单元格，单击“公式”选项卡中的“逻辑”选项，在下拉列表中选择“IF”选项，弹出“函数参数”对话框，“测试条件”输入“I2>=25”，“真值”输入“"是"”，“假值”输入“"否"”，如图 5-26 所示，单击“确定”按钮，K2 单元格显示函数计算结果。双击填充柄复制公式到 K3:K66 单元格。

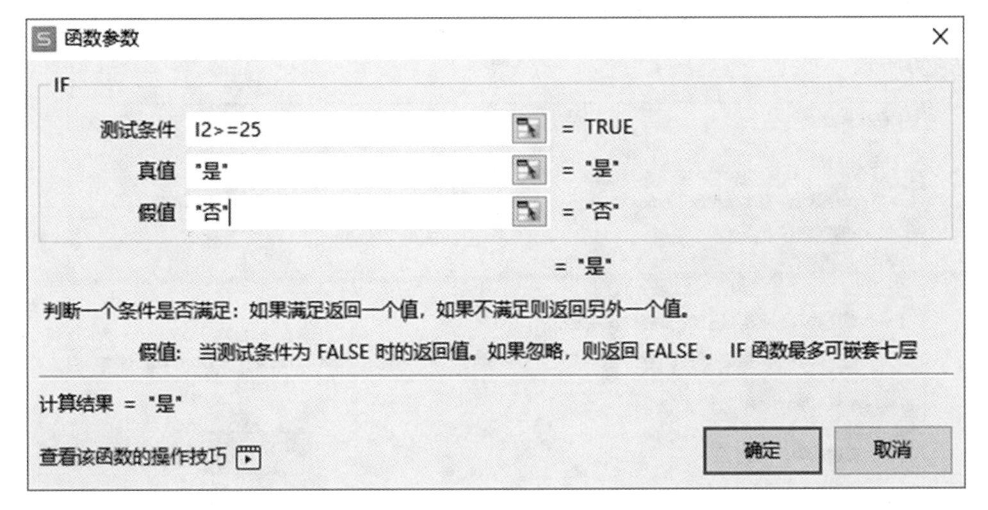

图 5-26 IF“函数参数”对话框

(6)选中 Q2 单元格,输入公式"=IF(P2="总经理",15000,IF(P2="经理",10000,IF(P2="副经理",8000,IF(P2="普通员工",5000,0))))",按 Enter 键,Q2 单元格显示函数计算结果,双击填充柄复制公式到 Q3:Q66 单元格。

(7)选中 R2 单元格,输入公式"=IF(O2="助理工程师",Q2*5%,IF(O2="工程师",Q2*10%,IF(O2="高工",Q2*15%,0)))",按 Enter 键,R2 单元格显示函数计算结果,双击填充柄复制公式到 R3:R66 单元格。

(8)选中 U2 单元格,输入公式"=Q2+R2+S2+T2",按 Enter 键,U2 单元格显示函数计算结果,双击填充柄复制公式到 U3:U66 单元格。

(9)选中 V2 单元格,输入公式"=V2-3500",按 Enter 键,V2 单元格显示函数计算结果,双击填充柄复制公式到 V3:V66 单元格。

(10)选中 W2 单元格,输入公式"=IF(V2<1500,V2*3%,IF(V2<4500,V2*10%-105,IF(V2<9000,V2*20%-555,IF(V2<35000,V2*25%-1005,IF(V2<55000,V2*30%-2755,IF(V2<80000,"V2*35%-5505",V2*45%-13505))))))",按 Enter 键,W2 单元格显示函数计算结果,双击填充柄复制公式到 W3:W66 单元格。

(11)选中 X2 单元格,输入公式"=U2-W2",按 Enter 键,X2 单元格显示函数计算结果,双击填充柄复制公式到 X3:X66 单元格。

(12)选中 Y2 单元格,输入公式"=TEXT(MID(D2,11,2),"#月生日")",按 Enter 键,Y2 单元格显示函数计算结果,双击填充柄复制公式到 X3:X66 单元格。

步骤 2:根据提供的素材,完成"数据分析"表

(1)选择"数据分析"工作表,选中 B3:B6 单元格,单击"公式"选项卡中的"全部"按钮,在下拉列表中选择"FREQUENCY"选项,弹出"函数参数"对话框,"一组数值"选择"基本信息表"工作表中的 I2:I66 单元格,"一组间隔值"选择"数据分析"工作表的 C3:C6 列,如图5-27所示。

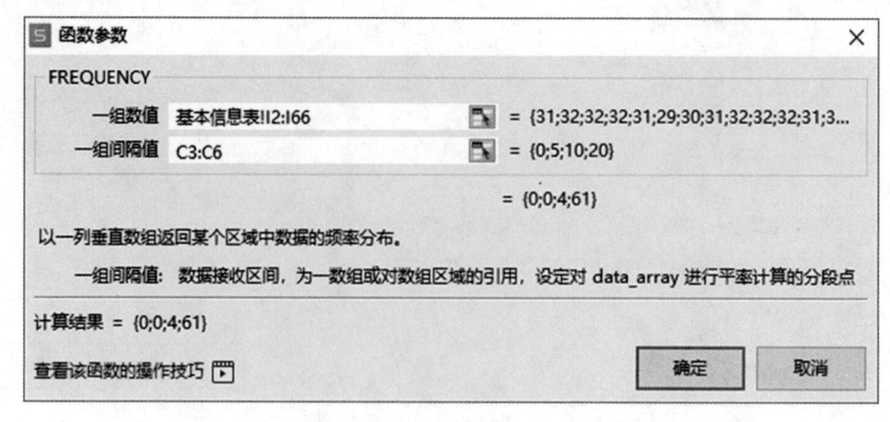

图 5-27 "函数参数"对话框

(2)按【Ctrl+Shift+Enter】组合键在 B3:B6 单元格完成填充,填充结果如图 5-28 所示。

	A	B	C	D
1	1.统计不同工龄段职工人数			
2	工龄	人数		
3	5年以下	0		
4	6-10年	0	5	
5	11-20年	4	10	
6	20年及以上	61	20	
7				

图 5-28　FREQUENCY 函数填充结果

(3)选中 C10 单元格,输入公式“=COUNTA(基本信息表! L2:L66)-COUNTIF(基本信息表! L2:L66,"汉")”,按 Enter 键,C10 单元格显示计算结果“9”。

(4)选中 B15 单元格,单击“公式”选项卡中的“全部”按钮,在下拉列表中选择“VLOOKUP”选项,弹出“函数参数”对话框,“查找值”选择 A15,“数据表”选择“基本信息表”工作表的 A:N 列,“列序号”输入“14”,“匹配条件”输入“1”,如图 5-29 所示。

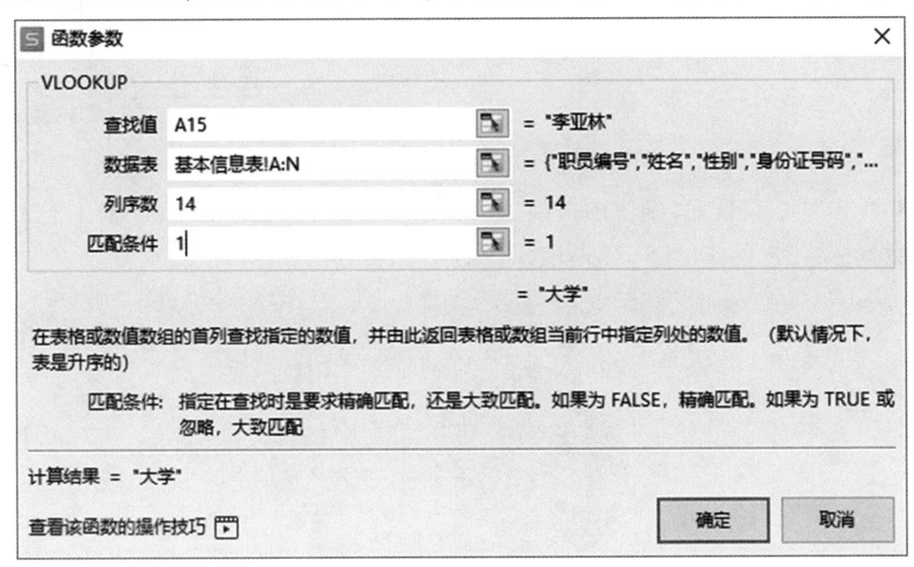

图 5-29　“函数参数”对话框

(5)单击“确定”按钮,B15 单元格中显示查找结果“大学”。

(6)在 A19 和 A20 单元格中输入文字“党员比例”和“非党员比例”。在 B19 单元格中输入公式“=COUNTIF(基本信息表! E2:E66,"党员")/COUNTA(基本信息表! B2:B66)”后按 Enter 键,在 B20 单元格中输入公式“=1-B19”后按 Enter 键,在 B19 和 B20 单元格中则显示党员比例和非党员比例。

(7)选中 A19:B20 单元格,单击“插入”选项卡中的“全部图表”按钮,弹出“插入图表”对话框,选择“饼图”,选择第 1 种,如图 5-30 所示。

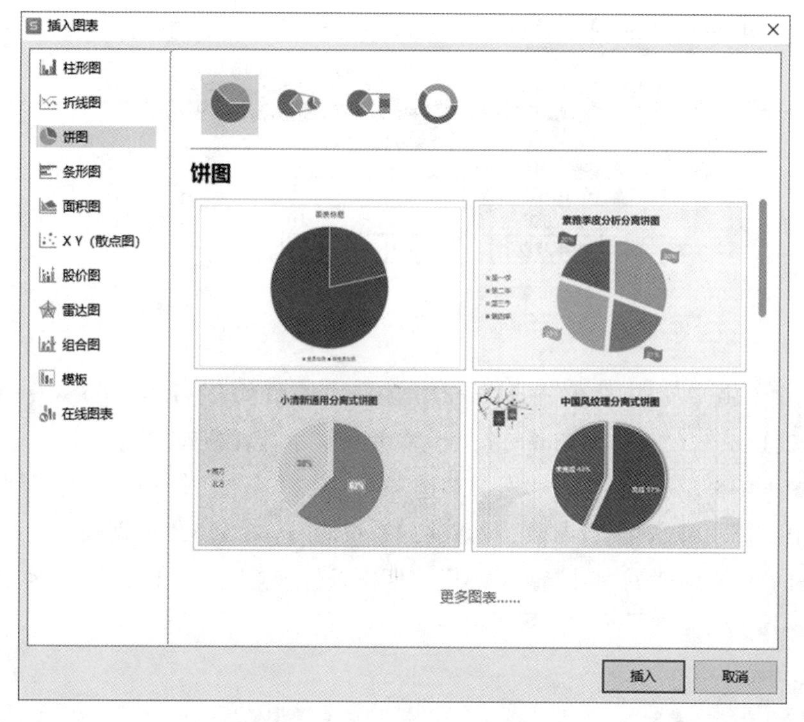

图 5-30 “插入图表”对话框

(8)单击“插入”按钮,则饼图被插入工作表中,单击图表,然后在图表上右击,选择“添加数据标签”选项,如图 5-31 所示,图表上显示百分比。

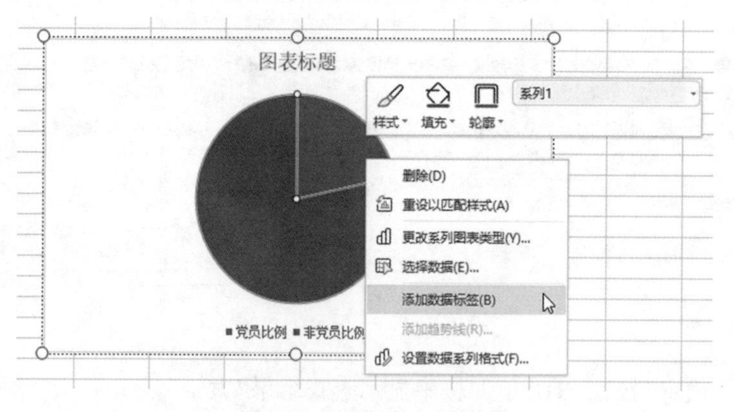

图 5-31 添加数据标签

(9)选择标题文本框,输入标题“职工中的党员与非党员比例”,完成图表的添加。

步骤 3:制作数据透视图

(1)选择 Sheet3 工作表,选中 A1 单元格,单击“插入”选项卡中的“数据透视图”按钮,弹出“创建数据透视图”对话框,对要分析的数据选择“基本信息表! $B$1:$P$66”单元格区域,单击“确定”按钮,Sheet3 中出现“数据透视图”及其任务窗格。

(2)在“数据透视图”任务窗格的“字段列表区域”选中“姓名”“部门名称”和“学历”复选框,这三项出现在“数据透视图区域”区域中的“轴(类别)”列表中。

(3)拖动“学历”字段到“图例(系列)”列表,拖动“姓名”字段到“Σ 值”列表中,值字段汇总方式选择“计数”。

(4)单击图表右侧的“图表元素”按钮,为图标添加数据标签,数据透视图的最终效果图如图 5-32 所示。

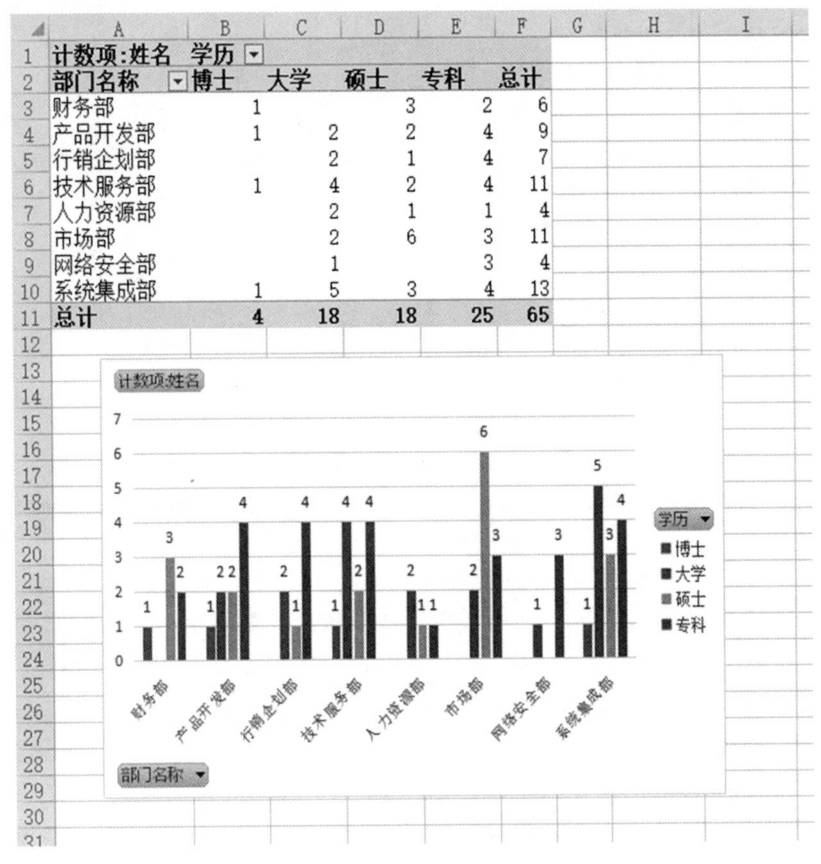

计数项:姓名	学历				
部门名称	博士	大学	硕士	专科	总计
财务部	1		3	2	6
产品开发部	1	2	2	4	9
行销企划部		2	1	4	7
技术服务部	1	4	2	4	11
人力资源部		2	1	1	4
市场部		2	6	3	11
网络安全部		1		3	4
系统集成部	1	5	3	4	13
总计	4	18	18	25	65

图 5-32　数据透视图最终效果图

步骤 4:在 Sheet4 中同步显示每位员工的工资信息

(1)打开 Sheet4 工作表,选中 A3 单元格,先输入“=”,然后单击“基本信息表”的 A3 单元格,按 Enter 键,则 Sheet4 工作表的 A3 单元格显示“基本信息表”A3 单元格中的数据,双击填充柄,“基本信息表”“职员编号”列的数据全部被填充到 Sheet4 工作表的“职员编号”列中。

(2)参照以上方法,将“基本信息表”工作表对应列的数据同步显示在 Sheet4 工作表中,如图 5-33 所示。

	A	B	C	D	E	F	G	H	I	J	K	L
1	员工工资信息表											
2	职员编号	姓名	性别	部门名称	职务工资	职称工资	迟到/旷工等扣减	养老/医疗/失业保险	合计应发	应纳税额	个人所得税	实发工资
3	DSXY001	李月林	男	行销企划部	5000	500	0	-80.99	5419.01	1919.01	86.901	5332.109
4	DSXY002	李思思	女	行销企划部	5000	750	0	-80.36	5669.64	2169.64	111.964	5557.676
5	DSXY003	韩淑仪	男	人力资源部	5000	750	-30	-80.99	5639.01	2139.01	108.901	5530.109
6	DSXY004	周晨敏	男	系统集成部	5000	750	0	-80.99	5669.01	2169.01	111.901	5557.109
7	DSXY005	周垂官	男	系统集成部	5000	500	0	-80.99	5419.01	1919.01	86.901	5332.109
8	DSXY006	汤宇航	男	系统集成部	5000	500	-60	-80.36	5359.64	1859.64	80.964	5278.676
9	DSXY007	徐豪	男	系统集成部	5000	500	0	-53.97	5446.03	1946.03	89.603	5356.427
10	DSXY008	李亚林	男	市场部	5000	500	-60	-80.36	5359.64	1859.64	80.964	5278.676
11	DSXY009	沈莹	男	网络安全部	10000	1000	0	-80.36	10919.64	7419.64	928.928	9990.712
12	DSXY010	刘思梦	男	技术服务部	5000	500	0	-80.36	5419.64	1919.64	86.964	5332.676
13	DSXY011	周楠	男	财务部	5000	250	-60	-80.36	5109.64	1609.64	55.964	5053.676
14	DSXY012	王琪	男	技术服务部	5000	250	0	-80.36	5169.64	1669.64	61.964	5107.676
15	DSXY013	涂雯琪	男	市场部	5000	750	0	-53.97	5696.03	2196.03	114.603	5581.427
16	DSXY014	林璐璐	男	市场部	5000	500	0	-53.97	5446.03	1946.03	89.603	5356.427
17	DSXY015	罗佳敏	男	产品开发部	5000	500	-60	-80.36	5359.64	1859.64	80.964	5278.676
18	DSXY016	赵剑	男	产品开发部	10000	1500	0	-53.97	11446.03	7946.03	1034.206	10411.824
19	DSXY017	朱海洋	男	产品开发部	5000	750	0	-53.97	5696.03	2196.03	114.603	5581.427
20	DSXY018	陈晓君	女	网络安全部	5000	500	0	-53.97	5446.03	1946.03	89.603	5356.427
21	DSXY019	顾建婷	女	产品开发部	5000	500	-60	-80.99	5359.01	1859.01	80.901	5278.109
22	DSXY020	周玉英	男	财务部	8000	800	0	-80.36	8719.64	5219.64	488.928	8230.712
23	DSXY021	林初樟	女	市场部	8000	800	-60	-53.97	8686.03	5186.03	482.206	8203.824
24	DSXY022	卢俊豪	女	系统集成部	8000	800	0	-81.9	8718.1	5218.1	488.62	8229.48
25	DSXY023	华国豪	男	产品开发部	5000	500	0	-80.36	5419.64	1919.64	86.964	5332.676
26	DSXY024	王凯伦	女	财务部	5000	250	0	-80.36	5169.64	1669.64	61.964	5107.676
27	DSXY025	郑宇晴	女	技术服务部	5000	500	0	-80.99	5419.01	1919.01	86.901	5332.109
28	DSXY026	骆天燕	女	系统集成部	15000	2250	0	-53.97	17196.03	13696.03	2419.0075	14777.0225
29	DSXY027	陈再成	男	产品开发部	5000	750	0	-80.99	5669.01	2169.01	111.901	5557.109
30	DSXY028	崔梦娜	男	市场部	5000	750	-45	-80.36	5624.64	2124.64	107.464	5517.176
31	DSXY029	施孟喆	男	技术服务部	5000	500	0	-80.36	5419.64	1919.64	86.964	5332.676
32	DSXY030	吴欣澜	女	行销企划部	5000	500	0	-53.55	5446.45	1946.45	89.645	5356.805
33	DSXY031	周华敏	男	行销企划部	8000	800	0	-80.36	8719.64	5219.64	488.928	8230.712
34	DSXY032	谢宇萱	女	系统集成部	5000	500	-60	-80.36	5359.64	1859.64	80.964	5278.676
35	DSXY033	林玲	男	财务部	5000	750	-60	-80.36	5609.64	2109.64	105.964	5503.676

图 5-33　Sheet4 工作表最终效果

三、知识拓展

1. 数据的排序

排序是最基本的数据管理方法，用于将表格中杂乱的数据按一定的条件进行排序，该功能对于浏览数据量较多的表格时非常实用，如将销售额按高低顺序进行排序等，可以更加直观地查看、理解并快速查找需要的数据。在 WPS 表格中，除了可以对数字进行排序外，还可以对字母或文本进行排序，对于字母，升序是从 A 到 Z 排列；对于数字，升序是按数值从小到大排列，降序则相反。

2. 数据的筛选

在工作中，有时需要从数据繁多的工作簿中查找符合某一个或多个条件的数据，此时可采用 WPS 表格的筛选功能，轻松筛选出符合条件的数据。筛选功能主要有“自动筛选”和“自定义筛选”两种。自动筛选数据就是根据用户设定的筛选条件，自动将表格中符合条件的数据显示出来。如果自动筛选方式不能满足需要，此时可自定义筛选条件。自定义筛选一般用于筛选数值型数据，通过设定筛选条件可将符合条件的数据筛选出来。

3. 分类汇总

分类汇总是指以某一列字段为分类项目，然后对表格中其他数据列的数据进行汇总，以便使表格的结果更清晰，使用户能更好地掌握表格中重要的信息。分类汇总分为两个步骤：先分类，后汇总。分类就是把数据按一定条件进行排序，让相同数据排列在一起。进行汇总的时候才可以把同类数据进行求和、求平均或计数之类的汇总处理。如果不进行排序，直接进行分类汇总，汇总的结果会很凌乱。

思考与练习

在课时费情况表中完成以下操作：

小林是某学院财务处的会计，计算机系计算机基础室提交了该教研室2019年的课程授课情况，希望财务处尽快核算并发放他们室的课时费。请根据“案例3.et”中的各种情况，帮助小林核算出计算机基础室2019年度每个教员的课时费情况。具体要求如下：

(1)将“课时费统计表”标签颜色更改为红色，将第1行根据表格情况合并为1个单元格，并设置合适的字体、字号，使其成为该工作表的标题。对A2:I22区域套用合适的中等深浅的、带标题行的表格格式。前6列对齐方式设为居中；其余与数值和金额有关的列，标题为居中，值为右对齐，学时数为整数，金额为货币样式并保留2位小数。

(2)“课时费统计表”中的F至I列中的空白内容必须采用公式的方式计算结果。根据“教师基本信息”工作表和“课时费标准”工作表计算“职称”和“课时标准”列内容，根据“授课信息表”和“课程基本信息”工作表计算“学时数”列内容，最后完成“课时费”列的计算。(提示：建议对“授课信息表”中的数据按姓名排序后增加“学时数”列，并通过VLOOKUP查询“课程基本信息”表获得相应的值。)

(3)为“课时费统计表”创建一个数据透视表，保存在新的工作表中。其中报表筛选条件为“年度”，列标签为“教研室”，行标签为“职称”，求和项为“课时费”。并在该透视表下方的A12:F24区域内插入一个饼图，显示计算机基础室课时费对职称的分布情况，并将该工作表命名为“数据透视图”，表标签颜色为蓝色。

(4)保存“案例3.et”文件。

模块六 WPS办公软件综合应用

在前面的几个模块中，我们已经学习了 WPS 文字、WPS 表格和 WPS 演示的基本应用，在本模块中，我们将重点学习 WPS 软件的邮件合并、WPS 流程图、WPS 脑图和 WPS 图片设计功能。

任务十八　批量制作成绩单

批量寄送产品宣传画册，批量寄送大学录取通知书，批量打量档案信息，批量打印成绩单，批量打印信封，批量打印准考证，批量打印员工证，批量打印会员证等，这些工作经常都会碰到，通过学习批量制作成绩单，学习邮件合并的使用。

一、任务说明及要求

（1）基本信息准备。打开文件“邮件合并素材.et”，在学生成绩表中，计算总分和排名，填写照片的绝对路径，其中反斜杠为双反斜杠，如 D:\\photo\\1.jpg 等。

（2）打开成绩单样板文件，利用 WPS 文字的邮件合并功能，批量制作成绩单。

二、任务解决及步骤

步骤1：基本信息准备

（1）打开文件“邮件合并素材.et”，选择工作表“学生成绩表”。

（2）选中 L3 单元格，单击“公式”选项卡中的“自动求和”下拉按钮，选择“求和”选项，则在编辑框中自动显示求和公式，如图 6-1 所示。

三 文件 开始 插入 页面布局 公式 数据 审阅 视图 开发工

插入函数 自动求和 常用函数 全部 财务 逻辑 文本 日期和时间 查找与引用 数学和三角 其他函数

MOD =SUM(D3:K3)

	A	B	C	D	E	F	G	H	I	J	K	L	M
1	温州科技职业学院成绩表												
2	序号	学号	姓名	模拟电子技术	数字电子技术	计算机应用基础	C语言程序设计	电子线路CAD	等级考英语	心理健康	体育与健康	总分	排名
3	1	132105301	鲍佳维	5	88	33	37	73	37	96	72	=SUM	
4	2	132105302	陈豪雪	25	87	67	29	80	23	66	82	(	
5	3	132105303	陈杰	62	20	5	64	83	36	32	57	D3:K	
6	4	132105304	陈璐	36	58	79	17	55	51	75	81	3)	
7	5	132105305	陈宁宁	0	90	61	29	39	66	23	50		
8	6	132105306	陈庆庆	28	64	89	25	80	62	52	3		

图 6-1　对“总分”求和

（3）按 Enter 键，在 L3 单元格中显示计算结果。双击 L3 单元格右下角的填充柄完成公式的填充。

（4）选中 M3 单元格，单击“公式”选项卡中的“插入函数”按钮，在统计函数中选择“RANK”，弹出“函数参数”对话框，“数值”选择 L3，“引用”选择 $L$3:$L$32，“排位方式”为空，单击“确定”按钮，M3 显示计算结果。双击 M3 单元格右下角的填充柄完成公式的填充。

（5）在“照片”列中填写照片的绝对路径，其中反斜杠(\)为双反斜杠(\\)。

步骤 2：批量制作成绩单

（1）打开文档“成绩单样板”，单击“引用”选项卡中的“邮件”按钮，进入“邮件合并”选项卡，单击“打开数据源”下拉按钮，在下拉菜单中选择“打开数据源”选项，如图 6-2 所示。

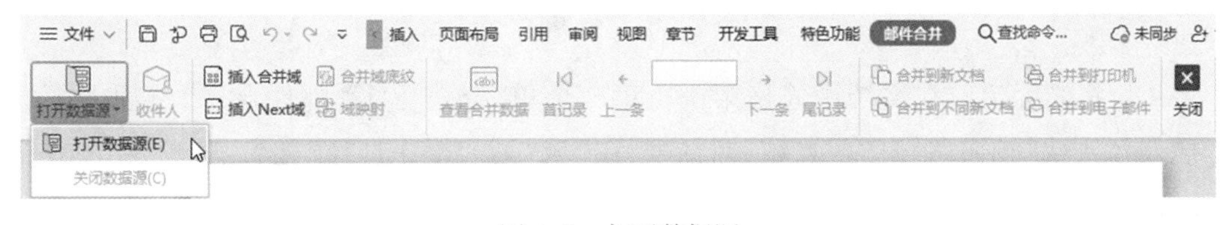

图 6-2　打开数据源

（2）弹出“选择数据源”对话框，选择数据源所在位置，这里选中“邮件合并素材.et”文件，如图 6-3 所示。

（3）单击“打开”按钮，弹出“选择表格”对话框，选择“学生成绩表$”，如图 6-4 所示，单击“确定”按钮。

图 6-3 “选取数据源”对话框

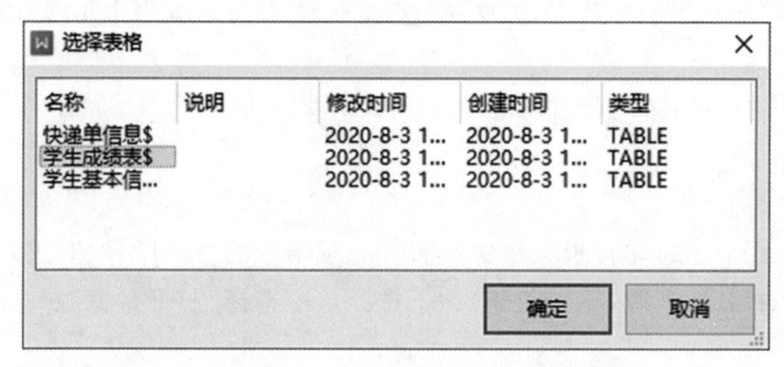

图 6-4 “选择表格”对话框

(4)将光标定位在文档中表格第 1 行第 2 个单元格，单击“邮件合并”选项卡中的“插入合并域”按钮，弹出“插入域”对话框，在“域”列表框中选择“姓名”选项，如图 6-5 所示。

(5)单击“插入”按钮，光标所在单元格已经插入了合并域《姓名》，单击“关闭”按钮。使用相同方法，插入合并域《学号》《模拟电子技术》《数字电子技术》《计算机应用基础》《C 语言程序设计》《电子线路 CAD》《等级考英语》《心理健康》《体育与健康》《总分》《排名》和《学期评价》，如图 6-6 所示。

(6)将光标定位在表格第 1 行第 3 个单元格，单击“插入”选项卡中的“文档部件”按钮，在下拉菜单中选择“域”按钮，如图 6-7 所示。

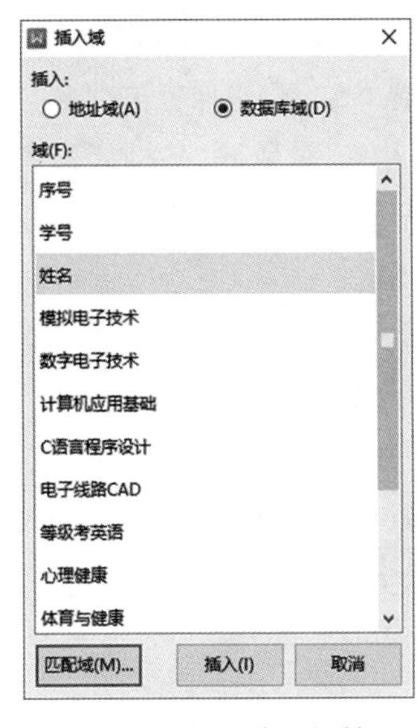

图 6-5 “插入域”对话框

姓名	«姓名»	
学号	«学号»	
模拟电子技术	«模拟电子技术»	
数字电子技术	«数字电子技术»	
计算机应用基础	«计算机应用基础»	
C 语言程序设计	«C 语言程序设计»	学期评价：«学期评价»
电子线路 CAD	«电子线路 CAD»	
等级考英语	«等级考英语»	
心理健康	«心理健康»	
体育与健康	«体育与健康»	
总分	«总分»	
班级排名	«排名»	

图 6-6 插入合并域后的结果

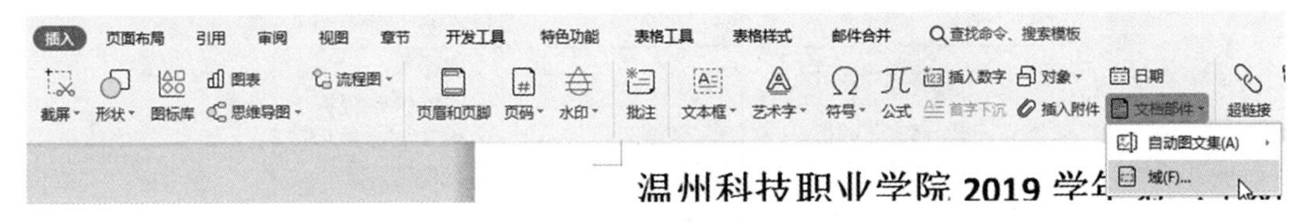

图 6-7 选择插入“域”

（7）弹出“域”对话框，在“域名”列表框中选择“插入图片”，“域代码”显示“INCLUDE-PICTURE”，在该文本框中继续输入“" "”，如图 6-8 所示。

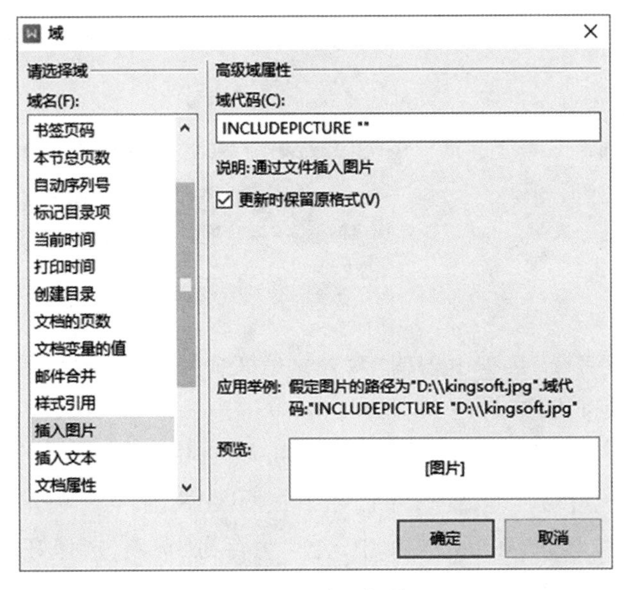

图 6-8 “域”对话框

(8)单击“确定”按钮,单元格中显示“错误！未指定文件名。”按下【Shift+F9】键,单元格内容变为“{INCLUDEPICTURE " " * MERGEFORMAT}”,将光标置于“" "”中间,单击“邮件合并”选项卡中的“插入合并域”按钮,弹出“插入域”对话框,在“域”列表中选择“照片”,单击“插入”按钮,单元格中的内容变为“{INCLUDEPICTURE "《照片》" * MERGEFORMAT}”。

(9)单击“邮件合并”选项卡中的“查看合并数据”按钮,可以查看导入表格数据的效果,如图 6-9 所示。单击“上一条”和“下一条”按钮,可以查看上一条或下一条记录,如图 6-10 所示。

姓名	鲍佳维	{INCLUDEPICTURE "C:\\Users\\张薇\\Desktop\\WPS 书稿\\模块六\\素材\\1.jpg" * MERGEFORMAT}
学号	132105301	
模拟电子技术	5	
数字电子技术	88	
计算机应用基础	33	
C 语言程序设计	37	学期评价： 该生积极向上的生活态度和广泛的兴趣爱好，对工作责任心强、勤恳踏实，有较强的组织、宣传能力，有一定的艺术细胞和创意，注重团队合作精神和集体观念。
电子线路 CAD	73	
等级考英语	37	
心理健康	96	
体育与健康	72	
总分	441	
班级排名	10	

图 6-9 导入表格数据的效果

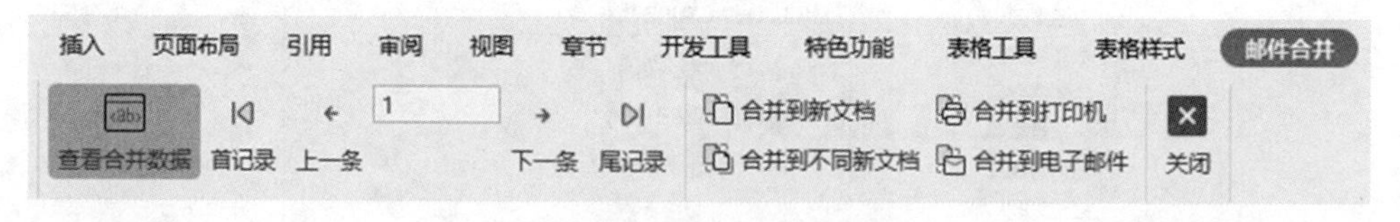

图 6-10 查看合并数据

(10)单击“邮件合并”选项卡中的“合并到新文档”按钮,弹出“合并到新文档”对话框,单击“全部”单线按钮,如图 6-11 所示。

(11)单击“确定”按钮,WPS 自动生成一个新文档,并分页显示每个学生的成绩单。

(12)按下【Ctrl+A】组合键,复制整个文档,按两次 F9 键,照片单元格中显示出照片。

(13)单击“文件”按钮,在下拉菜单中选择“另存为”选项,选择好保存类型,弹出“另存为”对话框,选择好保存位置,输入文件名,单击“保存”按钮即可。

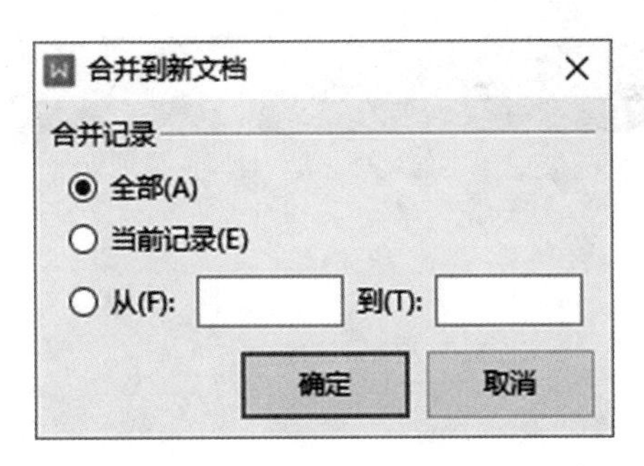

图 6-11 “合并到新文档”对话框

三、知识拓展

邮件合并可以将内容有变化的部分，如姓名、地址等制作成数据源，将文档内容相同的部分制作成一个主文档，然后将数据源中的信息合并到主文档中。在文档中合并数据源后，合并域默认显示为灰色底纹，要想取消合并域的底纹效果，直接单击“邮件合并”选项卡中的“合并域底纹”按钮即可。如果不想在文档中看到插入的合并域，单击“开始”选项卡中的“显示/隐藏编辑标记”按钮即可。

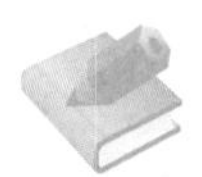

思考与练习

(1) 如何制作批量信封打印文件？

(2) 邮件合并的关键是什么？

(3) 邮件合并中照片处理步骤是什么？

任务十九　制作流程图

工作中经常用到流程图，WPS 2019 文字、表格和演示中都支持插入流程图，也可以在新建页打开。流程图可以便于整理和优化组织结构，学会流程图，对工作帮助很大。本任务通过在 WPS 文字中制作长文档排版流程图，学习流程图制作。

一、任务说明及要求

在 WPS 文字中制作长文档排版流程图。

二、任务解决及步骤

(1) 打开 WPS Office 软件，单击“新建”按钮，选择“流程图”，此处提供了多种多样的流程图模板，如图 6-12 所示。如果没有找到自己想要的模板，也可以自行设计。

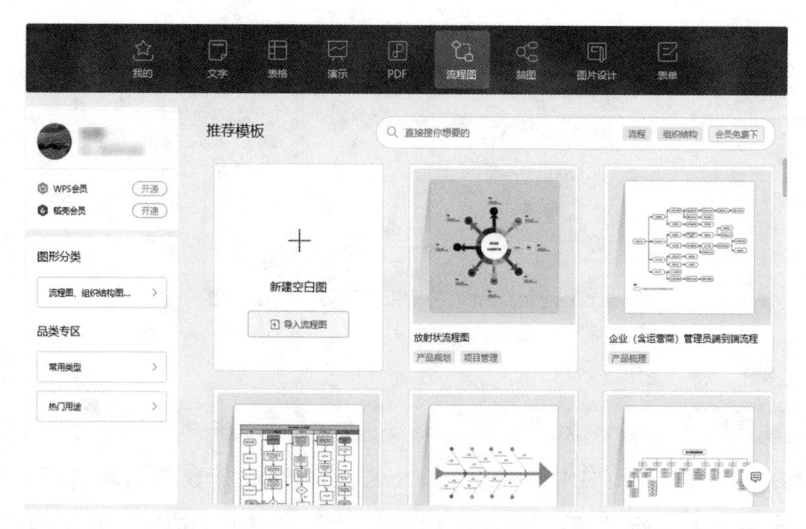

图 6-12 “新建”窗口

(2)单击“新建空白图”,进入流程图编辑模式,在流程图上方有编辑栏、排列栏和页面栏,如图 6-13 所示。

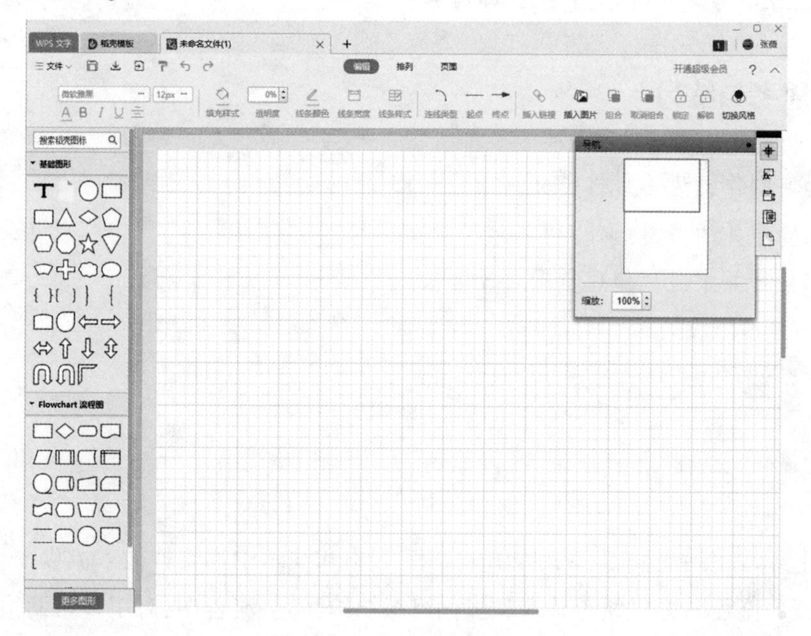

图 6-13 流程图编辑窗口

(3)首先拖动左侧“Flowchart 流程图”区域中的“开始/结束”图形到编辑窗内,直接拖动边框可以改变图形大小,双击图形可以在图形中输入文字,按下 Delete 或 Backspace 键可以删除图形。

(4)将鼠标移动到“开始/结束”图形下面框线上,当光标变为十字时,可以下拉光标到所需处,形成箭头连线。

(5)松开鼠标按钮,在箭头下方显示图形列表,在列表中选择下一步所需的图形,调整大小后,双击输入需要的文字。

(6)流程图完成制作后,单击“文件”按钮,在下拉菜单中选择“另存为/导出”命令,在子菜单中选择合适的保存格式,如图 6-14 所示。

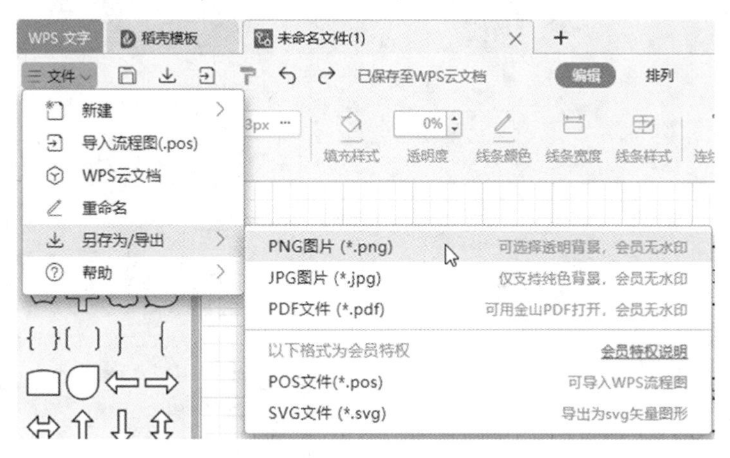

图 6-14　导出流程图

(7)弹出“另存为”对话框,选择好保存位置,输入文件名,单击“保存”按钮。

三、知识拓展

流程图是用来直观描述一个工作过程的具体步骤图,它使用图形表示流程思路,是一种极好的方法。它通常用一些图框来表示各种类型的操作,在框内写出各个步骤,然后用带箭头的线把它们连接起来,以表示执行的先后顺序,用图形表示执行步骤十分直观形象,易于理解。

流程图作为一个工具,帮助我们把一个复杂的过程简单而直观地展示出来,大大提高效率。在画出一张流程图之后,方便将实际操作的步骤和想象的过程进行比较、对照,更加方便寻求改进的机会。最后,流程图还能帮助我们将工作过程中复杂的、有问题的、重复的部分、多余的环节以及可以简化和标准化的地方显示出来,有利于把复杂流程简单化,表 6-1 中列出了流程图的常用符号。

表 6-1　流程图的常用符号

符　号	名　称	符　号	名　称
	流程		人工输入
	判定		卡片
	开始/结束		条带

续表6-1

符　号	名　称	符　号	名　称
	文档		展示
	数据		人工操作
	子流程		预备
	外部数据		并行模式
	内部存储		循环限值
	队列数据		页面内引用
	数据库		跨页引用
[	注释		

思考与练习

(1)简述流程图的概念和特点。

(2)流程图有哪些作用?

(3)在 WPS 文字中制作一个有关 WPS 演示的制作流程图。

任务二十　思维导图使用

思维导图又叫心智导图,是表达发散性思维的有效图形思维工具,广泛应用于记忆、学习、思考等。思维导图充分运用左右脑的机能,利用记忆、阅读、思维的规律,激发大脑潜能。思维导图是一种将思维形象化的方法,它是用一个中央关键词或想法引起形象化的构造和分类的想法;它是用一个中央关键词或想法以辐射线连接所有的其他关联项目的图解方式。思维导图是一种革命性的思维工具,已经在全球范围得到广泛应用。WPS 支持直接在文字、表格和 WPS 演示中一键插入制作思维导图,只要注册就可以使用,操作简单易学。

一、任务说明及要求

用 WPS 思维导图工具，完成一份有关思维导图知识的思维导图。

二、任务解决及步骤

（1）新建一个空白文档，单击“插入”选项卡中的“思维导图”按钮，弹出“请选择思维导图”窗口，如图 6-15 所示。

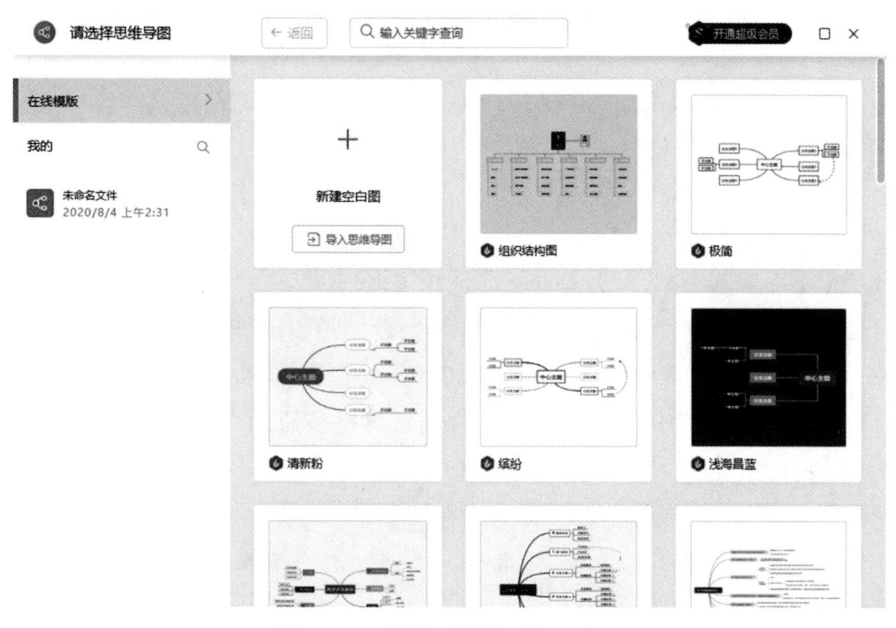

图 6-15 “请选择思维导图”窗口

（2）在窗口中有多种模板可以选择，单击“新建空白图”，打开一个名为“未命名文件”的思维导图制作窗口，双击可以更改主题内容，如图 6-16 所示。

图 6-16 思维导图制作窗口

(3)将光标定位在主题边框上,按 Enter 键,可以添加分支主题,在分支主题边框上按下 Tab 键可以添加子主题,如图 6-17 所示。

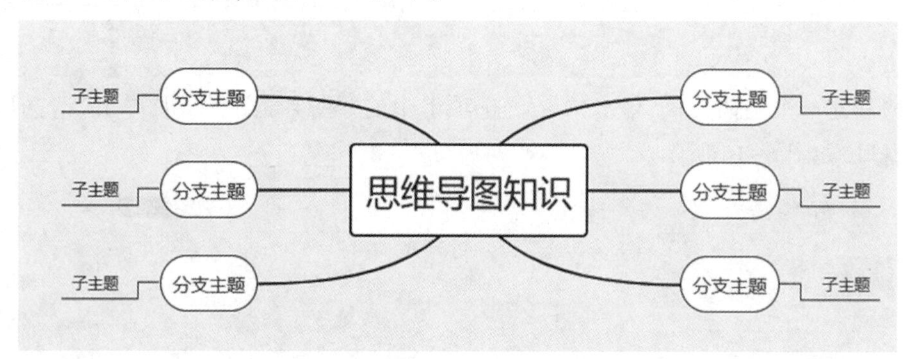

图 6-17　添加不同的主题

(4)选中不需要的主题,按下 Delete 键,可以删除主题。

(5)拖动节点到另一个节点上时有 3 个状态,分别是顶部、中间和底部,分别对应的是加在另一个节点的上面、该节点下一级中间和该节点的下面。

(6)在"插入"选项卡中有很多按钮,可以通过这些按钮插入各级主题、关联、图片、标签、任务、链接、备注、符号及图标,如图 6-18 所示。

图 6-18　"插入"选项卡

(7)在"样式"选项卡中可以不同的按钮设置节点样式、节点背景、连线颜色、连线宽度、边框宽度、边框颜色、边框类型、边框弧度、画布背景、主题风格和结构,如图 6-19 所示。

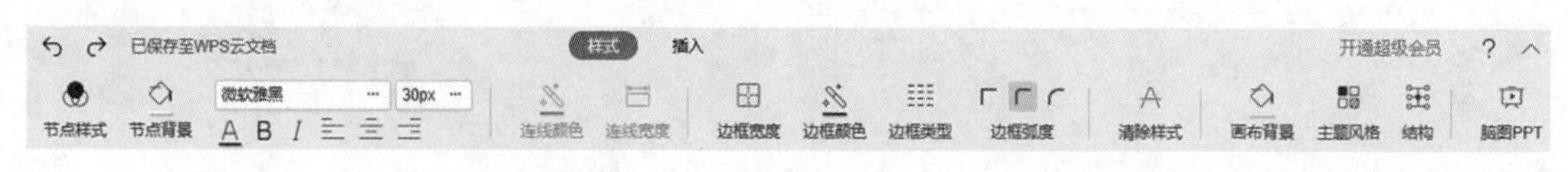

图 6-19　"样式"选项卡

(8)将鼠标放在主题边框上右击,在弹出的快捷菜单中可以选择需要的选项,如图 6-20所示。

(9)如果不想一个个设置节点的样式,可以单击"思维导图"窗口菜单栏左上角的格式刷按钮,然后直接单击主题即可应用格式刷样式,按下 ESC 键或单击空白区域即可退出格式刷功能。

(10)完成思维导图的制作后,单击"文件"按钮,在下拉菜单中选择"另存为/导出"选项,在子菜单中选择合适的存储格式,如图 6-21 所示。

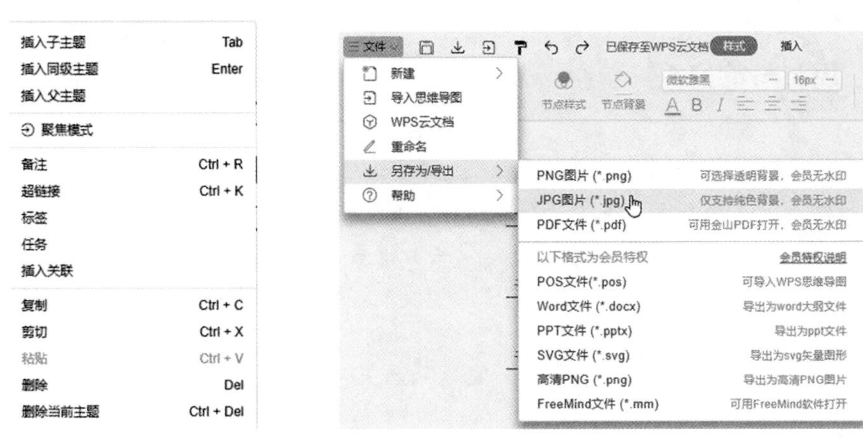

图 6-20　右键快捷菜单　　　　图 6-21　选择“另存为/导出”选项

(11)弹出“另存为”对话框,选择好存储地址,输入文件名后,单击“保存”按钮,如图6-22所示。

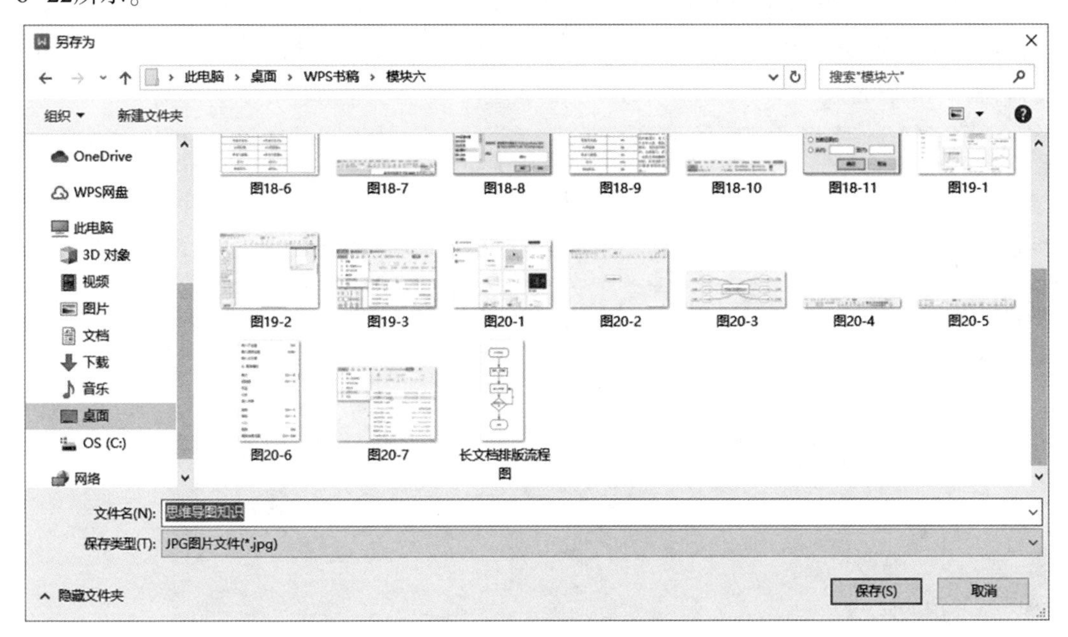

图 6-22　“另存为”对话框

三、知识拓展

思维导图软件有很多,分单机版和在线版。单机版,比如 indManager、XMind 等;在线版,如百度脑图、ProcessOn、MindMaster、石墨文档等。XMind 是一个全功能的思维导图和头脑风暴软件,为深圳市爱思软件技术有限公司的旗舰产品,Xmind 有三款产品,分别是 XMind ZEN、XMind 8 和移动版,XMind 8 更注重专业性, XMind ZEN 少一些专业的功能,比如幻灯片演示、头脑风暴、甘特图等这些专业功能。初学者使用 WPS 思维导图,就可以应对日常工作了。

思考与练习

(1)简述思维导图的概念和意义。

(2)请列举几个思维导图的软件,并说出各自的特点。

(3)用 WPS 思维导图工具,完成一份有关思维导图,主题自选。

任务二十一　产品宣传页设计

WPS 除了可以进行日常办公外,还可以设计海报、封面、壁纸、明信片、邀请函等。WPS 图片设计可以满足不会 PHOTOSHOP,而又需要进行图片设计工作人员需求,图片设计可以制作营销海报、新媒体配图、印刷物料、电商设计、社交生活、原创插画,用于新媒体传播,制作相册等。

一、任务说明及要求

用 WPS 图片设计功能,完成一张 A4 大小产品宣传页设计,产品可以是农产品、数码产品、家电产品、日常百货等。要求画面整体效果精美、色彩搭配合理、版面设计新颖。

二、任务解决及步骤

(1)打开 WPS Office 软件,单击“新建”按钮,选择“图片设计”选项卡,如图 6-23 所示。

图 6-23　“图片设计”选项卡

(2)可以根据图片设计的需要在“品类专区”选择不同的行业,如图 6-24 所示。另外,WPS 提供了很多场景可供选择,如营销海报、新媒体配图、办公文档、印刷物料、原创插画和社交生活等,还可以在搜索框中输入信息,根据输入的信息找到合适的场景。

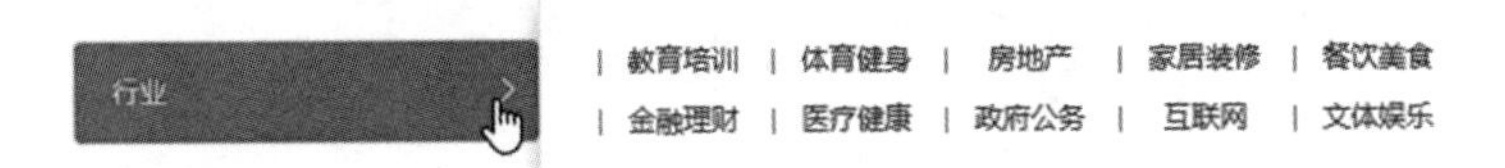

图 6-24 “行业”列表

(3)选中一种场景后单击,弹出“图片设计-编辑”窗口,如图 6-25 所示。

图 6-25 “图片设计-编辑”窗口

(4)在“模板”选项卡中可以选择需要的模板,选中模板后,该模板会出现在操作区,模板中的素材变成可编辑状态,可以根据需要进行添加和删除,如图 6-26 所示。

图 6-26 “模板”选项卡

（5）在“素材”选项卡中提供了各种各样的素材，包括形状、线、街头、插图、文字容器、图片容器、图表、图标、免扣素材和图片等，在“推荐”区域提供了不同主题的图片可供选择，如图 6-27 所示。

图 6-27 “素材”选项卡

（6）在“文字”选项卡中可以选择不同效果的文字添加到图片中，还可以单击“点击添加标题文字”“点击添加副标题文字”“点击添加正文文字”选项，在操作区中会出现“文字设置”菜单，可以设置文字的字体、字号、特效、加粗、间距等，如图 6-28 所示。

图 6-28 “文字”选项卡

(7)单击菜单栏的“特效”按钮,打开“特效”列表,可以为文字设计特效,如图 6-29 所示。再次单击“特效”按钮即可关闭“特效”列表。

(8)在“背景”选项卡中可以设置图片的主题颜色,WPS 还提供了不同主题的背景供选择,如图 6-30 所示。

图 6-29 “特效”列表

图 6-30 “背景”选项卡

(9)单击“自定义背景”按钮,弹出“打开文件”对话框,可以选择需要的图片作为背景,如图 6-31 所示。

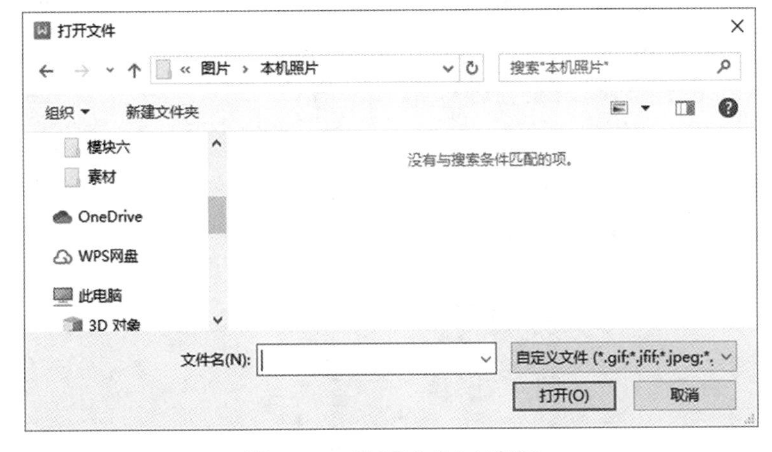

图 6-31 “打开文件”对话框

（10）在“工具”选项卡中提供了图表、二维码和表格三种工具，单击图表、二维码和表格按钮可以打开相应的列表，如图 6-32～图 6-34 所示。

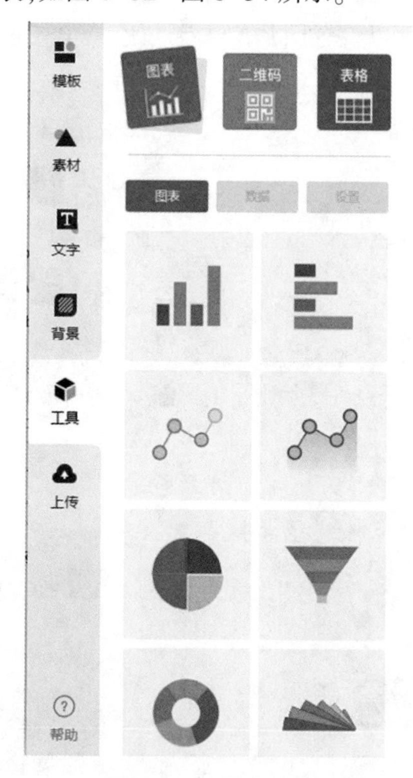

图 6-32 “图表”列表

图 6-33 “二维码”列表

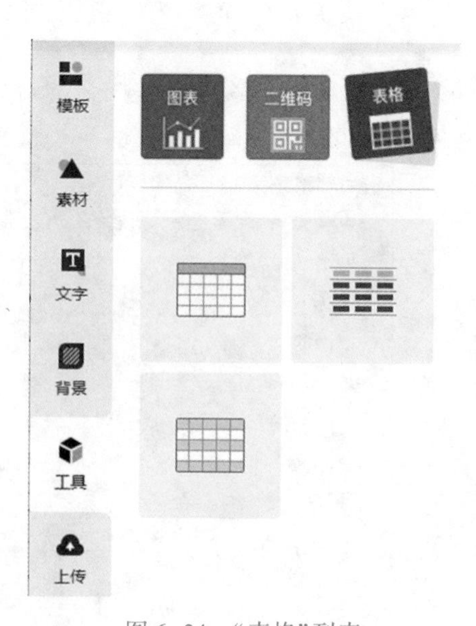

图 6-34 “表格”列表

(11)单击操作区域上方的“尺寸调整”按钮,可以根据需要修改画布尺寸,如图 6-35 所示,修改完毕后单击“关闭”按钮即可回到编辑窗口。

修改画布尺寸

选择尺寸进行预览：

竖版配图 1280px * 1920px （当前尺寸）
超链接配图 600px * 200px
方形二维码 600px * 600px
视频封面 1440px * 900px

1280 × 1920 px（像素）

● 修改尺寸后，设计场景也会随之变化。

图 6-35　修改画布尺寸

(12)将鼠标移动到窗口左下角的“帮助”按钮处,出现的列表中有“功能演示”“快捷键”和“在线客服”三个选项,选择“功能演示”选项,可以观看 WPS 图片设计的基本功能演示视频,包括新手引导、导入设计、尺寸调整、模板功能等,如图 6-36 所示。

(13)选择“快捷键”选项,打开“快捷键”列表,列表中展示的不同功能实现的快捷键,如图 6-37 所示。

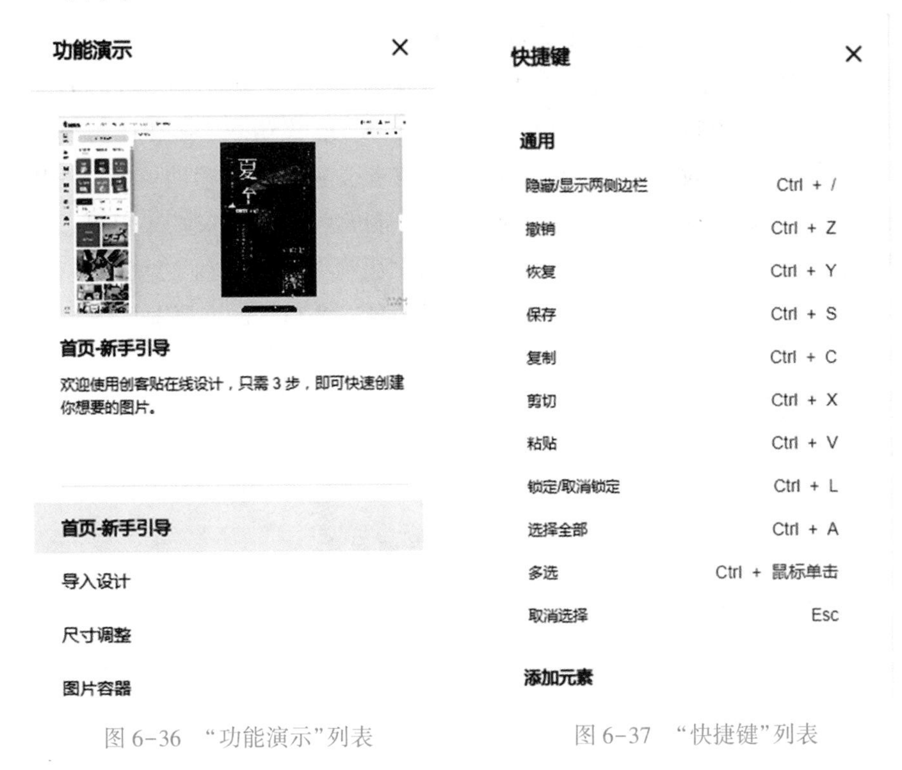

图 6-36　“功能演示”列表　　图 6-37　“快捷键”列表

(14)完成图片设计后,单击窗口右上方的“保存并下载”按钮,弹出“下载设计”对话框,选择图片类型,单击“下载图片”或“下载到手机”按钮即可完成保存,如图 6-38 所示。

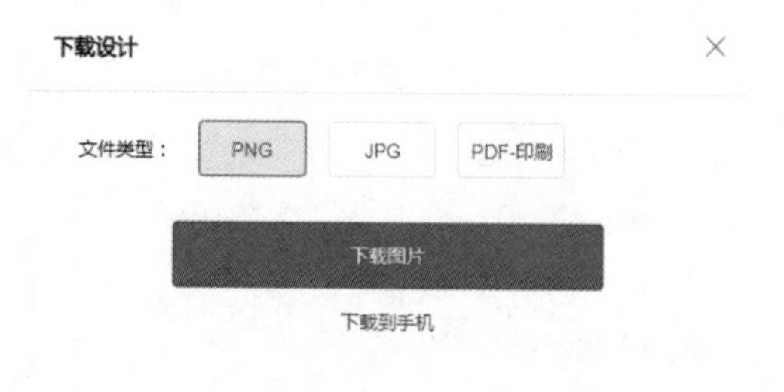

图 6-38 “下载设计”对话框

(15)如果单击“下载”图片按钮,则弹出“另存为”对话框,选择保存位置,输入文件名,单击“保存”按钮即可;如果单击“下载到手机”按钮,则会弹出一个二维码,使用手机扫一扫,即可下载到手机。

三、知识拓展

工作生活中,在方案策划、活动宣传、朋友圈节日祝福、职场 PPT(演示文稿)等场景下,图片的视觉冲击力和感染力显然要比文字更好,这时就需要专门制作图片,而制图需要掌握一些技巧。在制图方面,较为专业的工具对于没有任何制图经验的“小白”来说,使用门槛相对较高,实现起来并非易事。

为了解决类似难题,金山办公在最新版的 WPS 2019 中集成了实用、易上手的图片设计功能,力争让所有“小白”用户都能在 10min 内制作出一张美观的图片。

为了提供更高效的制图体验,WPS 2019 在“图片设计”功能中提供了海量的精美模板,不仅可以根据图片的品类选择,还能结合使用场景快速选取合适的模板。图片设计功能中的模板还可再次创作。在每个模板的基础上,可以进行再次修改,不仅可以随意拖动文字和图片的位置,还可以修改文字的颜色和字体,也可以为图片加上滤镜、进行抠图等,让用户拥有更高的自定义权限,发挥脑洞,为自己设计一张精美的专属图片。

思考与练习

(1)简述 WPS 图片设计功能的优点。

(2)使用 WPS 图片设计功能制作一张海报,主题自选。

模块七 常用在线工具软件应用

随着 HTML5 技术的不断发展，HTML5 应用越来越广泛，最典型的应用是谷歌浏览器 OS 概念，就是用浏览器代替操作系统，所有软件、APP 都运行在云端，用户通过浏览器获取软件服务，浏览器相当于操作系统 OS，电脑软件（如 Office、思维导图等）界面就是浏览器上不同网址的一个个窗口，而软件操作界面就是 HTML5 网页。许多公司基于 HTML5 技术开发了众多在线应用软件，这些应用软件，能让我们更简单、更快捷、更高效地使用计算机，能让日常生活、工作变得轻松。

从实用角度出发，本书重点介绍几种在学习、工作、生活等方面必备的几款在线应用软件，由于计算机软硬件技术发展迅速，在线应用软件的更新速度过于频繁，软件淘汰率高，所以本书介绍的在线应用软件都是经过精挑细选，既实用又有良好用户口碑的在线应用软件，具体种类主要有：

（1）H5 页面编辑软件，如百度 H5、秀米网、易企秀、秀堂、微学宝等。

（2）调查问卷类在线应用软件，如腾讯问卷、问卷星、调查派等。

（3）思维导图应用软件，如百度脑图、石墨文档等。

任务二十二　H5 页面编辑制作

Hyper Text Mark-up Language 5.0，第 5 代超文本标记语言，HTML5 是其英文规范简称，H5 是国内特定人群对第 5 代 HTML 及用其制作的一切数字产品的简称。随着微信使用升级，朋友圈中经常看到制作精美的电子邀请函、电子海报、抽奖营销活动等微场景，这些微场景页面画质精美、体验流畅，支持音乐、视频播放等。这些页面都是利用 H5 进行制作的,但是使用 HTML5 语言直接制作页面需要用户有较高技术背景,难度很大,于是一些公司就开发了第三方 H5 页面编辑软件,帮助用户快速方便地制作 H5 页面。随着使用者逐渐增多,朋友圈的微信 HTML5 页面越来越多,商业化程度越来越高,慢慢地 H5 就专指微信 HTML5 页面了。

一、任务说明及要求

在生活、学习、工作中,经常需要对信息进行推送,对产品进行宣传,对活动进行推广,为了吸引流量,需要进行微场景设计进行快速传播。请你选用一种 H5 页面制作工具,学习它的使用方法,并制作一份暑期企业实习应聘 H5 页面进行推送,以利于暑期找到实习工作。具体要求如下:

(1)选择一种 H5 页面制作工具,注册,登录。

(2)学习 H5 页面制作基本操作,如添加文本、图片、音频、视频等。

(3)根据自己专业课程学习,详细列出自己应聘信息,如姓名、性别、专业、特长、爱好、应聘岗位、学习经历、培训经历、实践经历、取得成绩、获奖及荣誉等。

(4)根据应聘信息,设计制作 H5 页面,并分享二维码。

二、任务解决及步骤

步骤 1:选择一种 H5 页面制作工具,注册,登录

(1)打开 360 安全浏览器,输入栏输入"/www.eqxiu.com",打开易企秀。

(2)单击页面右上角"免费注册"按钮,打开注册窗口,如图 7-1 所示。

图 7-1 注册窗口

(3)使用微信"扫一扫"功能扫描窗口上的二维码,手机上点击"关注公众号",即可完成注册并登录页面。

也可使用其他方式进行注册,单击注册窗口上的"其他方式注册"按钮,可以选择手机号、邮箱、QQ、企业微信、微博、钉钉等方式进行注册,如图 7-2 所示。

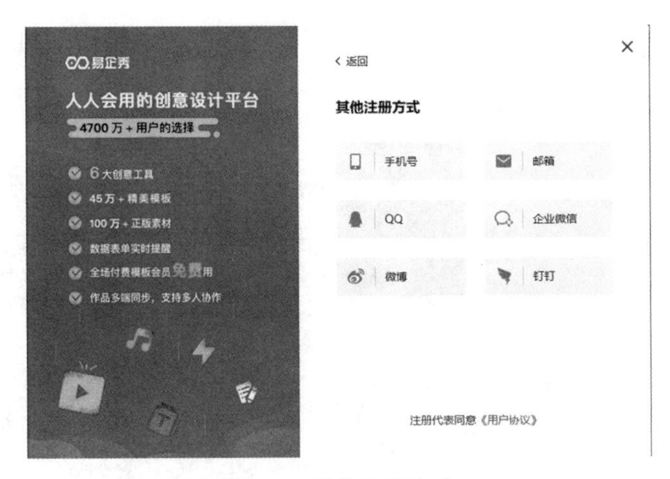

图 7-2　其他注册方式

注册完成后，下次登录时只需要用微信“扫一扫”即可。

步骤 2：学习 H5 页面制作基本操作

(1)在页面的“精选模板”区域，单击“空白创建”，打开 H5 制作窗口，在该窗口中可以对页面进行制作，如图 7-3 所示。

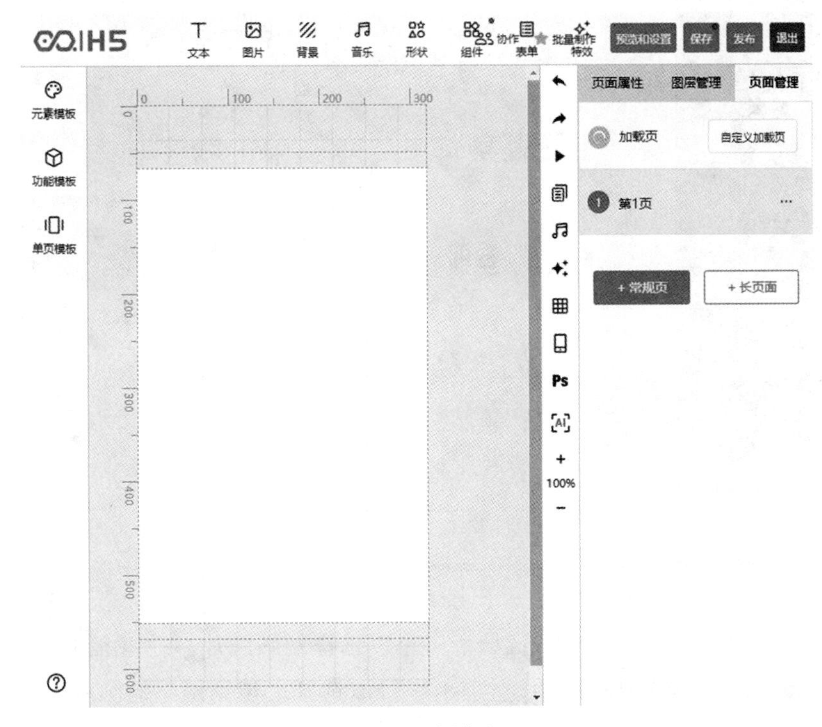

图 7-3　H5 制作窗口

(2)将鼠标放在制作页面的左下角 ? 处，在出现的菜单中选择“秒懂 H5”选项，如图

7-4所示，将弹出有关H5页面制作基本操作的视频。如图7-5所示，可以观看视频学习H5页面制作。

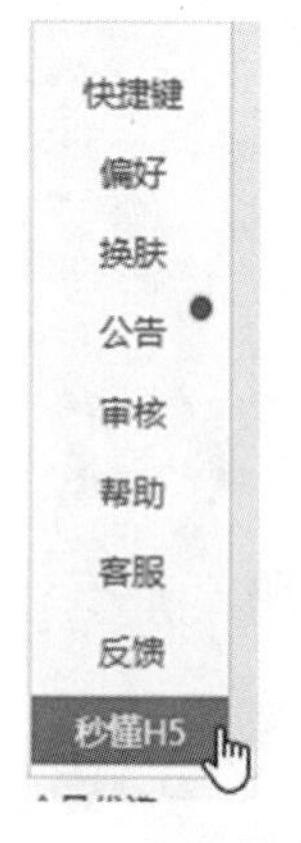

图7-4　帮助菜单

图7-5　秒懂H5视频窗口

（3）单击菜单栏的“文本”按钮，在页面中出现一个文本框，在文本框中可以输入文本并进行编辑。单击字体列表中的“更多字体”选项，弹出如图7-6所示的字体库，字体库中有很多网站自有的免费字体可以选用。

图7-6　字体库

（4）单击菜单栏的“图片”按钮，弹出图片库，如图7-7所示，可以在图片库中选择合适的图片插入页面。在“正版图片”选项卡中可以选择网站图片，在“我的收藏”选项卡中可以选择收藏的图片，在“我的图片”选项卡中可以选择上传到网站的图片。单击左下角的“手机上传”按钮，可以使用微信“扫一扫”上传手机照片。单击“本地上传”按钮弹出“打开”对话框，找到本地图片所在的位置，单击“打开”按钮，如图7-8所示，可以将存储在计算机中的图片上传到网页中。

图 7-7　图片库

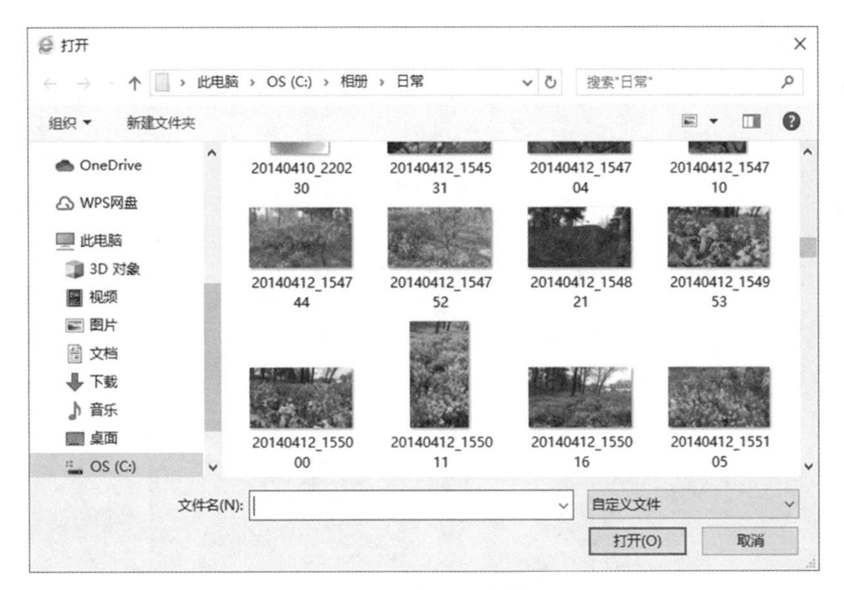

图 7-8　“打开”对话框

(5)单击菜单栏的“背景”按钮,打开图片库,可以选择合适的图片作为页面的背景。

(6)单击菜单栏的“音乐”按钮,弹出如图 7-9 所示的音乐库,在“正版音乐”中可以选择网站音乐,在“我的收藏”中可以选择收藏的图片,在“我的音乐”中为自己上传到网站的音乐。单击左下角的“自转成音”按钮,可以输入一段文字,然后将其转换成一段语音,如图 7-10 所示,在“变声”列表中可以选择要转变语音的声音效果。单击“手机上传”按钮,可以使用微信“扫一扫”上传手机音乐。单击“上传音乐”可以上传存储在计算机上的音乐。

图 7-9　音乐库

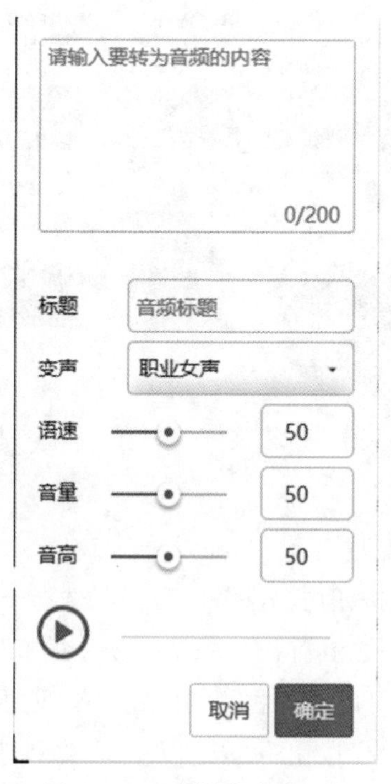

图 7-10　“字转成音”选项

(7)单击菜单栏的“形状库”，弹出如图 7-11 所示的形状库，“正版形状”选项卡中的形状为网站自有的形状,“我的收藏”选项卡中为收藏的形状,“我的形状”选项卡中为自己上传到网站的图片。

图 7-11　形状库

(8)将鼠标移动到“组件”按钮上,将显示出如图 7-12 所示的下拉菜单,可以添加菜单中的各种组件,这里重点介绍视频的添加。单击“视频”按钮,弹出“组件设置”任务窗格,单击“添加视频”按钮,弹出如图 7-13 所示的视频库。“视频素材”选项卡中为网站提供的相关视频,“我的视频”中为自己上传过的视频。

图 7-12　“组件”下拉菜单

图 7-13　视频库

单击左下角的“在线制作”按钮，弹出如图 7-14 所示的视频制作窗口，将鼠标移动到视频制作页面的左下角 ⓘ 处，在出现的菜单中选择“秒懂视频”选项，弹出“秒懂视频”视频窗口，如图 7-15 所示，可以观看该视频，学习如何制作视频。视频制作完成后单击“预览和生成”按钮，预览后没有问题单击“完成制作”按钮，刚刚完成的作品将被保存到“我的作品”中，如图 7-16 所示。在该窗口中，可以下载制作的视频作品。

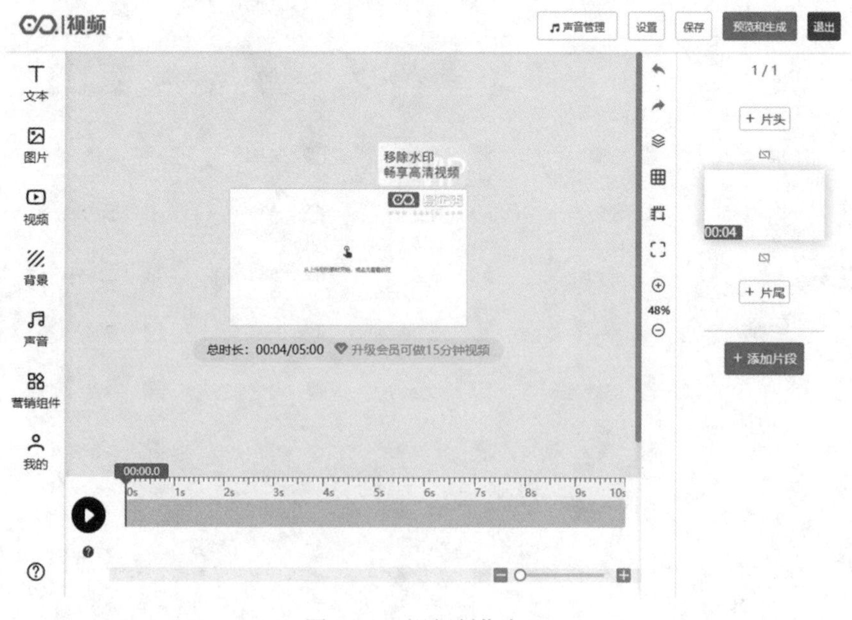

图 7-14　视频制作窗口

图 7-15 “秒懂视频”视频窗口

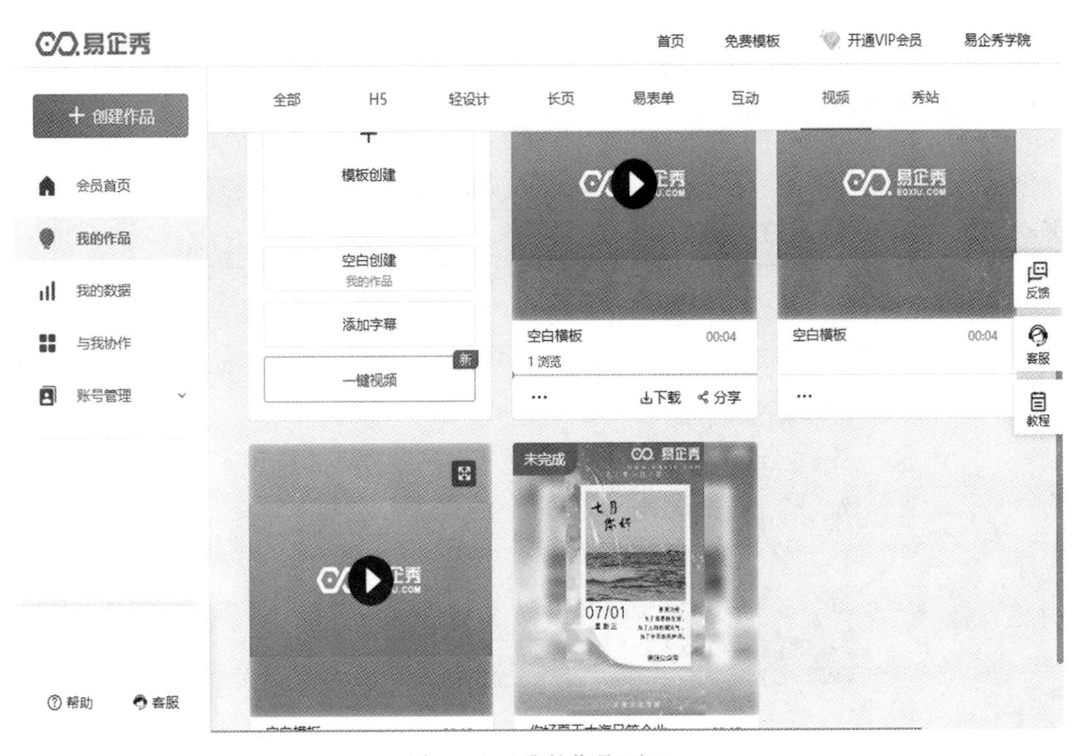

图 7-16 “我的作品”窗口

回到 H5 页面制作窗口，单击“请您在新打开的页面完成视频制作”对话框中的“已完成”按钮，如图 7-17 所示。刚刚制作的视频将会储存到“视频素材”的“视频作品”中。

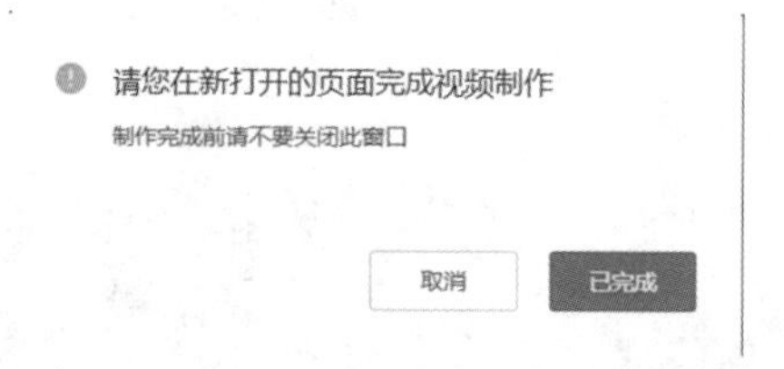

图 7-17 “请您在新打开的页面完成视频制作”对话框

单击视频库左下角的“手机上传”按钮，可以使用微信“扫一扫”功能上传手机视频，单击“本地上传”视频可以上传存储在计算机中的视频。

(9)将鼠标移动到菜单栏的“表单”按钮上，将显示出如图 7-18 所示的下拉菜单，单击菜单中的选项在页面中添加相应的表单。

图 7-18 “表单”下拉列表

(10)单击菜单栏的“特效”按钮，弹出如图 7-19 所示的“页面特效”对话框，在该对话框中可以添加涂抹、指纹、环境、渐变、重力感应、砸玻璃等特效，在“删除特效”选项卡中单击“确定”按钮可以去除之前添加的特效。

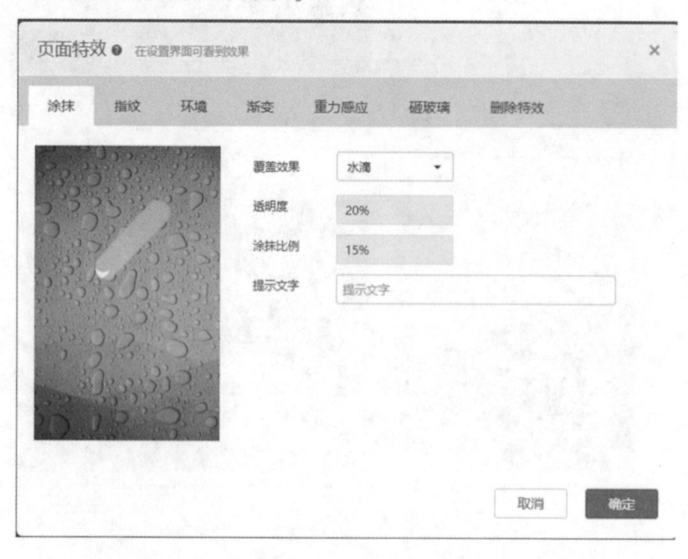

图 7-19 “页面特效”对话框

(11)单击菜单栏右侧的“协作”按钮 协作，弹出“协作设置”对话框，可以邀请朋友同时对页面进行操作，如图 7-20 所示。

协作设置

微信邀请好友（微信扫一扫，作品分享给好友）

通过链接邀请 可复制 可查看数据 复制链接

从最近协作人添加（指定具体人加入协作）

从群组中添加（指定群组加入协作）

无

当前作品还没有一起协作的人

取消 确定

图 7-20 “协作设置”对话框

H5 页面制作完成以后，单击页面右上角的“发布”按钮，弹出如图 7-21 所示“预览”对话框，在对话框中可以为页面进行命名，设置分享文字，形成二维码，用微信扫一扫分享或使用链接通过微博、QQ 或 QQ 空间进行分享。

图 7-21 “预览”对话框

步骤 3：制作一份暑期企业实习应聘 H5 页面进行推送

（1）打开 360 安全浏览器，输入栏输入“www.eqxiu.com”，打开易企秀并登录。

(2)搜索“简历”模板,如图 7-22 所示,选择一款比较喜欢的模板双击打开,显示预览窗口,如图 7-23 所示。

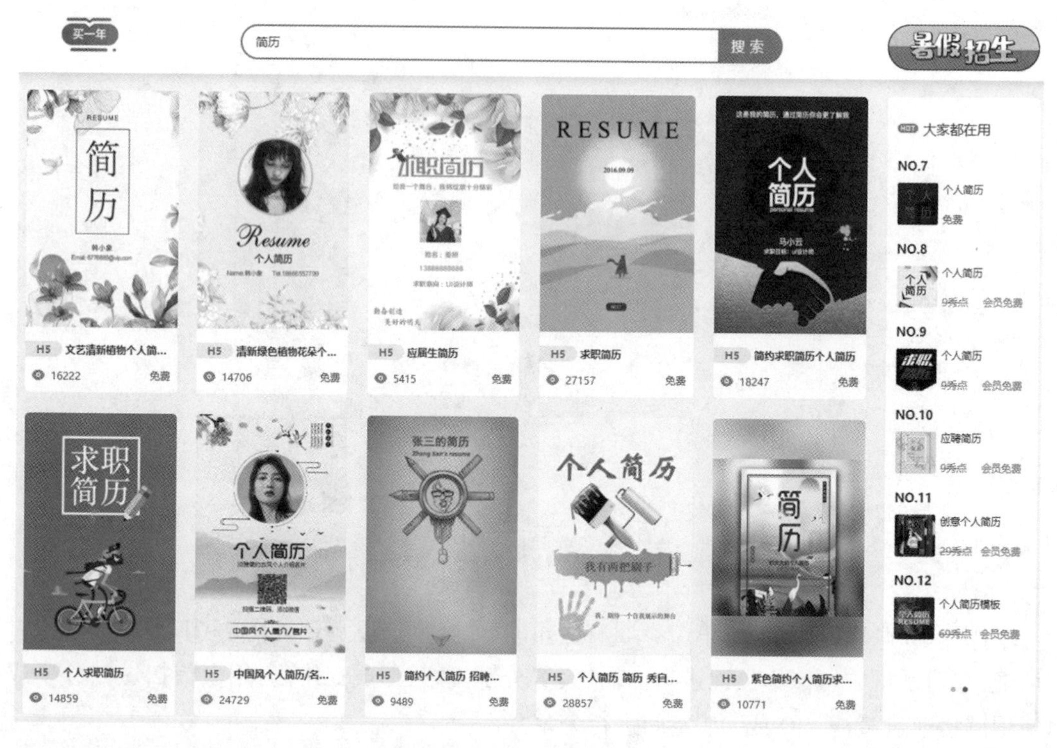

图 7-22　搜索“简历”模板

图 7-23　模板预览窗口

(3)单击“立即使用”按钮,打开制作窗口,如图 7-24 所示,在模板合适的位置列出自己的应聘信息,如姓名、性别、专业、特长、爱好、应聘岗位、学习经历、培训经历、实践经历、取得成绩、获奖及荣誉等。

图 7-24　制作窗口

(4)制作完成后,单击“发布”按钮,显示预览窗口,将鼠标移动到二维码处,出现“下载到电脑”下拉菜单,如图 7-25 所示。

(5)选择需要的像素,单击下载按钮,弹出“新建下载任务”对话框,输入“名称”,选择好存储位置后,如图 7-26 所示,单击“下载”按钮,二维码保存在计算机中,可通过二维码分享刚刚制作完成的简历。

图 7-25　“下载到电脑”下拉菜单

图 7-26　“新建下载任务”对话框

三、知识拓展

用户使用第三方 H5 页面编辑软件制作 H5 页面,就像制作 PPT 演示文稿一样,在每个页面根据需求添加文字、图形图片、声音、视频等,就可以完成一个 H5 页面微场景制作。目前有许多第三方 H5 页面编辑软件,如易企秀、人人秀、MAKA、兔展、秀堂、微学宝、秀米、iH5、BaoMiTu、意派 Epub360、70 度、iebook、最酷网、Mugeda(木疙瘩)、初页、易企微、凡科网、战鼓、橙秀等,百度搜索 H5 页面制作,会出现大量第三方 H5 页面编辑软件,有些属于专业型,如 iH5、意派、微吾、最酷网、云来、Mugeda(木疙瘩)等,创作自由度强,学习难度也较大。有些属于大众型,如易企秀、人人秀、MAKA、兔展、秀堂、秀米、百度 H5 等,简单易学,只要会使用 PPT 就能进行页面编辑制作。

1. 易企秀(http://www.eqxiu.com/)

2014 年 11 月易企秀上线 H5 自助制作工具,用户可以零代码快速制作一个炫酷的 H5 场景,一键上线,自助开展 H5 营销,满足企业活动邀约、品牌展示、引流吸粉、数据管理、电商促销等营销需求。操作界面如图 7-27 所示。

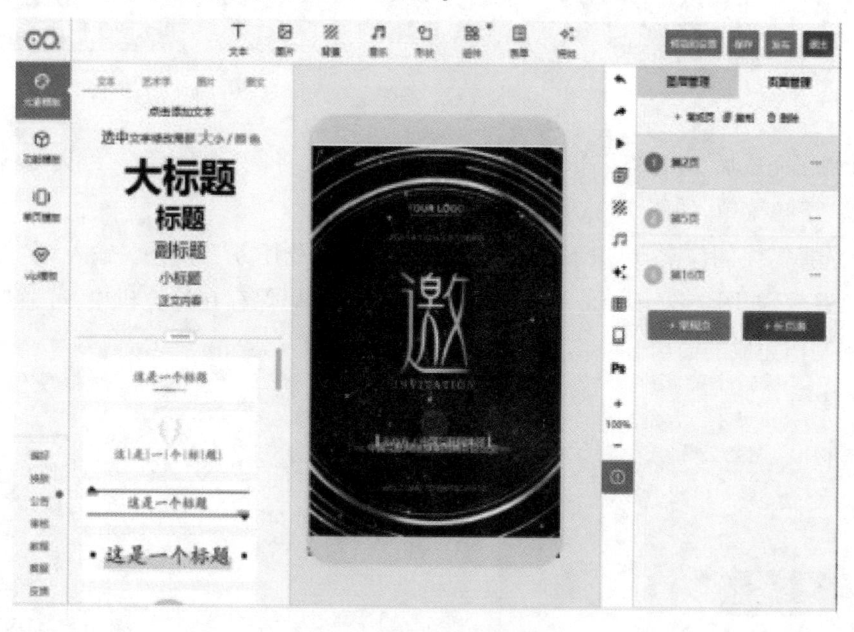

图 7-27　易企秀的操作界面

2. 人人秀(https://www.rrxiu.net/)

2014 年 8 月,星爵互动信息技术有限公司成立,用户包括阿里巴巴、腾讯、滴滴出行、爱奇艺、华谊、光线、万达等。在模板数量和互动功能上,人人秀行业领先。10000 个模板,每周更新 100 个,全行业首发的互动功能有抽奖红包、口令红包、照片投票、转盘抽奖、测试问答、表单等。

3. MAKA(http://maka.im/)

一家在中山大学实验室诞生的年轻创业团队,是国内首家 H5 在线创作工具,国内唯一的全平台、全品类富媒体内容创作工具。2013 年成立至今,已服务 3000 万+中小企业用户,致力于开发简单易用的产品,解决用户在企业营销上高成本、低质量的痛点。

4. 兔展(https://www.rabbitpre.com/)

2014 年 6 月深圳兔展智能科技有限公司成立,在北京、上海、广州均设有分公司,平台使用简单,服务全面,有制作教程等,让您像制作 PPT 一样制作炫酷的移动展示。

5. 秀堂(https://s.wps.cn/)

秀堂是金山软件集团子公司金山办公软件 WPS 团队针对移动社交产品趋势倾力打造的一款面向普通用户的 H5 制作软件。秀堂提供海量 H5 模板,用户通过简单图文替换,即可实现图文音乐的自由组合,快速生成具备丰富动画效果的在线 HTML5 页面。

6. 秀米(https://xiumi.us/)

原创模板素材,精选风格排版、独一无二的排版方式、丰富的页面模板、独有的秀米组件,无论是多页场景 H5,还是长页内容,都能得心应手使用。

7. 百度 H5(https://h5.baidu.com)

百度 H5 是百度公司推出的移动端 H5 页面快速制作工具平台。该软件可视化地构建并发布专属 H5 页面,无需付费去广告,支持自由定制加载页、支持单页和多页编辑模式等。具备强大的编辑功能,支持文本、媒体(含音频、图片、视频)、形状、表单、图表、插件六大类组件,全方位满足各种需求;独创分层编辑模式,组织页面更灵活。支持一键导入 PSD ,让你从此告别切图之苦。

第三方 H5 页面编辑软件众多,但使用方法与流程大同小异,一般都是注册、登陆、编辑、发布,在使用过程中,有些功能需要会员用户才能使用,大家可以根据需求选择使用。

思考与练习

(1) 常用在线 H5 页面编辑工具有哪些?

(2) 请选用一种 H5 页面编辑工具,以小组为单位完成一个主题 H5 微场景制作。

任务二十三　问卷星在线工具使用

我们在学习、工作中经常需要进行活动报名、活动反馈、活动投票、培训报名、产品调研、市场调研、客户调研、员工评估、论文撰写、用户调查等。调查问卷类在线应用软件可以让我们轻松完成这些调研工作,目前,有许多在线应用软件都有类似功能,如腾讯问卷、问卷星、调查派、问卷网、调研宝、WPS 表单等。使用这些软件可以避免大量纸质问卷的印刷与派发,减少社会资源浪费和环境污染,大家可根据自己喜好,选择适合的在线问卷应用软件。

一、任务说明及要求

利用问卷星，创建一份对 8 组摄影作品进行投票的问卷，具体要求是可用手机扫码投票，每人只能投票一次，每次只能投 4 票，并对结果进行数据分析。

二、任务解决及步骤

步骤 1：打开"问卷星"，注册并登录

（1）打开 360 安全浏览器，在输入栏输入"https://www.wjx.cn/"，打开问卷星，如图 7-28 所示为问卷星界面。

图 7-28　问卷星界面

（2）单击界面右上角的"注册"按钮，切换到注册界面，如图 7-29 所示，根据要求输入内容后，单击"创建"按钮，完成注册。

图 7-29　注册界面

(3)注册完成后,切换到“我的问卷”界面,如图 7-30 所示。

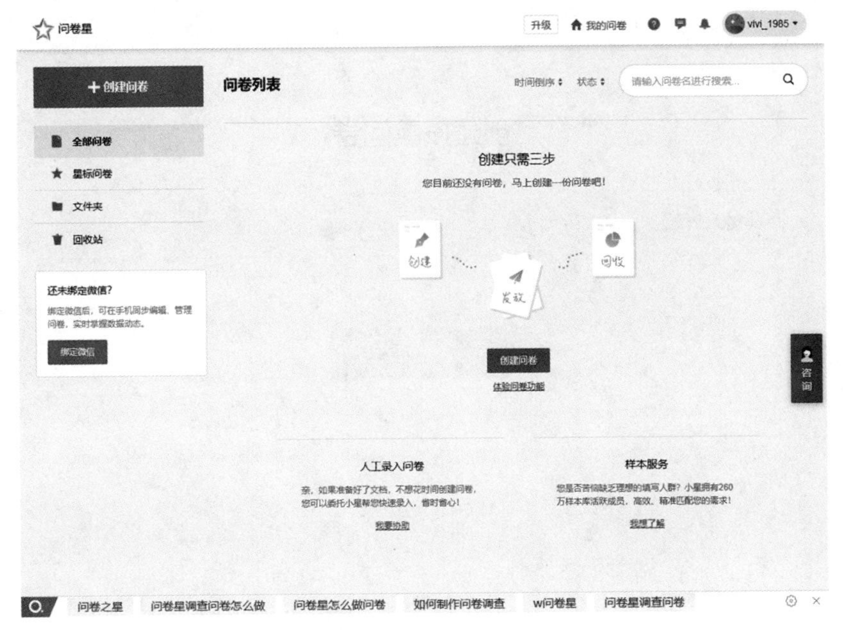

图 7-30 “我的问卷”界面

步骤 2:制作投票问卷

(1)单击“创建问卷”按钮,切换到如图 7-31 所示的窗口。

图 7-31 选择窗口

（2）选择“投票”，单击“创建”按钮，打开“创建投票问卷”对话框，如图 7-32 所示。

图 7-32 “创建投票问卷”对话框

（3）输入标题，单击“立即创建”按钮，弹出向导页面，观看向导页面学习问卷的制作。

（4）观看完毕后打开制作窗口，选择需要的题型，这里选择“投票多选”。

（5）在“添加问卷说明”处可以为该投票问卷添加说明。

（6）在试题编辑页面可以对试题进行编辑。

1）在标题栏输入试题的标题，如图 7-33 所示。

图 7-33 试题标题栏

2）在“选项文字”栏对选项文字进行设置，如图 7-34 所示。单击“添加图片”按钮，弹出图片添加对话框，单击十字标志可以添加计算机中的图片，如图 7-35 所示。单击“选项说明”按钮，弹出“选项说明”对话框，可以输入选项的说明内容，也可以显示网址内容，如图7-36所示，输入说明内容后，选项将出现“查看详情”按钮，单击“查看详情”按钮即可查看选项说明，如图 7-37 所示。

选项文字		图片	说明	允许填空	互斥	默认	上移下移
图片1	⊕⊖						
图片2	⊕⊖						
图片3	⊕⊖						
图片4	⊕⊖						
图片5	⊕⊖						
图片6	⊕⊖						
图片7	⊕⊖						
图片8	⊕⊖						

添加选项　批量增加　批量添加图片　分组设置　至少选几项　最多选几项　选项不随机　横向排列

显示投票数　显示百分比　如何添加视频或站外链接？

图 7-34　“选项文字”栏

图 7-35　添加图片

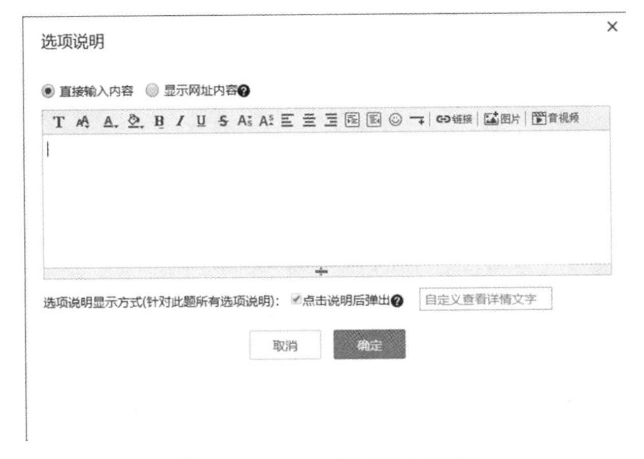

图 7-36　“选项说明”对话框

图 7-37　查看详情

3)为题目设置 8 个选项,每个选项插入一张图片,并输入选项说明,“选项文字”下面一栏的“至少选几项”“最多选几项”“选项不随机”下拉列表框可以设置投票数量,在这里“最多选几项”下拉列表选择“最多选 4 项”,选中“显示投票数”可以在问卷页面显示每个选项得到的投票数。

4)单击“完成编辑”按钮完成对试题的编辑。

(7)在题目上方显示页码的地方单击出现“填写时间控制”栏,可以在该栏中填写投票时该页面的停留时间,不填则表示不限制,如图 7-38 所示。

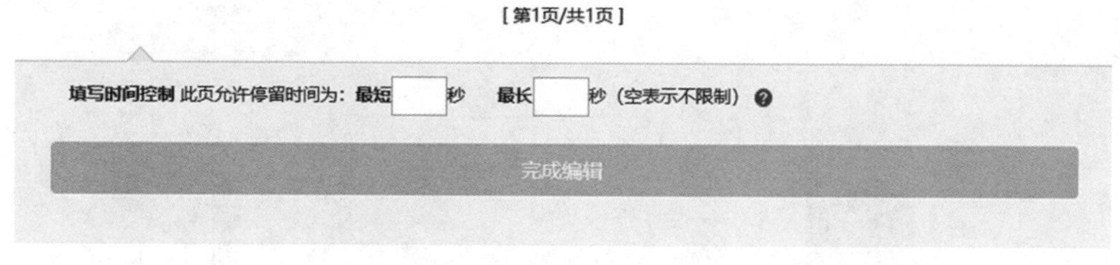

图 7-38 “填写时间控制”栏

(8)单击页面右上角的“完成编辑”按钮,跳转到“设计问卷”窗口,切换到“问卷设置”选项卡,可以对问卷的基本信息进行设置,在“权限设置”区域单击“每个用户只允许填写一次”按钮,如图 7-39 所示,单击“保存”按钮。

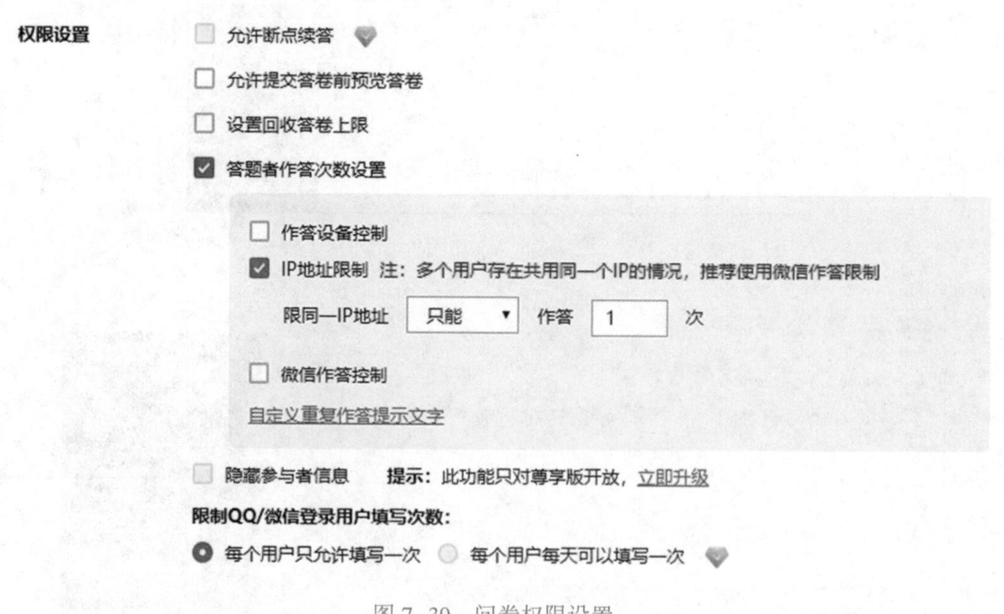

图 7-39 问卷权限设置

(9)设置完成后,单击右上角的“预览问卷”按钮,可以对问卷进行预览,如图 7-40 所示,可以进行手机预览和电脑预览,预览没问题后关闭预览。

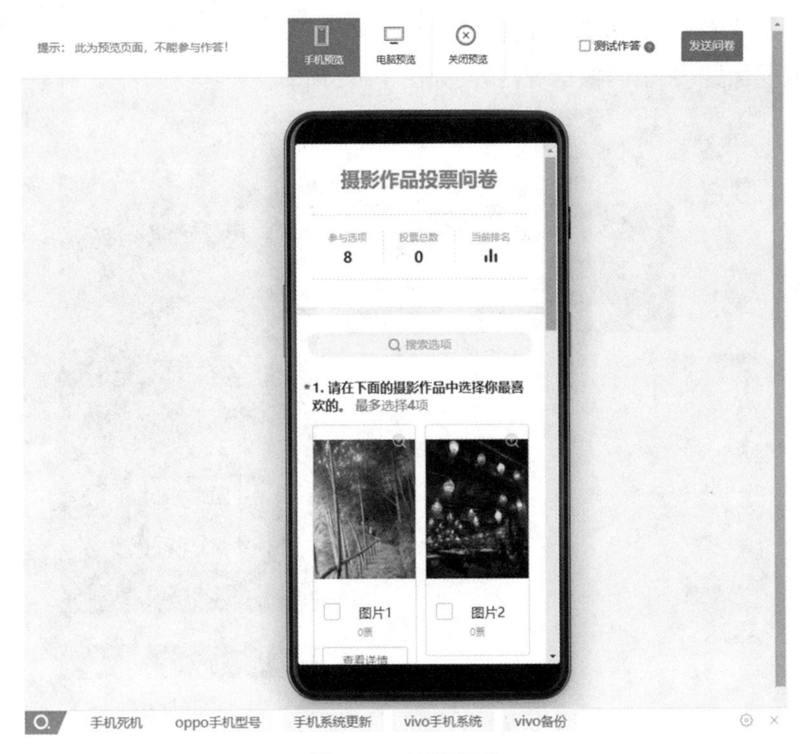

图 7-40　预览问卷

(10)单击“发布此问卷”按钮，弹出确认对话框，单击“确定”按钮，跳转到“链接与二维码”窗口，如图 7-41 所示。

图 7-41　“链接与二维码”窗口

(11)单击“制作二维码海报”按钮,弹出“二维码海报”对话框,可以在对话框中设置海报背景、问卷标题、二维码像素等内容,如图 7-42 所示。

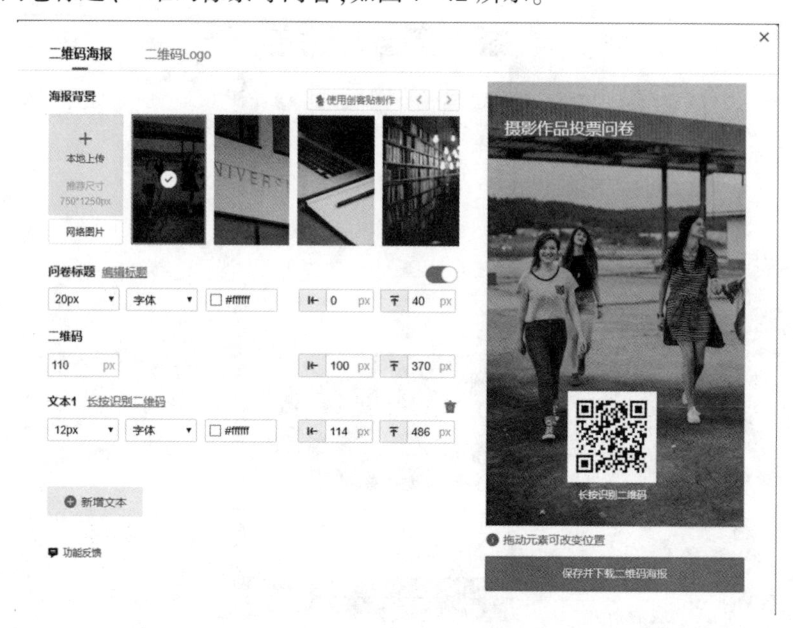

图 7-42 “二维码海报”对话框

(12)设置完成后,单击“保存并下载二维码海报”按钮,弹出“新建下载任务”对话框,输入二维码“名称”,选择好下载位置后单击“下载”按钮,即可将二维码海报下载到计算机中,参与投票的人只要扫描二维码即可进行投票。也可以保存为二维码 Logo,如图 7-43 所示,设置好二维码 Logo 后单击“保存二维码”即可。

图 7-43 “二维码 Logo”对话框

三、知识拓展

1. 问卷星(https://www.wjx.cn/)

问卷星是长沙冉星信息科技有限公司旗下产品,是国内最早也是目前最大的在线问卷调查、考试和投票平台,自 2006 年上线至今用户累计发布了超过 3607 万份问卷,累计回收超过 24.84 亿份答卷,并且保持每年 100%以上的增长率。其用户已覆盖国内 90%以上的高校和科研院所,是各行业龙头企业信赖的问卷调查、考试、投票的知名品牌。

问卷星的问卷调查提供 32 种题型、三种问卷逻辑、丰富的设置和精确的统计报表。

在线考试可随机抽题、系统判分、成绩查询、限时考试、预防作弊。在线投票支持微信投票,结果实时展示,支持图片、视频、音频上传。报名表单可处理微信签到、预约登记、外卖订单、请假申请、邀请函等。

2. 调查派(https://www.diaochapai.com/)

调查派是一款简单好用的在线自助调查工具,问卷设计设置操作简单,可制作带有自己 Logo 的问卷,应用广泛,数据收集方便,支持手机填写,可实时了解调查结果,结果数据可以以表格、图表等多种形式展示,数据存储安全。

调查派由重庆甚为派科技有限公司设计开发。重庆甚为派科技有限公司是一家致力于向公众宣传小而美产品理念的企业。公司于 2007 年 11 月推出调查派以来,一直保持与用户积极沟通,收集用户反馈,并对系统做出不断改进。经过多年的积累,现已成为国内领先的自助在线调查系统。为全球 500 强企业、国内知名互联网公司、各大专院校、非盈利机构及个人用户提供服务。

思考与练习

(1)常用调查问卷类在线应用软件有哪些?简述各软件的基本特点。

(2)选用一种调查问卷类在线应用软件,以小组为单位完成一个主题的调查问卷。

模块八

浙江省计算机二级办公软件高级应用技术

浙江省计算机二级办公软件高级应用技术(简称二级 AOA)是浙江省计算机二级考试的主要内容之一,主要考查考生的办公软件的实际应用能力,分为理论题和操作题,操作题主要由 WPS 文字操作、WPS 表格操作和 WPS 演示操作三部分组成。本模块收录了历年来浙江省计算机二级考试的操作题,通过本模块的学习,有助于学生通过计算机二级等级考试(办公软件高级应用技术)。

任务二十四　WPS 表格二级实训 1

根据二级考试大纲中有关 WPS 表格的内容要求,掌握 Excel(或 WPS 表格)的基础理论知识以及高级应用技术,能够熟练操作工作簿、工作表,熟练使用函数和公式,能够运用 Excel(或 WPS 表格)内置工具进行数据分析,能够对外部数据进行导入导出等。完成本任务,学会工作表的使用、单元格的使用、函数和公式的使用、数据分析等。

一、任务说明及要求

(1)在 Sheet5 中,使用函数,将 A1 单元格中的数四舍五入到整百,存放在 B1 单元格中。

(2)在 Sheet1 中,使用条件格式将“采购数量”列中数量大于 100 的单元格中字体的颜色设置为红色、加粗显示。

(3)使用 VLOOKUP 函数,对 Sheet1 中“采购表”的“单价”列进行填充。根据“价格表”中的商品单价,使用 VLOOKUP 函数,将其单价填充到采购表中的“单价”列中。函数中参数如果需要用到绝对地址,使用绝对地址进行操作,其他方式无效。

（4）使用逻辑函数，对 Sheet1“采购表”中的“折扣”列进行填充。根据“折扣表”中的商品折扣率，使用相应的函数，将其折扣率填充到采购表中的“折扣”列中。

（5）使用公式，对 Sheet1 中“采购表”的“合计”列进行计算。根据“采购数量”“单价”和“折扣”，计算采购的合计金额，将结果保存在“合计”列中。计算公式为单价 * 采购数量 *（1-折扣率）。

（6）使用 SUMIF 函数，计算各种商品的采购总量和采购总金额，将结果保存在 Sheet1 中的“统计表”中相应位置。

（7）将 Sheet1 中的“采购表”复制到 Sheet2 中，并对 Sheet2 进行高级筛选。筛选条件为“采购数量”>150、“折扣率”>0，将筛选结果保存在 Sheet2 中。操作过程中无需考虑是否删除或移动筛选条件，复制过程中将标题项“采购表”连同数据一同复制，复制数据表后，粘贴时数据表必须顶格放置，复制过程中保持数据一致。

（8）根据 Sheet1 中的“采购表”，新建一个数据透视图，保存在 Sheet3 中。该图形显示每个采购时间点采购的所有项目数量汇总情况，其中 x 坐标设置为“采购时间”，求和项为采购数量，将对应的数据透视表也保存在 Sheet3 中。

二、任务解决及步骤

步骤 1：Sheet1 工作表数据管理

在 Sheet5 中，使用函数将 A1 单元格中的数四舍五入到整百，存放在 B1 单元格中，具体操作步骤如下：

（1）打开“素材—采购表.et”，选择 Sheet5 工作表。

（2）选中 B1 单元格，单击“公式”选项卡中的“数学和三角”按钮，在下拉列表中选择“ROUND”选项，弹出“函数参数”对话框，“数值”选择 A1 单元格，“小数位数”输入“-2”，如图 8-1 所示。

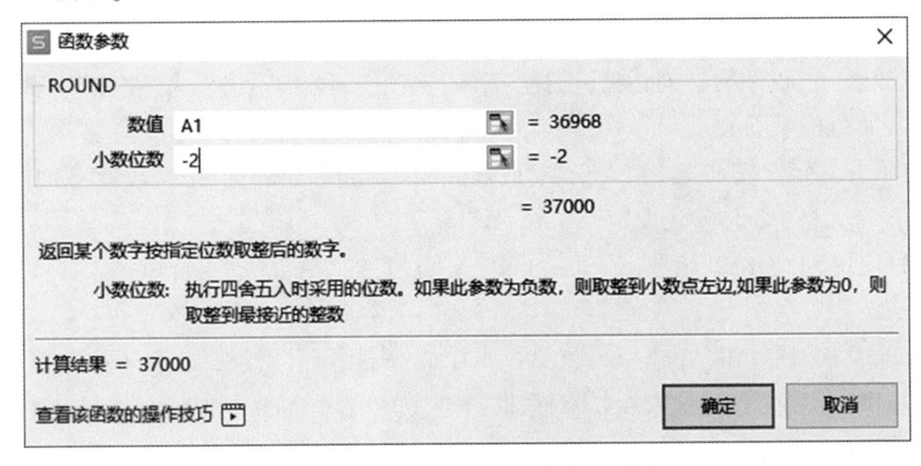

图 8-1　Round 函数“函数参数”对话框

(3)单击“确定”按钮,B1 单元格中显示函数计算结果“37000”,如图 8-2 所示。

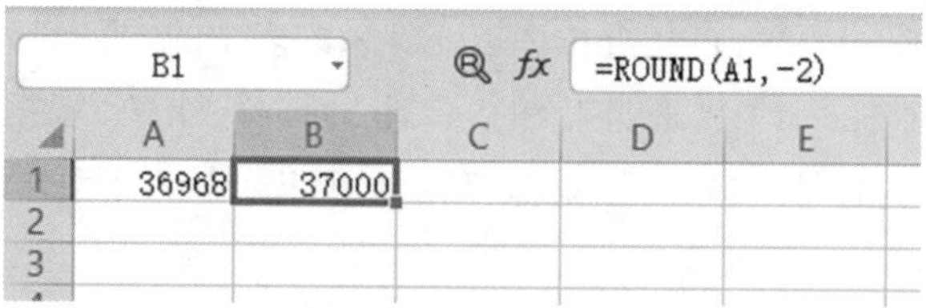

图 8-2　ROUND 函数计算结果

步骤 2:Sheet1 工作表数据管理

(1)在 Sheet1 中,使用条件格式将“采购数量”列中数量大于 100 的单元格中字体的颜色设置为红色、加粗显示,具体操作步骤如下:

1)打开 Sheet1 工作表,选中 B11:B43 单元格,单击“开始”选项卡中的“条件格式”下拉按钮,在下拉菜单中选择“突出显示单元格规则”选项,在子菜单中选择“大于”选项,弹出“大于”选项卡,在“为大于以下值的单元格设置格式”文本框中输入“100”,“设置为”下拉列表选择“自定义格式”选项,如图 8-3 所示。

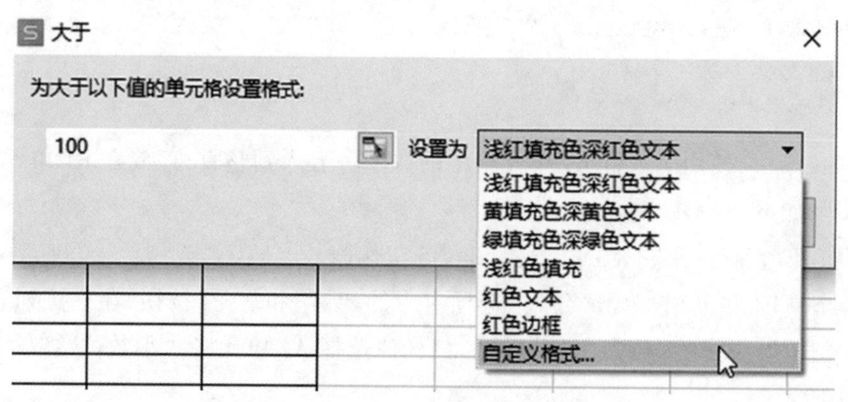

图 8-3　“大于”对话框

2)弹出“单元格格式”对话框,选择“字体”选项卡,设置“字形”为“粗体”,“颜色”为“红色”,如图 8-4 所示。

3)单击“确定”按钮,返回“大于”对话框,单击“确定”按钮,则“采购数量”列中数量大于 100 的单元格中字体颜色设置为红色、加粗显示。

(2)使用 VLOOKUP 函数,对 Sheet1 中“采购表”的“单价”列进行填充。具体操作步骤如下:

1)选中 D11 单元格,单击“公式”选项卡中的“查找与引用”按钮,在下拉菜单中选择“VLOOKUP”选项,弹出“函数参数”对话框,“查找值”选择 A11,“数据表”选择$F$3:$G$5(这里使用绝对引用),“列序号”输入“2”,“匹配条件”输入“0”(精确匹配),如图 8-5 所示。

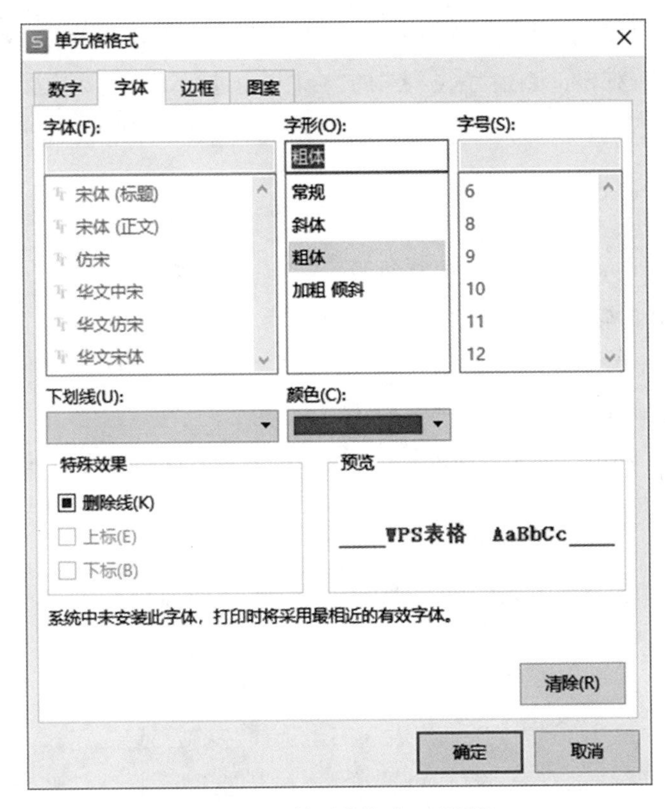

图 8-4 “单元格格式”对话框

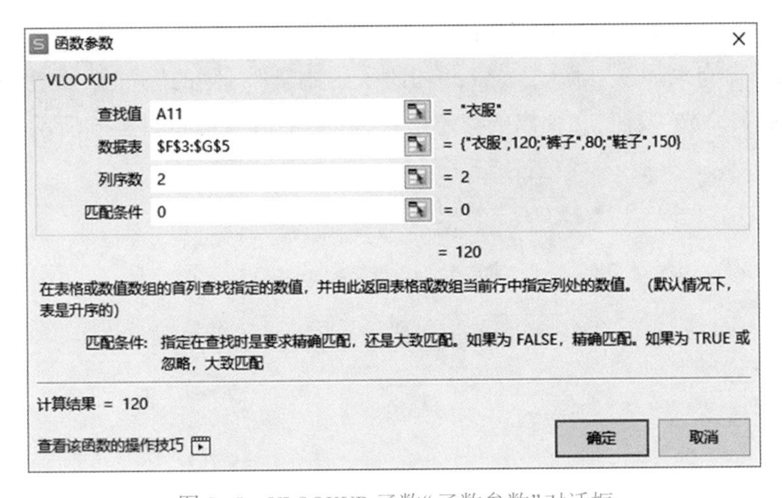

图 8-5 VLOOKUP 函数“函数参数”对话框

2)单击“确定”按钮，D11 单元格中显示计算结果。

3)双击 D11 单元格右下角的填充柄，复制公式到 D12:D43 单元格，完成填充。

(3)使用逻辑函数，对 Sheet1“采购表”中的“折扣”列进行填充。具体操作步骤如下：

1)选中 E11 单元格，输入公式“=IF(B11<$A$4,$B$3,IF(B11<$A$5,$B$4,IF(B11<$A$6,$B$5,$B$6)))”，按 Enter 键，则 E11 单元格显示计算结果。

2）双击 E11 单元格右下角的填充柄，复制公式到 E12:E43 单元格，完成填充。

（4）使用公式，对 Sheet1 中“采购表”的“合计”列进行计算。具体操作步骤如下：

1）选中 F11 单元格，输入公式“=D11 * B11 * (1-E11)”，按 Enter 键，则 F11 单元格显示计算结果。

2）双击 F11 单元格右下角的填充柄，复制公式到 F12:F43 单元格，完成填充。

（5）使用 SUMIF 函数，计算各种商品的采购总量和采购总金额，将结果保存在 Sheet1 中的“统计表”相应位置。具体操作步骤如下：

1）选中 J12 单元格，输入公式“=SUMIF($A$11:$B$43,I12,$B$11:$B$43)”，按 Enter 键，则 J12 单元格显示计算结果。

2）双击 J12 单元格右下角的填充柄，复制公式到 J13:J14 单元格，完成填充。

3）选中 K12 单元格，输入公式“=SUMIF($A$11:$F$43,I12,$F$11:$F$43)”，按 Enter 键，则 K12 单元格显示计算结果。

4）双击 K12 单元格右下角的填充柄，复制公式到 K13:K14 单元格，完成填充。

步骤 3：Sheet2 工作表数据管理

（1）选中 Sheet1 工作表中的“采购表”，右击选择“复制”选项。

（2）切换到 Sheet2 工作表，选中 A1 单元格，右击选择“选择性粘贴”选项，在子菜单中选择“粘贴值和数字格式”选项。

（3）选中数据区域的任意单元格，单击“数据”选项卡中的“自动筛选”按钮，所有列标题单元格的右侧自动显示“筛选”按钮，单击“采购数量”右侧的“筛选”按钮，在弹出的列表中单击“数字筛选”按钮，在弹出的菜单中选择“大于”选项，如图 8-6 所示。

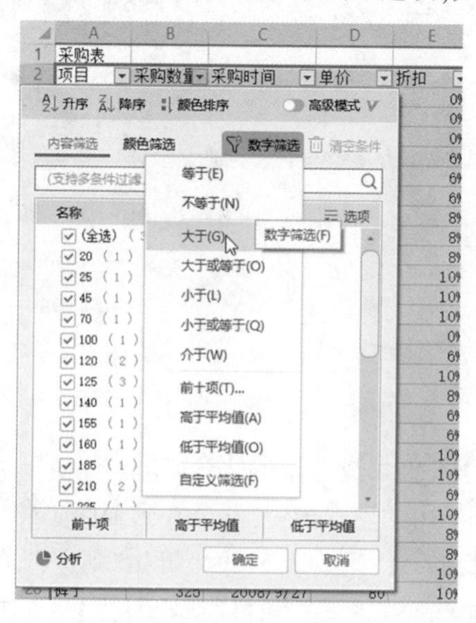

图 8-6　数字筛选

(4)弹出“自定义自动筛选方式”对话框,在“大于”后面的列表框里输入“150”,如图8-7所示。

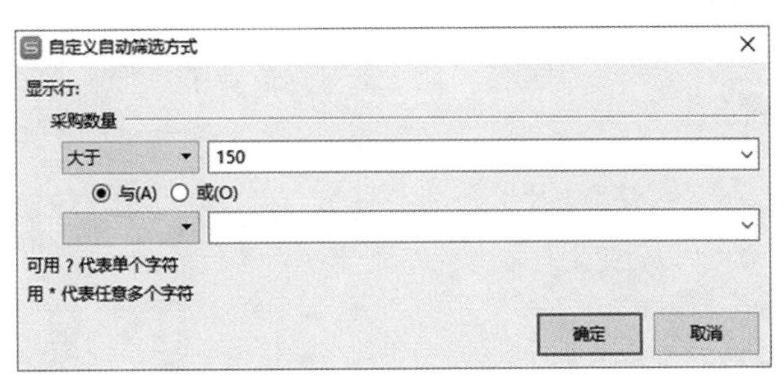

图8-7 “自定义自动筛选方式”对话框

(5)单击“确定”按钮,此时表格中只显示采购数量>150的数据,如图8-8所示。

	A	B	C	D	E	F
1	采购表					
2	项目	采购数量	采购时间	单价	折扣	合计
7	裤子	185	2008/2/5	80	6%	13,912.00
9	衣服	225	2008/3/14	120	8%	24,840.00
10	裤子	210	2008/3/14	80	8%	15,456.00
11	鞋子	260	2008/3/14	150	8%	35,880.00
12	衣服	385	2008/4/30	120	10%	41,580.00
13	裤子	350	2008/4/30	80	10%	25,200.00
14	鞋子	315	2008/4/30	150	10%	42,525.00
17	鞋子	340	2008/5/15	150	10%	45,900.00
18	衣服	265	2008/6/24	120	8%	29,256.00
21	衣服	320	2008/7/10	120	10%	34,560.00
22	裤子	400	2008/7/10	80	10%	28,800.00
24	衣服	385	2008/8/19	120	10%	41,580.00
25	裤子	275	2008/8/19	80	8%	20,240.00
26	鞋子	240	2008/8/19	150	8%	33,120.00
27	衣服	360	2008/9/27	120	10%	38,880.00
28	裤子	325	2008/9/27	80	10%	23,400.00
30	衣服	295	2008/10/24	120	8%	32,568.00
31	裤子	155	2008/10/24	80	6%	11,656.00
32	鞋子	210	2008/10/24	150	8%	28,980.00
33	衣服	395	2008/11/4	120	10%	42,660.00
34	裤子	160	2008/11/4	80	6%	12,032.00
35	鞋子	275	2008/11/4	150	8%	37,950.00
36						

图8-8 采购数量>150的筛选结果

(6)单击“折扣”单元格右侧的“筛选”按钮,在弹出的列表中单击“数字筛选”按钮,在弹出的菜单中选择“大于”选项,弹出“自定义自动筛选方式”对话框,在“大于”后面的列表框中输入“0”,单击“确定”按钮,此时表格中只显示采购数量>150,折扣>0的数据。

步骤4:Sheet3工作表数据管理

(1)打开sheet3工作表,选中任意单元格,单击“插入”选项卡中的“数据透视图”按钮,弹出“创建数据透视图”对话框,在“请选择单元格区域”选择“Sheet1!$A$10:$F$43”,单击“确定”按钮,则Sheet3工作表中显示数据透视表和数据透视图,同时出现“数据透视图”任务窗格。

(2)在“字段”列表中拖动“采购时间”到“数据透视图区域”的“轴(类别)”列表中,将“采购数量”拖动到“值”列表中,完成数据透视图的创建,效果如图8-9所示。

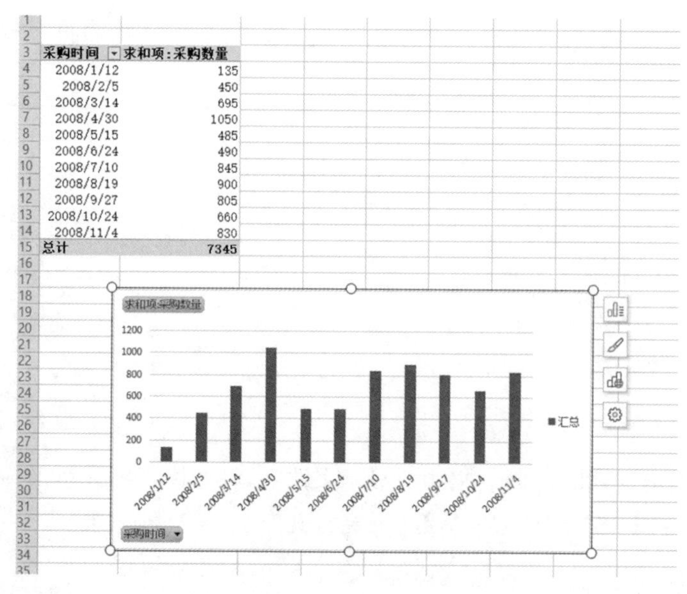

图 8-9　数据透视表和数据透视图

三、知识拓展

1. ROUND( )函数

ROUND( )函数的功能是将指定的数值按指定的位数进行四舍五入,格式为 ROUND(数值,小数位数),"数值"是需要进行四舍五入的数字;"小数位数"为制定的位数,按此位数进行四舍五入,如果"小数位数"大于 0,则四舍五入到制定的小数位;如果"小数位数"等于零,则四舍五入到最接近的整数;如果"小数位数"小于 0,则在小数点左侧进行四舍五入。

2. VLOOKUP( )函数

VLOOKUP( )函数是一个垂直查找函数,它的功能是在指定区域的第一列中搜索某个值,返回该区域第 N 列上对应的值,格式为 VLOOKUP(查找值,数据表,列序数,匹配条件)。"查找值"为需要在数据表第一列中查找的数值,它可以为数值、引用或文本字符串,当 VLOOKUP 函数第一参数省略查找值时,表示用 0 查找。"数据表"为待查找的区域,使用对区域或区域名称的引用。"列序数"为在数据表中查找数据的数据列序号,当"列序数"为"1"时,返回数据表第一列的数据;当"列序数"为"2"时,返回数据表第二列的数值,以此类推。"匹配条件"为一个逻辑值,指明函数 VLOOKUP 查找时是精确匹配,还是近似匹配,如果为 FALSE 或 0,则返回精确匹配;如果找不到,则返回错误值#N/A;如果为 TRUE 或 1,函数 VLOOKUP 将查找近似匹配值。也就是说,如果找不到精确匹配值,则返回小于"查找值"的最大数值;如果"匹配条件"省略,则默认为近似匹配。

3. IF( )函数

IF( )函数的功能是判断是否满足某个条件,如果满足,返回一个值;如果不满足则返回另一个值,格式为IF(测试条件,真值,假值)。"测试条件"表示计算结果为TRUE或FALSE的任意值或表达式;"真值"表示当判断条件为逻辑TRUE时的显示内容,如忽略,则返回TRUE;"假值"表示当判断条件为逻辑FALSE时的显示内容,如果忽略,返回FALSE。

4. SUMIF()函数

SUMIF()函数的功能是根据指定条件对若干单元格、区域或引用求和,格式为SUMIF(区域,条件,求和区域)。"区域"表示用于条件判断的单元格区域;"条件"表示由数字、逻辑表达式等组成的判定条件;"求和区域"表示需要求和的单元格、区域或引用。

思考与练习

(1)理解ROUND()、VLOOKUP()、IF()、SUMIF()函数各参数的含义及使用。

(2)理解高级筛选操作步骤。

(3)尝试完成数据透视表(图)操作步骤,各内容对象设置等。

任务二十五　WPS表格二级实训2

根据二级考试大纲中有关WPS表格的内容要求,掌握Excel(或WPS表格)的基础理论知识以及高级应用技术,能够熟练操作工作簿、工作表,熟练使用函数和公式,能够运用Excel(或WPS表格)内置工具进行数据分析,能够对外部数据进行导入导出等。完成本任务,学会工作表的使用、单元格的使用、函数和公式的使用、数据分析等。

一、任务说明及要求

(1)在Sheet4的A1单元格中设置为只能录入5位数字或文本。当录入位数错误时,提示错误原因,样式为"警告",错误信息为"只能录入5位数字或文本"。

(2)在Sheet4的B1单元格中输入公式,判断当前年份是否为闰年,结果为TRUE或FALSE。闰年定义:年数能被4整除而不能被100整除,或者能被400整除的年份。

(3)使用HLOOKUP函数,对Sheet1"停车情况记录表"中的"单价"列进行填充。根据Sheet1中的"停车价目表"价格,使用HLOOKUP函数对"停车情况记录表"中的"单价"列根据不同的车型进行填充,函数中如果需要用到绝对地址请使用绝对地址进行计算,其他方式无效。

(4)在Sheet1中,使用数组公式计算汽车在停车库中的停放时间。计算方法为"停放时间=出库时间-入库时间",格式为"小时:分钟:秒",例如:1小时15分12秒在停放时间中的表示为:“1:15:12”,将结果保存在“停车情况记录表”中的“停放时间”列中。

(5)使用函数公式,对“停车情况记录表”的停车费用进行计算。根据 Sheet1 停放时间的长短计算停车费用,将计算结果填入“停车情况记录表”的“应付金额”列中,停车按小时收费,对于不满 1 个小时的按照 1 个小时计费;对于超过整点小时数 15 分钟(包含 15 分钟)的多累积 1 个小时,例如 1 小时 23 分将以 2 小时计费。

(6)使用统计函数,对 Sheet1 中的“停车情况记录表”根据下列条件进行统计。统计停车费用大于等于 40 元的停车记录条数,并将结果保存在 J8 单元格中;统计最高的停车费用,并将结果保存在 J9 单元格中。

(7)将 Sheet1 中的“停车情况记录表”复制到 Sheet2 中,对 Sheet2 进行高级筛选。筛选条件为:“车型”-小汽车,“应付金额”>=30;将结果保存在 Sheet2 中,操作过程中无需考虑是否删除筛选条件;复制过程中,将标题项“停车情况记录表”连同数据一同复制;复制数据表后,粘贴时,数据表必须顶格放置。

(8)根据 Sheet1 中的“停车情况记录表”,创建一个数据透视图,保存在 Sheet3 中。显示各种车型所收费用的汇总;x 坐标设置为“车型”;求和项为“应付金额”;将对应的数据透视表保存在 Sheet3 中。

二、任务解决及步骤

步骤 1:Sheet4 工作表数据管理

(1)打开文件“素材—停车情况记录表”,选择 Sheet4 工作表。

(2)选中 A1 单元格,单击“数据”选项卡中的“有效性”下拉按钮,在下拉菜单中选择“有效性”选项,弹出“数据有效性”对话框。

(3)切换到“设置”选项卡,在“允许”下拉列表中选择“文本长度”,“数据”下拉列表选择“等于”,“数值”文本框中输入“5”,如图 8-10 所示。

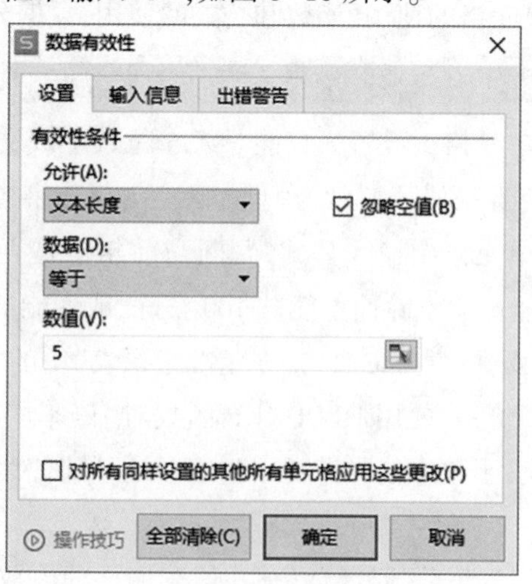

图 8-10 设置数据有效性条件

(4)切换到“出错警告”选项卡,“样式”下拉列表选择“警告”,在“错误信息”文本框中输入“只能录入5位数字或文本”,如图8-11所示。

(5)单击“确定”按钮。当在A1单元格中输入不是5位的数字或文本时,将出现出错警告,如图8-12所示。

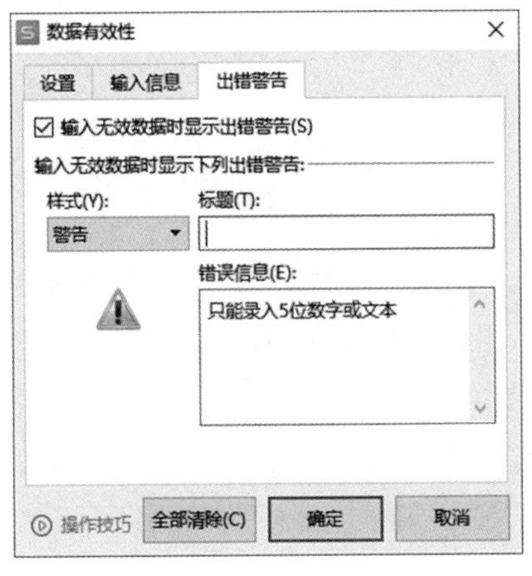

图8-11　设置出错警告

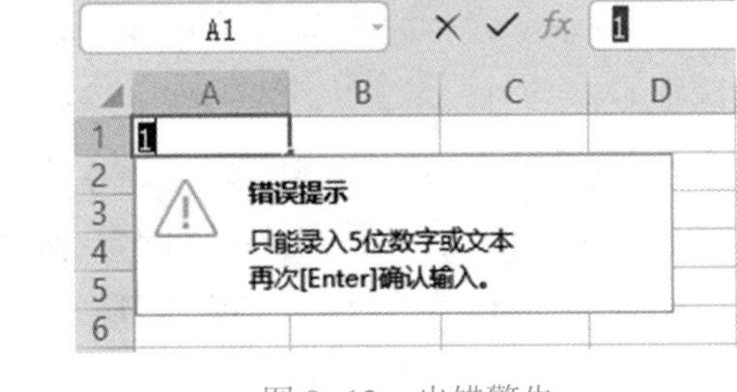

图8-12　出错警告

(6)选中B1单元格,输入公式“=IF((MOD(YEAR(TODAY()),400)=0)+(MOD(YEAR(TODAY()),4)=0)*MOD(YEAR(TODAY()),100),"TRUE","FALSE")”,按Enter键,B1单元格显示函数计算结果。

步骤2:Sheet1工作表数据管理

(1)使用HLOOKUP函数对Sheet1“停车情况记录表”中的“单价”列进行填充,具体操作步骤如下:

1)选中C9单元格,单击“公式”选项卡中的“查找与引用”按钮,在下拉菜单中选择“HLOOKUP”选项,弹出“函数参数”对话框,“查找值”选择“B9”,“数据表”选择“$A$2:$C$3”,“行序号”输入“2”,“匹配条件”输入“0”,如图8-13所示。

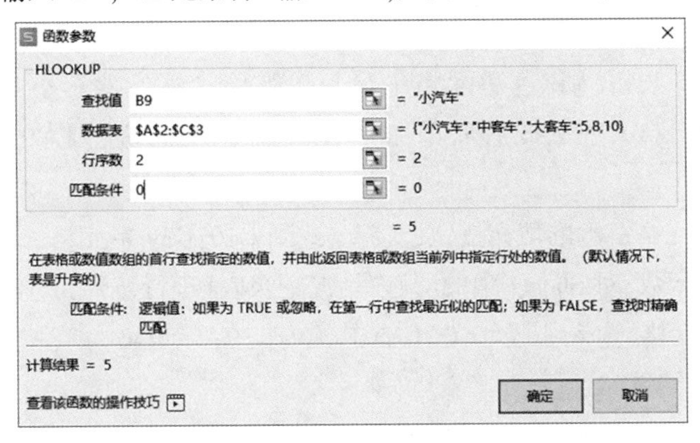

图8-13　“函数参数”对话框

2)单击“确定”按钮,则 C9 单元格显示函数计算结果。

3)双击 C9 单元格右下角的填充按钮,复制公式到 C10:C39 单元格,完成填充。

(2)在 Sheet1 中,使用数组公式计算汽车在停车库中的停放时间,具体操作步骤如下:

1)选中 F9:F39 单元格,输入公式“=E9:E39-D9:D39”,按下【Ctrl+Shift+Enter】组合键,则 F9:F39 单元格中显示计算结果。

2)选中 F9:F39 单元格,右击在快捷菜单中选择“设置单元格格式”对话框,设置数字格式为“时间”,类型为“小时:分钟:秒”。

(3)使用函数公式,对“停车情况记录表”的停车费用进行计算,具体操作步骤如下:

1)选中 G9 单元格,单击“公式”选项卡中的“逻辑”按钮,在下拉菜单中选择“IF”选项,弹出“函数参数”对话框,“测试条件”输入“HOUR(F9)<1”,“真值”输入“1”,将光标移动到“假值”文本框,单击界面最左侧的 IF 函数,代表再插入一个 IF 函数,弹出一个“函数参数”对话框,“测试条件”输入“MINUTE(F9)<15”,“真值”输入“HOUR(F9)”,“假值”输入“HOUR(F9)+1”,如图 8-14 所示。

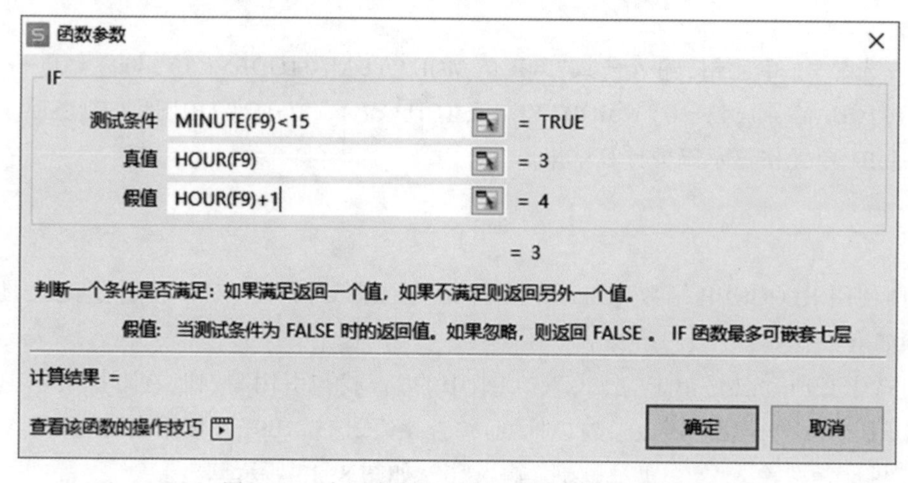

图 8-14　内层嵌套 IF 函数“函数参数”对话框

2)单击“确定”按钮,则 G9 单元格中显示出需要计算的停车小时数,在编辑栏中显示 G9 单元格的公式,在公式后面添加“＊C9”,按 Enter 键,则 G9 单元格显示停车费用。

3)双击 G9 单元格右侧的填充按钮,复制公式到 G10:G39 单元格,完成填充。

(4)使用统计函数,对 Sheet1 中的“停车情况记录表”进行统计,具体操作步骤如下:

1)选中 J8 单元格,输入公式“=COUNTIF(G9:G39,">=40")”,按 Enter 键,则 J8 单元格显示函数计算结果“4”。

2)选中 J9 单元格,输入公式“=MAX(G9:G39)”,按 Enter 键,则 J9 单元格显示函数计算结果“50”。

“停车情况记录表”的最终效果如图 8-15 所示。

统计情况	统计结果
停车费用大于等于40元的停车记录条数:	4
最高的停车费用:	50

图 8-15 “停车情况记录表”的最终效果

步骤 3:Sheet2 工作表数据管理

(1)打开 Sheet1 工作表,选中整个“停车情况记录表”,右击在快捷菜单中选择“复制”选项。

(2)打开 Sheet2 工作表,选中 A1 单元格,右击在快捷菜单中选择“选择性粘贴”选项,在子菜单中选择“粘贴值和数字格式”选项,则“停车情况记录表”被复制到 Sheet2 工作表中。

(3)选中“停车情况记录表”中的任意单元格,单击“数据”选项卡中的“自动筛选”按钮,则所有列标题单元格的右侧自动显示“筛选”按钮。

(4)单击“车型”单元格右侧的“筛选”按钮,在弹出的列表中,单击“内容筛选”按钮,在“名称”列表框中选中“小汽车”复选框,单击“确定”按钮,此时表格只显示与“小汽车”相关的停车数据。

(5)单击“应付金额”单元格右侧的“筛选”按钮,在弹出的列表中,单击“数字筛选”按钮,在弹出的菜单中选择“大于或等于”选项,弹出“自定义自动筛选方式”对话框,在“大于或等于”后面的文本框中输入“30”,如图 8-16 所示。

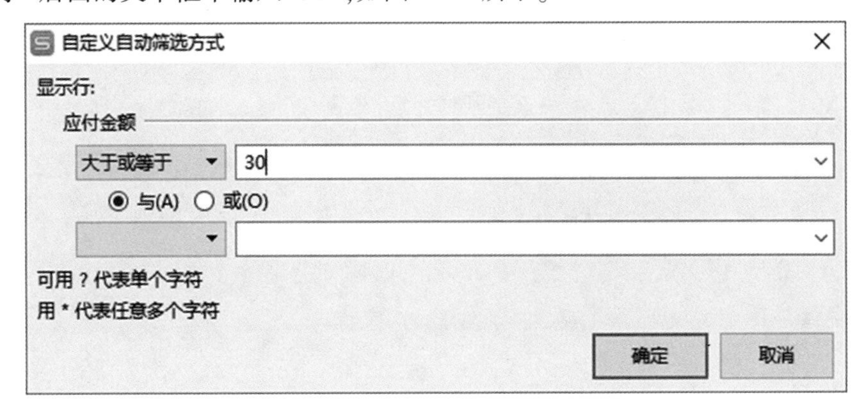

图 8-16 “自定义自动筛选方式”对话框

(6)单击“确定”按钮,此时表格只显示“车型”为“小汽车”,“应付金额”大于等于 30 的相关数据,如图 8-17 所示。

	A	B	C	D	E	F	G
1	停车情况记录表						
2	车牌号	车型	单价	入库时间	出库时间	停放时间	应付金额
6	浙A66871	小汽车	5	9:30:49	15:13:48	5:42:59	30
19	浙A56587	小汽车	5	15:35:42	21:36:14	6:00:32	30
34							

图 8-17　数据筛选结果

步骤 4:Sheet3 工作表数据管理

(1)打开 Sheet3 工作表,选中 A1 单元格,单击“插入”选项卡中的“数据透视图”按钮,弹出“创建数据透视图”对话框,“请选择单元格区域”选择 Sheet1！$A$8:$G$39。

(2)单击“确定”按钮,在 Sheet3 中插入数据透视图,在“数据透视图”任务窗格中,将“车型”字段拖至“轴(类别)”区域,将“应付金额”拖至“值”区域,如图 8-18 所示。

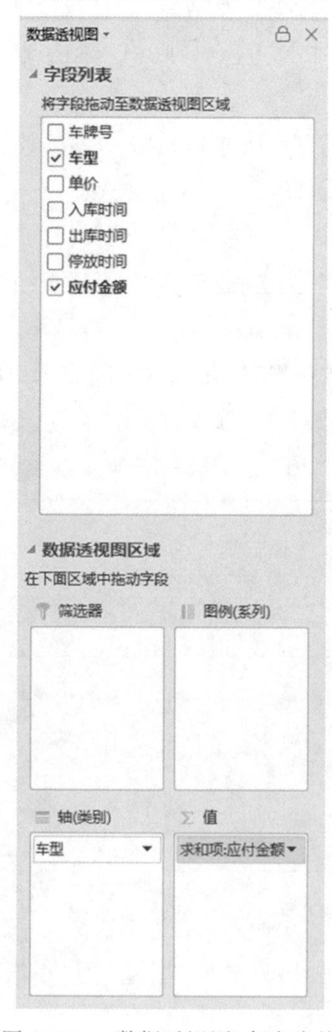

图 8-18　“数据透视图”任务窗格

(3)此时即可生成数据透视表和数据透视图,如图 8-19 所示。

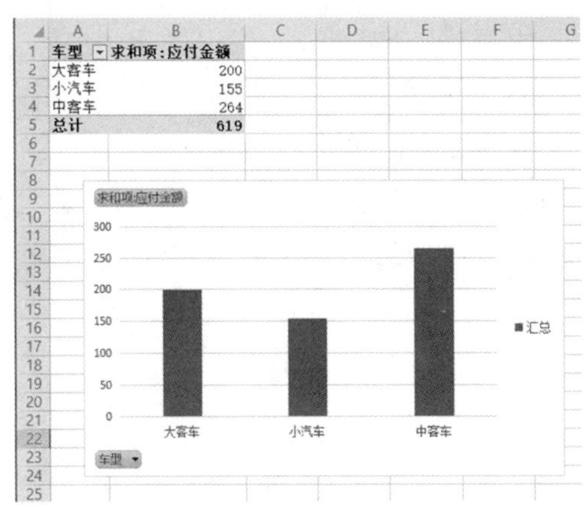

图 8-19 数据透视表和数据透视图效果

三、知识拓展

1. 数据有效性

设置数据有效性,可对单元格或单元格区域输入的数据从内容到范围进行限制。对于符合条件的数据,允许输入;不符合条件的数据,则禁止输入,可防止输入无效数据。

2. 判断是否为闰年

闰年是为了弥补因人为历法规定造成的年度天数与地球实际公转周期的时间差而设立的。补上时间差的年份,即有闰日的年份为闰年。公历闰年判定遵循的规律为:4 年一闰,百年不闰,400 年再闰,用函数实现的方法是:能被 4 整除而不能被 100 整除,或者能被 400 整除。

3. HLOOKUP( )函数

HLOOKUP( )函数是 WPS 表格中的横向查找函数,它与 VLOOKUP( )函数属于一类函数,它的功能是在表格或数值数组的首行查找指定的数值,并返回表格或数组中指定行的同一列的数值。HLOOKUP( )函数的格式为 HLOOKUP(查找值,数据库,行序号,匹配条件)。“查找值”表示需要在数据表首行进行搜索的值,可以是数值、引用单元格或字符串。“数据表”表示需要在其中搜索数据的文本、数据或逻辑值表,可以是区域或区域名的引用。“行序号”表示满足条件的单元格在数据表中的行序号,表中第一行序号为 1。“匹配条件”是一逻辑值,如果为 TRUE 或忽略,在第一行中查找最近似的值进行匹配;如果为 FALSE,查找时精确匹配。

4. 数组

数组是指一组数据,数组元素可以是数值、文本、日期、逻辑值或错误值。数组元素以行和列的形式组织起来,构成一个数据矩阵。在 WPS 表格中,根据构成元素的不同,可以把数组分为常量数组和单元格区域数组。

常量数组可以同时包含多种数据类型。它用{ }将数组的常量括起来,行中的元素用

“,”分隔;列中的元素用“;”分隔。数组常量不能包含其他数组、公式或函数。另外,数值不能包含百分号、货币符号、逗号或圆括号。

单元格区域数组是通过对一组连续的单元格区域进行引用而得到的数组。例如,在数组公式中{A1:B4}是一个4行2列的单元格区域数组。

当数组进行运算时,要求两个数组具有相同的维数,如果是二维数组还要求两数组的行数相同,列数也相同。如果参与运算的两个数据的维数不同、行数不同或列数不同,WPS表格会对数据的维数和行列进行扩展,以满足上述的要求进行运算。

思考与练习

(1)简述数据有效性及其应用。

(2)简述闰年编程逻辑思路。

(3)理解 HLOOKUP()函数各参数的含义及使用。

任务二十六　WPS 表格二级实训 3

根据二级考试大纲中有关 WPS 表格的内容要求,掌握 Excel(或 WPS 表格)的基础理论知识以及高级应用技术,能够熟练操作工作簿、工作表,熟练使用函数和公式,能够运用 Excel(或 WPS 表格)内置工具进行数据分析,能够对外部数据进行导入导出等。完成本任务,学会工作表的使用、单元格的使用、函数和公式的使用、数据分析等。

一、任务说明及要求

(1)在 Sheet5 中使用多个函数组合,计算 A1~A10 中奇数的个数,结果存放在 B1 单元格。

(2)在 Sheet1 中,使用条件格式将“语文”列中数据大于 80 的单元格中字体的颜色设置为红色、加粗显示。

(3)使用数组公式,根据 Sheet1 中的数据,计算总分和平均分,将计算结果保存到表中的“总分”列和“平均分”列。

(4)使用函数,根据 Sheet1 中的“总分”列对每个同学排名情况进行统计,并将排名结果保存到表中的“排名”列当中。(若有相同排名,返回最佳排名)

(5)使用逻辑函数,判断 Sheet1 中每个同学的每门功课是否均高于全班单科平均分。如果是,保存结果为 TRUE;否则,保存结果为 FALSE。将结果保存在表中的“优等生”列。

(6)根据 Sheet1 中的结果,使用统计函数,统计“数学”考试成绩各个分数段的同学人数,将统计结果保存到 Sheet2 中的相应位置。

(7)将 Sheet1 复制到 Sheet3 中,并对 Sheet3 进行高级筛选。筛选条件:“语文”>=75,“数学”>=75,“英语”>=75,“总分”>=250,将结果保存在 Sheet3 中,操作过程无需考虑是否删除筛选条件,复制数据表后,粘贴时数据表必须顶格放置。

(8)根据 Sheet1 中的结果,在 Sheet4 中创建一张数据透视表。显示是否为优等生的学生人数汇总情况;行区域设置为“优等生”,数据区域设置为“优等生”,计数项为优等生。

二、任务解决及步骤

步骤 1:Sheet5 工作表数据管理

(1)打开文件“素材-成绩单”,选择 Sheet5 工作表。

(2)选中 B1 单元格,输入公式“=SUMPRODUCT(MOD(A1:A10,2))”,按 Enter 键,则 B1 单元格显示函数计算结果“6”。

步骤 2:Sheet1 工作表数据管理

(1)在 Sheet1 中,使用条件格式将“语文”列中数据大于 80 的单元格中字体的颜色设置为红色、加粗显示,具体操作步骤如下:

1)打开 Sheet1 工作表,选中 C2:C39 单元格,单击“开始”选项卡中的“条件格式”按钮,在下拉菜单中选择“突出显示单元格规则”选项,在子菜单中选择“大于”,如图 8-20 所示。

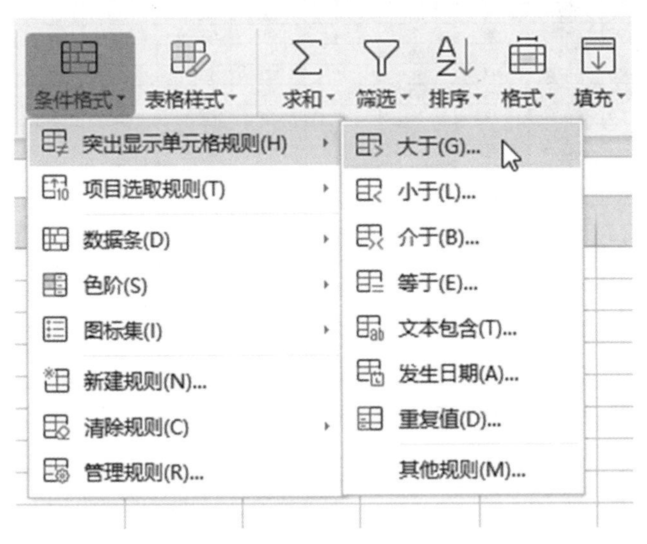

图 8-20 “突出显示单元格规则”下拉菜单

2)弹出“大于”对话框,在“为大于以下值的单元格设置格式”文本框中输入“80”,在“设置为”下拉列表中选择“自定义格式”选项,如图 8-21 所示。

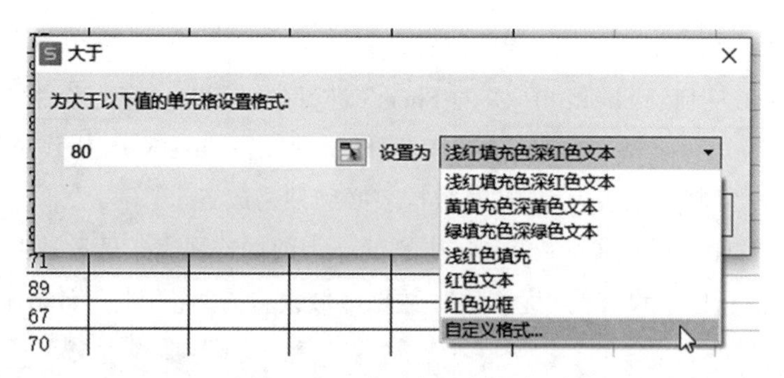

图 8-21 选择“自定义格式”

3)弹出“单元格格式”对话框,设置“字体”为“粗体”“红色”,单击“确定”按钮。

4)返回“大于”对话框,单击“确定”按钮,则“语文”列中数据大于 80 的单元格中字体红色、加粗显示。

(2)使用数组公式,根据 Sheet1 中的数据计算总分和平均分,将计算结果保存到表中的“总分”列和“平均分”列,具体操作步骤如下:

1)选中 F2:F39 单元格,输入公式“=C2:C39+D2:D39+E2:E39”,按【Ctrl+Shift+Enter】组合键,则 F2:F39 单元格显示数组计算结果。

2)选中 G2:G39 单元格,输入公式“=(C2:C39+D2:D39+E2:E39)/3”,按【Ctrl+Shift+Enter】组合键,则 G2:G39 单元格显示数组计算结果。

工作表计算结果如图 8-22 所示。

	A	B	C	D	E	F	G	H	I	J
1	学号	姓名	语文	数学	英语	总分	平均	排名	优等生	
2	20041001	毛莉	75	85	80	240	80.00			
3	20041002	杨青	68	75	64	207	69.00			
4	20041003	陈小鹰	58	69	75	202	67.33			
5	20041004	陆东兵	**94**	90	91	275	91.67			
6	20041005	闻亚东	**84**	87	88	259	86.33			
7	20041006	曹吉武	72	68	85	225	75.00			
8	20041007	彭晓玲	**85**	71	76	232	77.33			
9	20041008	傅珊珊	**88**	80	75	243	81.00			
10	20041009	钟争秀	78	80	76	234	78.00			
11	20041010	周旻璐	**94**	87	82	263	87.67			
12	20041011	柴安琪	60	67	71	198	66.00			
13	20041012	吕秀杰	**81**	83	87	251	83.67			
14	20041013	陈华	71	84	67	222	74.00			
15	20041014	姚小玮	68	54	70	192	64.00			
16	20041015	刘晓瑞	75	85	80	240	80.00			
17	20041016	肖凌云	68	75	64	207	69.00			
18	20041017	徐小君	58	69	75	202	67.33			
19	20041018	程俊	**94**	89	91	274	91.33			
20	20041019	黄威	**82**	87	88	257	85.67			
21	20041020	钟华	72	64	85	221	73.67			
22	20041021	郎怀民	**85**	71	70	226	75.33			
23	20041022	谷金力	**87**	80	75	242	80.67			
24	20041023	张南玲	78	64	76	218	72.67			
25	20041024	邓云	80	87	82	249	83.00			
26	20041025	贾丽娜	60	68	71	199	66.33			
27	20041026	万基莹	**81**	83	89	253	84.33			
28	20041027	吴冬玉	75	84	67	226	75.33			
29	20041028	项文双	68	50	70	188	62.67			
30	20041029	徐华	75	85	81	241	80.33			

图 8-22 工作表计算结果效果

(3)使用函数,根据 Sheet1 中的“总分”列对每个同学排名情况进行统计,并将排名结果保存到表中的“排名”列当中,具体操作步骤如下:

1)选中 H2 单元格,单击“公式”选项卡中的“其他函数”按钮,在下拉菜单中选择“统计”选项,在子菜单中选择“RANK”选项。

2)弹出“函数参数”对话框,“数值”选择“F2”,“引用”选择“$F$2:$F$39”,“排位方式”输入“0”,如图 8-23 所示。

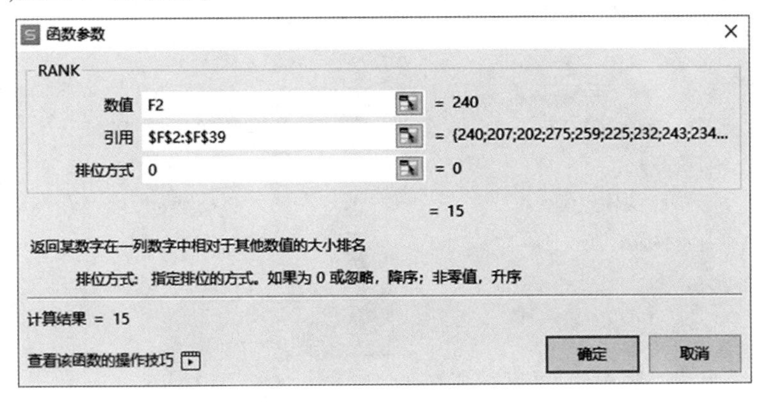

图 8-23 “参数函数”对话框

3)单击“确定”按钮,H2 单元格显示函数计算结果。

4)双击 H2 单元格右下角的填充柄,复制公式到 H3:H39 单元格,完成填充。

(4)使用逻辑函数,判断 Sheet1 中每个同学的每门功课是否均高于全班单科平均分,具体操作步骤如下:

1)选中 I2 单元格,单击“公式”选项卡中的“逻辑”按钮,在下拉菜单中选择“IF”选项。

2)弹出“函数参数”对话框,“测试条件”输入“(C2>AVERAGE($C$2:$C$39))*(D2>AVERAGE($D$2:$D$39))*(E2>AVERAGE($E$2:$E$39))”,“真值”输入“"TRUE"”,“假值”输入“"FALSE"”,如图 8-24 所示。

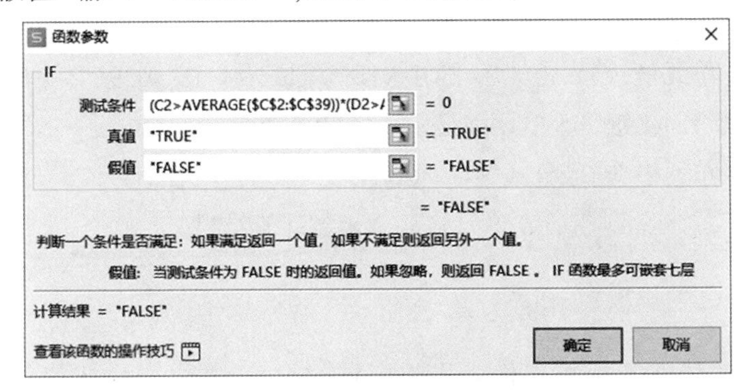

图 8-24 “函数参数”对话框

3)单击“确定”按钮,I2 单元格中显示函数计算结果。

4)双击 I2 单元格右下角的填充柄,复制公式到 I3:I39 单元格,完成填充。

步骤 3:Sheet2 工作表数据管理

(1)打开 Sheet2 工作表,选中 B2 单元格,单击“公式”选项卡中的“其他函数”按钮,在下拉菜单中选择“统计”,在子菜单中选择“COUNTIFS”选项。

(2)弹出“函数参数”对话框,“区域 1”选择“Sheet1! D2:D39”,“条件 1”输入“>=0”,“区域 2”选择“Sheet1! D2:D39”,“条件 2”输入“<20”,如图 8-25 所示。

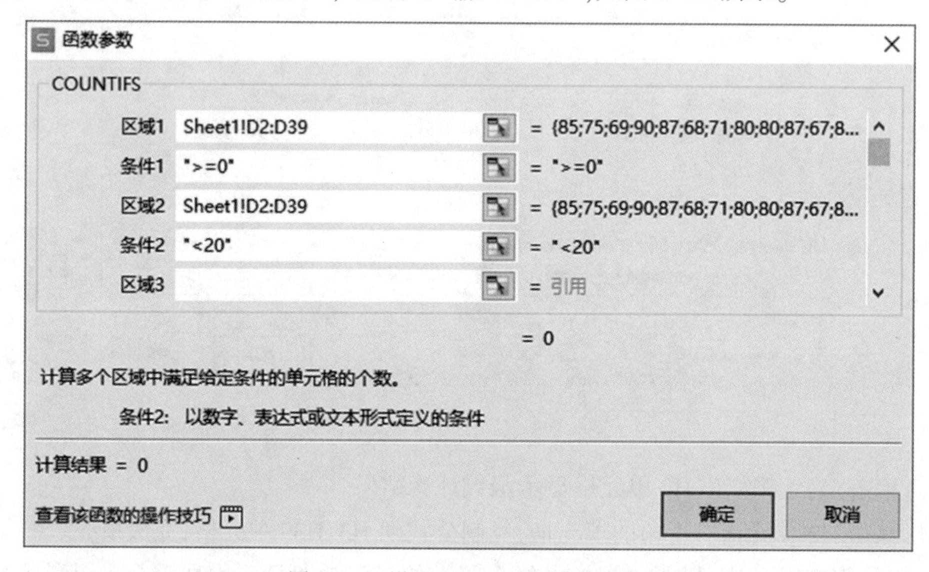

图 8-25 设置 COUNTIFS 函数参数

(3)单击“确定”按钮,B2 单元格显示函数计算结果。

(4)选中 B3 单元格,根据以上方法,输入公式“=COUNTIFS(Sheet1! D2:D39,">=20",Sheet1! D2:D39,"<40")”,按 Enter 键,B3 单元格显示函数计算结果。

(5)选中 B4 单元格,输入公式“=COUNTIFS(Sheet1! D2:D39,">=40",Sheet1! D2:D39,"<60")”,按 Enter 键,B4 单元格显示函数计算结果。

(6)选中 B5 单元格,输入公式“=COUNTIFS(Sheet1! D2:D39,">=60",Sheet1! D2:D39,"<80")”,按 Enter 键,B5 单元格显示函数计算结果。

(7)选中 B6 单元格,输入公式“=COUNTIFS(Sheet1! D2:D39,">=80",Sheet1! D2:D39,"<=100")”,按 Enter 键,B6 单元格显示函数计算结果。

步骤 4:Sheet3 工作表数据管理

(1)将光标放置在 Sheet1 工作表操作区域左上角,右击在快捷菜单中选择“复制”选项。

(2)打开 Sheet3 工作表,将光标放置在工作表操作区域左上角,右击在快捷菜单中选择“粘贴”选项,则 Sheet1 工作表被完整地复制到 Sheet3 工作表中。

(3)选中 A42 单元格，输入文字“筛选条件：”。

(4)选中 A43 单元格，输入文字“数学”，参照以上方法，分别在 B43、C43、D43 单元格中输入文字“语文”“英语”“总分”。

(5)选中 A44 单元格，输入“>=75”，参照以上方法，分别在 B44、C44、D44 单元格中输入“>=75”“>=75”“>=250”。输入效果如图 8-26 所示。

42	筛选条件：			
43	数学	语文	英语	总分
44	>=75	>=75	>=75	>=250
45				

图 8-26　输入筛选条件

(6)单击“数据”选项卡中“筛选”组右下角的“高级筛选”按钮，如图 8-27 所示。

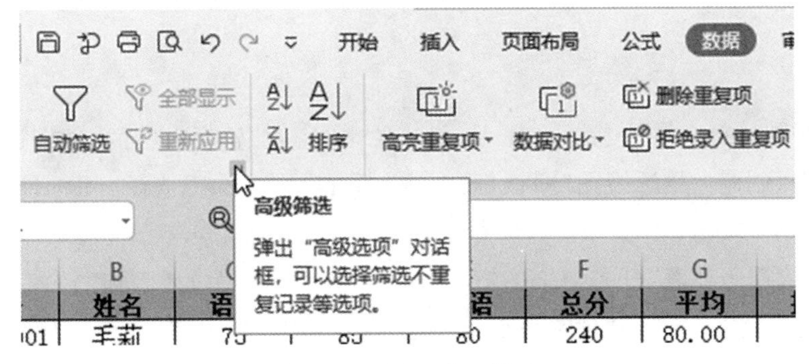

图 8-27　选择“高级筛选”

(7)弹出“高级筛选”对话框，在“方式”区域选择“在原有区域显示筛选结果”，“列表区域”选择“Sheet3！$C$1:$F$39”，“条件区域”选择“Sheet3！$A$43:$D$44”，如图 8-28 所示。

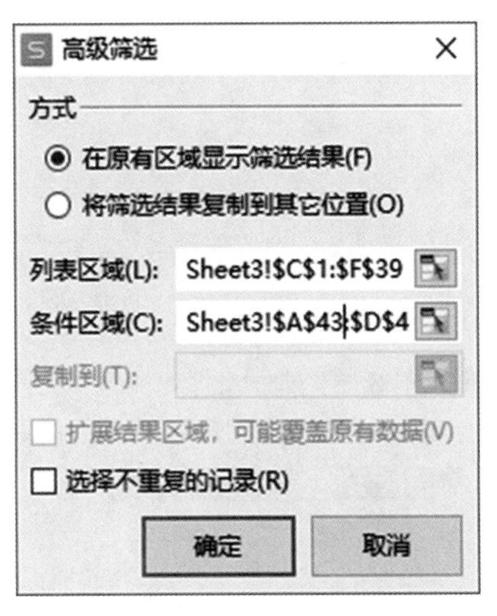

图 8-28　“高级筛选”对话框

(8)单击“确定”按钮,筛选结果如图 8-29 所示。

	A	B	C	D	E	F	G	H	I
1	学号	姓名	语文	数学	英语	总分	平均	排名	优等生
5	20041004	陆东兵	94	90	91	275	91.67	1	TRUE
6	20041005	闻亚东	84	87	88	259	86.33	5	TRUE
11	20041010	周昊璐	94	87	82	263	87.67	4	TRUE
13	20041012	吕秀杰	81	83	87	251	83.67	10	TRUE
19	20041018	程俊	94	89	91	274	91.33	2	TRUE
20	20041019	黄威	82	87	88	257	85.67	7	TRUE
27	20041026	万基莹	81	83	89	253	84.33	9	TRUE
33	20041032	赵援	94	90	88	272	90.67	3	TRUE
34	20041033	罗颖	84	87	83	254	84.67	8	TRUE
39	20041038	张立娜	94	82	82	258	86.00	6	TRUE
40									
41									
42	筛选条件:								
43	数学	语文	英语	总分					
44	>=75	>=75	>=75	>=250					
45									

图 8-29 高级筛选结果

步骤 5:Sheet4 工作表数据管理

(1)打开 Sheet4 工作表,选中 A1 单元格,单击“插入”选项卡中的“数据透视表”按钮。

(2)弹出“创建数据透视图”对话框,“请选择单元格区域”选择“Sheet1!$A$1:$I$39”,单击“确定”按钮。

(3)从“数据透视表”任务窗格的“字段列表”中拖动“优等生”到“行”区域,再从“字段列表”中拖动“优等生”到“值”区域,值字段汇总方式设置为“计数项”,如图 8-30 所示。

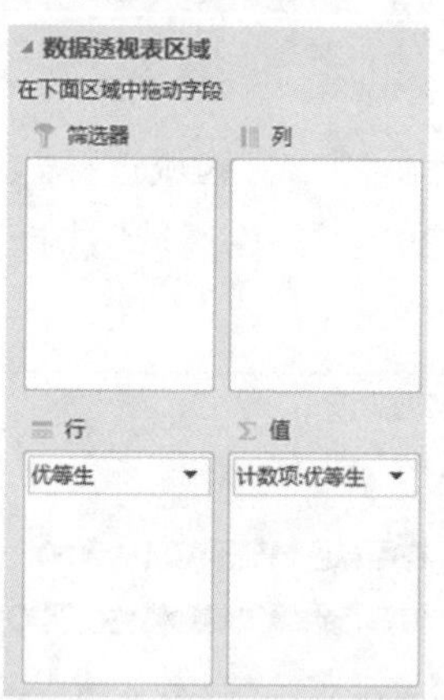

图 8-30 设置数据透视表区域

(4)完成后的数据透视表如图 8-31 所示。

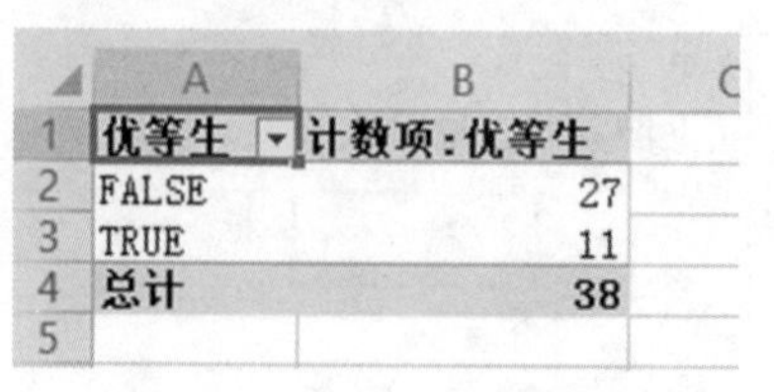

	A	B
1	优等生	计数项:优等生
2	FALSE	27
3	TRUE	11
4	总计	38
5		

图 8-31 数据透视表最终效果图

三、知识拓展

1. 条件格式

条件格式用于将数据表中满足制定条件的数据以特定格式显示出来。在 WPS 表格中使用条件格式,可以在工作表中突出显示关注的单元格或单元格区域,强调异常值,使用数据条、色阶和图标集等可以更直观地显示数据。

(1)突出显示单元格规则。选定的单元格区域的值满足大于、小于、介于、等于、文本包含、发生日期、重复值等条件时,设置相应的填充或文字或边框的格式,以突出显示某些单元格,也可在此设置自定义规则。

(2)项目选取规则。选定的单元格区域的值满足最大前 n 项、最大前 n%、最小前 n 项、最小前 n%、高于平均值、低于平均值等条件时,设置相应的填充或文字或边框的格式,以突出显示某些单元格。

(3)数据条。数据条可用于查看某个单元格相对于其他单元格的值。数据条的长度代表单元格中的值,数据条越长,表示值越高;数据条越短,表示值越低。

(4)色阶。使用色阶样式根据列数据的大小不同可以形成颜色的深浅渐变。

(5)图标集。使用图标集可以对数据进行注释,并可以按大小将数值分为 3~5 个类别,每个图标集代表一个数值范围,有“方向”“形状”“标记”“等级”等不同类型的图标集。

2. COUNTIF( )函数和 COUNTIFS( )函数

COUNTIF( )函数和 COUNTIFS( )函数都是计数函数。COUNTIF( )函数的功能是统计某个单元格区域中符合指定条件的单元格个数,格式为 COUNTIF(区域,条件),“区域”表示要统计的单元格区域;“条件”表示指定的条件表达式。例如,在 C17 单元格中输入公式“=COUNTIF(B1:B13,">=80")”,确认后即可统计出 B1:B13 单元格区域中数值大于等于 80 的单元格数目。COUNTIFS( )函数的功能是统计符合多个指定条件的单元格个数,格式为 COUNTIFS(区域 1,条件 1,区域 2,条件 2,…),“区域 1”表示要统计的单元格区域,“条件 1”表示指定的条件表达式,“区域 2,条件 2,…”表示可选的参数,是附加的区域及其关联条件。最多允许 127 个区域/条件对。每一个附加区域都必须与参数“区域 1”具有相同的行数和列数。这些区域可以不相邻。

3. RANK( )函数

RANK( )函数是排名函数,它的功能是求出一个数值在一个区域中排序的位置。它的格式是 RANK(数值,引用,排序方式)。“数值”是必需的参数,可以是一个数值或单元格的引用。“引用”必须是一个数组或单元格区域包含的数值型数据。“排序方式”是可选的参数,如果省略该参数,或者将它分配 0(零),则返回 number 在“引用”中降序排列的位置;如果为该参数分配任何非零值,则“数值”在“引用”中的排名按升序排列。

思考与练习

(1)条件格式知识扩展。

(2)理解统计函数各参数的含义及使用。

(3)理解排名函数各参数的含义及使用。

任务二十七　WPS 表格二级实训 4

根据二级考试大纲中有关 WPS 表格的内容要求,掌握 Excel(或 WPS 表格)的基础理论知识以及高级应用技术,能够熟练操作工作簿、工作表,熟练使用函数和公式,能够运用 Excel(或 WPS 表格)内置工具进行数据分析,能够对外部数据进行导入导出等。完成本任务,学会工作表的使用、单元格的使用、函数和公式的使用、数据分析等。

一、任务说明及要求

(1)在 Sheet5 中设定 A 列中不能输入重复的数值。

(2)在 Sheet1 中,使用条件格式将“瓦数”列中数据小于 100 的单元格中字体颜色设置为红色、加粗显示。

(3)使用数组公式,计算 Sheet1“采购情况表”中的每种产品的采购总额,将结果保存到表中的“采购总额”列。计算公式为“采购总额=单价 * 每盒数量 * 采购盒数”。

(4)根据 Sheet1 中的“采购情况表”,使用数据库函数及已设置的条件区域,计算以下情况的结果。计算商标为上海、瓦数小于 100 的白炽灯的平均单价,并将结果填入 Sheet1 的 G25 单元格,保留小数 2 位;计算产品为白炽灯、瓦数大于等于 80 且小于等于 100 的品种数,并将结果填入 Sheet1 的 G26 单元格。

(5)某公司对各个部门员工吸烟情况进行统计,作为人力资源搭配的一个数据依据。对于调查对象,只能回答 Y(吸烟)或者 N(不吸烟)。根据调查情况,制作出 Sheet2 中的“吸烟情况调查表”。使用函数,统计符合以下条件的数值。统计未登记的部门数,将结果保存在 B14 单元格中;统计在登记的部门中吸烟的部门个数,将结果保存在 B15 单元格中。

(6)使用函数,对 Sheet2 中的 B21 单元格中的内容进行判断,判断其是否为文本,如果是,单元格填充为“TRUE”;如果不是,单元格填充为“FALSE”,并将结果保存在 Sheet2 中的 B22 单元格当中。

(7)将 Sheet1 中的“采购情况表”复制到 Sheet3 中,对 Sheet3 进行高级筛选。筛选条件为:“产品为白炽灯,商标为上海”;将结果保存在 Sheet3 中。无需考虑是否删除或移动筛选条件;复制过程中,将标题项“采购情况表”连同数据一同复制;复制数据表后,粘贴时数据表必须顶格放置。

(8)根据 Sheet1 中的“采购情况表”,在 Sheet4 中创建一张数据透视表。显示不同商标的不同产品的采购数量;行区域设置为“产品”,列区域设置为“商标”,数据区域为“采购盒数”,求和项为“采购盒数”。

二、任务解决及步骤

步骤 1:在 Sheet5 中设定 A 列中不能输入重复的数值

(1)打开文件“素材—灯具采购.et”,选择 Sheet5 工作表。

(2)选中 A 列,单击“数据”选项卡中的“拒绝录入重复项”按钮,在下拉菜单中选择“设置”选项,如图 8-32 所示。

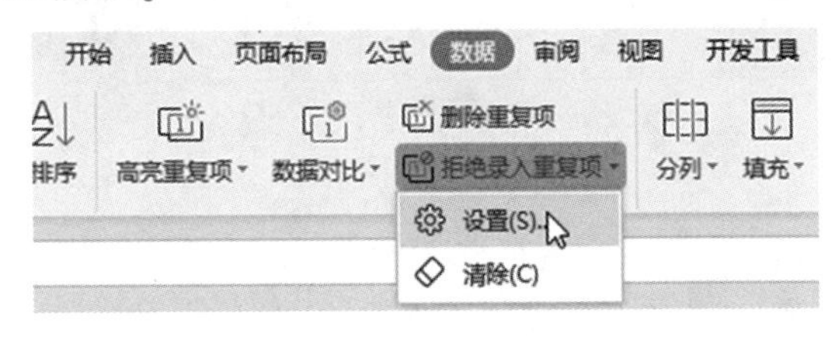

图 8-32 设置“拒绝录入重复项”

(3)弹出“拒绝重复输入”对话框,在文本框中显示已经选择好的 A 列“=$ A:$ A”,如图 8-33 所示。

(4)单击“确定”按钮。在 A1 单元格中输入“1”,然后在 A2 单元格中输入“1”,出现“拒绝重复输入”警告窗口,如图 8-34 所示。

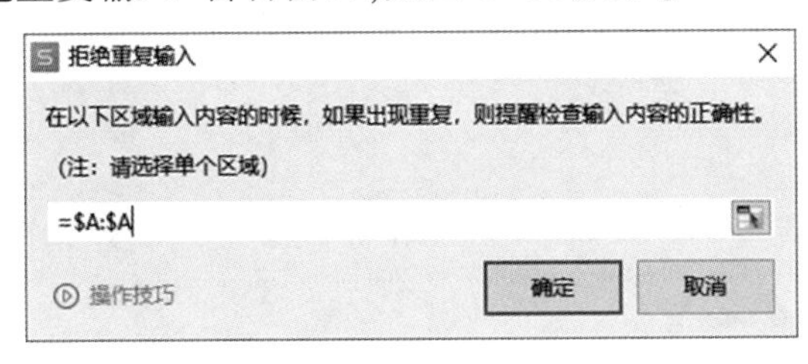

图 8-33 “拒绝重复输入”对话框

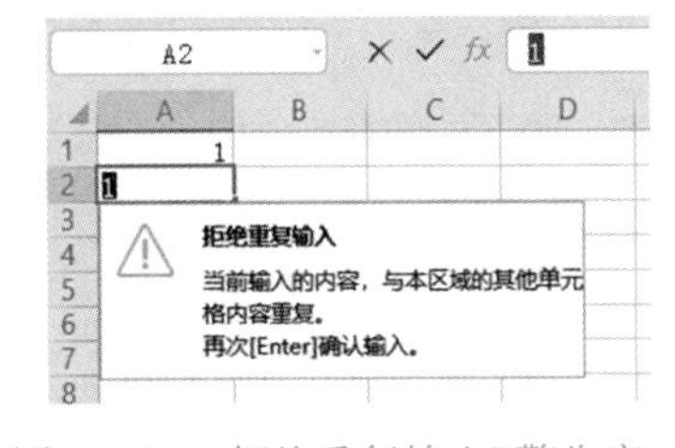

图 8-34 “拒绝重复输入”警告窗口

步骤 2:Sheet1 工作表数据管理

(1)打开 Sheet1 工作表,选中 B3:B18 单元格,单击“开始”选项卡中的“条件格式”按钮,在下拉菜单中选择“突出显示单元格规则”选项,在子菜单中选择“小于”选项。

(2)弹出“小于”对话框,在“为小于以下值的单元格设置格式”文本框中输入“100”,“设置为”下拉列表框选择“自定义格式”。

(3)弹出“单元格格式”对话框,字体设置为“粗体”“红色”,单击“确定”按钮。

(4)返回“小于”对话框,单击“确定”按钮,“瓦数”列中小于 100 的单元格中字体颜色设置为红色、粗体显示。

(5)选中 H3:H18 单元格,输入公式“ = E3:E18 * F3:F18 * G3:G18”,同时按下【Ctrl+Shift+Enter】组合键,则 H3:H18 单元格显示计算结果,如图 8-35 所示。

H3 {=E3:E18*F3:F18*G3:G18}

采购情况表							
产品	瓦数	寿命(小时)	商标	单价	每盒数量	采购盒数	采购总额
白炽灯	200	3000	上海	4.50	4	3	54.00
氖管	100	2000	上海	2.00	15	2	60.00
日光灯	**60**	3000	上海	2.00	10	5	100.00
其他	**10**	8000	北京	0.80	25	6	120.00
白炽灯	**80**	1000	上海	0.20	40	3	24.00
日光灯	100	未知	上海	1.25	10	4	50.00
日光灯	200	3000	上海	2.50	15	0	0.00
其他	**25**	未知	北京	0.50	10	3	15.00
白炽灯	200	3000	北京	5.00	3	2	30.00
氖管	100	2000	北京	1.80	20	5	180.00
白炽灯	100	未知	北京	0.25	10	5	12.50
白炽灯	**10**	800	上海	0.20	25	2	10.00
白炽灯	**60**	1000	北京	0.15	25	0	0.00
白炽灯	**80**	1000	北京	0.20	30	2	12.00
白炽灯	100	2000	上海	0.80	10	5	40.00
白炽灯	40	1000	上海	0.10	20	5	10.00

图 8-35 使用数组公式计算采购总额

(6)选中 G25 单元格,单击“公式”选项卡中的“插入函数”按钮,在“或选择类别”下拉列表中选择“数据库”,在“选择函数”列表中选择“DAVERAGE”,如图 8-36 所示。

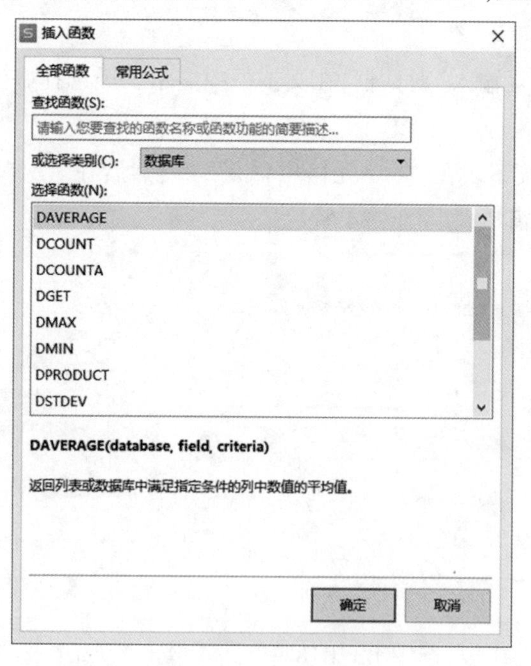

图 8-36 “插入函数”对话框

(7)单击“确定”按钮,弹出“函数参数”对话框,“数据库区域”选择“A2:H18”,“操作域”选择“单价”列标签“E2”,“条件”选择“J4:L5”,如图 8-37 所示。

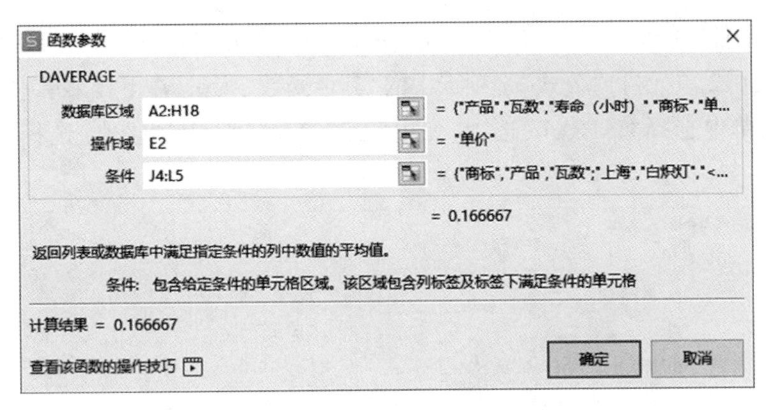

图 8-37　设置 DAVERAGE 函数参数

(8)单击“确定”按钮,在 G25 单元格中显示计算结果。

(9)选中 G25 单元格,右击在快捷菜单中选择“设置单元格格式”选项,弹出“单元格格式”对话框,设置“数字”为“数值”,小数位数为“2”。

(10)单击“确定”按钮,G25 单元格中的数值保留小数 2 位。

(11)选中 G26 单元格,单击“公式”选项卡中的“插入函数”按钮,在“或选择类别”下拉列表中选择“数据库”,在“选择函数”列表中选择“DCOUNT”,单击“确定”按钮,弹出“函数参数”对话框,“数据库区域”选择“A2:H18”,“操作域”选择“瓦数”列标签“B2”,“条件”选择“J9:L10”,单击“确定”按钮,在 G26 单元格中显示计算结果。

步骤 3:Sheet2 工作表数据管理

(1)打开 Sheet2 工作表,选中 B14 单元格,单击“公式”选项卡中的“其他函数”按钮,在下拉菜单中选择“统计”选项,在子菜单中选择“COUNTBLANK”选项,弹出“函数参数”对话框,“区域”选择“B3:E12”,如图 8-38 所示。

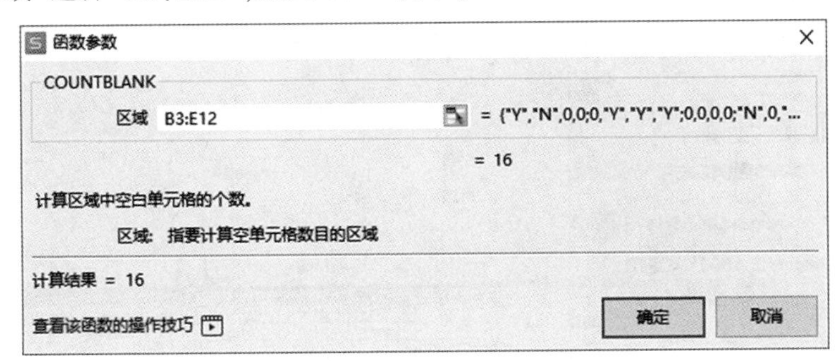

图 8-38　设置 COUNTBLANK 函数参数

(2)单击“确定”按钮,B14 单元格显示函数计算结果。

(3)选中 B15 单元格,单击“公式”选项卡中的“其他函数”按钮,在下拉菜单中选择“统计”选项,在子菜单中选择“COUNTIF”选项,弹出“函数参数”对话框,“区域”选择

“B3:E12”,“条件”输入“"Y"”,单击“确定”按钮,B15 单元格显示函数计算结果。

(4)选中 B22 单元格,“公式”选项卡中的“其他函数”按钮,在下拉菜单中选择“信息”选项,在子菜单中选择“ISTEXT”选项,弹出“函数参数”对话框,“值”选择“B21”,如图 8-39 所示。

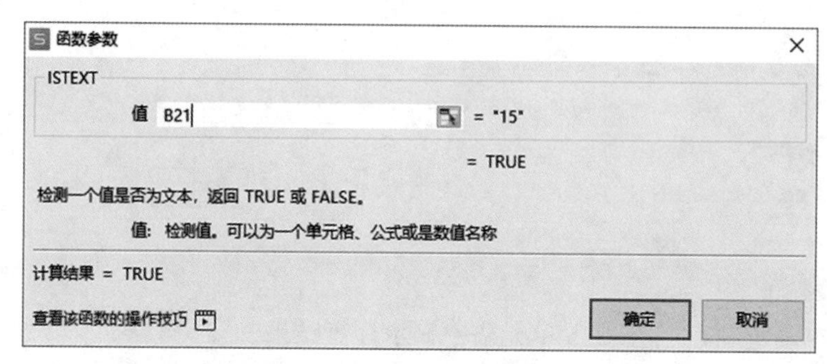

图 8-39　设置 ISTEXT 函数参数

(5)单击“确定”按钮,B22 单元格显示函数计算结果。

步骤 4:Sheet3 工作表数据管理

(1)复制 Sheet1 工作表中的“采购情况表”整个表格,粘贴到 Sheet3 工作表中,顶格放置。

(2)在 B21 和 C21 单元格分别输入文字“产品”和“商标”,B22 单元格输入“白炽灯”,C22 单元格输入“上海”。

(3)单击“数据”选项卡“筛选”组右下角的“高级筛选”按钮,弹出“高级筛选”对话框。

(4)选中“在原有区域显示筛选结果”单选框,“列表区域”选择“Sheet3! $A$2:$H$18”,“条件区域”选择“Sheet3! $B$21:$C$22”,如图 8-40 所示。

(5)单击“确定”按钮,Sheet3 工作表中显示筛选结果,如图 8-41 所示。

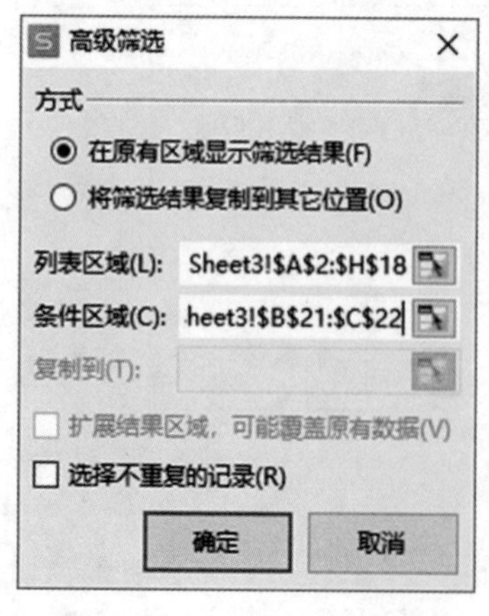

图 8-40　“高级筛选”对话框

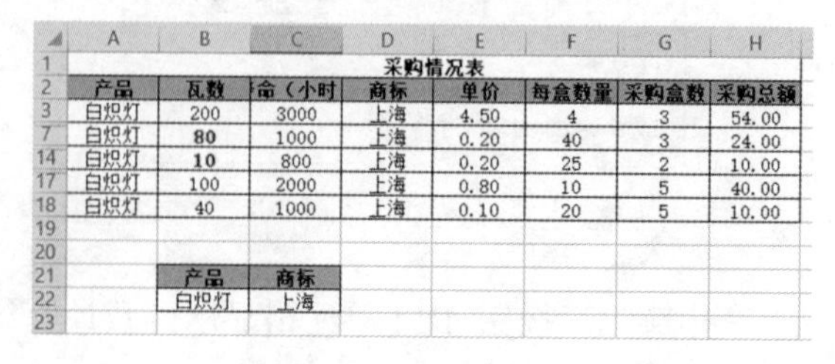

	A	B	C	D	E	F	G	H
1	采购情况表							
2	产品	瓦数	命(小时	商标	单价	每盒数量	采购盒数	采购总额
3	白炽灯	200	3000	上海	4.50	4	3	54.00
7	白炽灯	80	1000	上海	0.20	40	3	24.00
14	白炽灯	10	800	上海	0.20	25	2	10.00
17	白炽灯	100	2000	上海	0.80	10	5	40.00
18	白炽灯	40	1000	上海	0.10	20	5	10.00
19								
20								
21		产品	商标					
22		白炽灯	上海					
23								

图 8-41　筛选结果

步骤 5:Sheet4 工作表数据管理

(1)打开 Sheet4 工作表,选中 A1 单元格,单击“插入”选项卡中的“数据透视表”按钮。

(2)弹出“创建数据透视表”对话框,“请选择单元格区域”选择“Sheet1! $A$2:$H$18”,单击“确定”按钮,在 Sheet4 工作表中显示数据透视表的基本框架。

(3)在“数据透视表”任务窗格的“字段列表”中,拖动“产品”到“数据透视表区域”的“行”区域,拖动“商标”到“列”区域,拖动“采购盒数”到“值”区域,设置值字段汇总方式为“求和”,如图 8-42 所示。

(4)设置完成后,工作表中显示的数据透视表效果如图 8-43 所示。

图 8-42　设置数据透视表区域

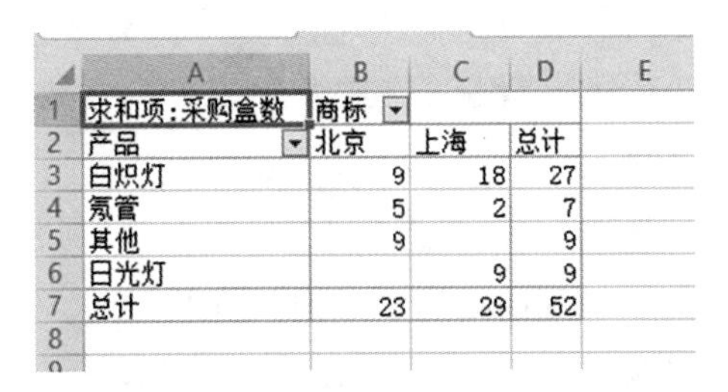

	A	B	C	D	E
1	求和项:采购盒数	商标			
2	产品	北京	上海	总计	
3	白炽灯	9	18	27	
4	氖管	5	2	7	
5	其他	9		9	
6	日光灯		9	9	
7	总计	23	29	52	
8					

图 8-43　数据透视表效果图

三、知识拓展

当需要分析数据清单中的数值是否符合特定条件时,需要使用数据库函数。WPS 表格中共有 12 个数据库函数,这些函数均有 3 个相同的参数:数据库区域、操作域和条件,这些参数指向数据库函数所使用的工作表区域。其中,“数据库区域”表示工作表上包含数据清单的区域;“操作域”表示需要汇总的列的标志;“条件”表示工作表上包含指定条件的区域。

思考与练习

理解数据库函数各参数的含义及使用。

任务二十八　WPS 长文档排版

根据二级考试大纲中有关 WPS 文字内容要求，要求能够设置版面（纸张大小、版心），页眉页脚（内容及格式、页码设置），页面分节（分节、奇偶页不同、各节页眉页脚及页面设置不同），样式设置创建和修改样式，使用样式，项目符号和编号，插入脚注、尾注，题注（编辑题注和标签）和交叉引用，目录和索引的创建和更新，域的插入和更新，常用域操作（目录、页码、自动章节页眉），批注和修订的使用，审阅的使用，邮件合并，模板的编辑和应用，分别以综合排版和单项操作组织学习。

一、任务说明及要求

（1）对正文进行排版：

1）使用多级编号对章名、小节名进行自动编号，代替原始的编号。要求章号的自动编号格式为第 X 章（例：第 1 章），其中 X 为自动排序，阿拉伯数字序号，对应级别 1，居中显示。小节名自动编号格式为 X.Y，X 为章数字序号，Y 为节数字序号（例：1.1），X，Y 均为阿拉伯数字序号，对应级别 2，左对齐显示。

2）新建样式，样式名为“样式”+ 学号后五位。设置中文字体为“楷体”，西文字体为“Times New Roman”，字号为“小四”；段落首行缩进 2 字符，段前 0.5 行，段后 0.5 行，行距 1.5 倍；两端对齐；其余格式采用默认设置。

3）对正文中的图添加题注“图”，位于图下方，居中，要求编号为“章序号”-“图在章中的序号”，（例如第 1 章中第 2 幅图，题注编号为 1-2）。图的说明使用图下一行的文字，格式同编号，图居中。

4）对正文中出现“如下图所示”中的“下图”两字，使用交叉引用，改为“图 X-Y”，其中“X-Y”为图题注的编号。

5）对正文中的表添加题注“表”，位于表上方，居中，编号为“章序号”-“表在章中的序号”（例如第 1 章中第 1 张表，题注编号为 1-1），表的说明使用表上一行的文字，格式同编号，表居中，表内文字不要求居中。

6）对正文中出现“如下表所示”中的“下表”两字，使用交叉引用，改为“表 X-Y”，其中“X-Y”为表题注的编号。

7）对正文中首次出现“西湖龙井”的地方插入脚注。添加文字“西湖龙井茶加工方法独特，有十大手法”。

8）将 2）中的新建样式应用到正文中无编号的文字。不包括章名、小节名、表文字、表和图的题注、脚注。

(2)在正文前按序插入三节,使用 Word 提供的功能,自动生成如下内容:

1)第 1 节:目录。其中“目录”使用样式“标题 1”,并居中;“目录”下为目录项。

2)第 2 节:图索引。其中“图索引”使用样式“标题 1”,并居中;“图索引”下为图索引项。

3)第 3 节:表索引。其中“表索引”使用样式“标题 1”,并居中;“表索引”下为表索引项。

(3)使用适合的分节符,对正文进行分节。添加页脚,插入页码,居中显示。要求:

1)正文前的节,页码采用“i,ii,iii…”格式,页码连续。

2)正文中的节,页码采用“1,2,3…”格式,页码连续。

3)正文中每章为单独一节,页码总是从奇数开始。

4)更新目录、图索引和表索引。

(4)添加正文的页眉。使用域,按要求添加内容,居中显示。奇数页,页眉中的文字为“章序号 章名”(例如:第 1 章 ×××)。偶数页,页眉中的文字为“节序号 节名”(例如:1.1 ×××)。

二、任务解决及步骤

步骤 1:对正文进行排版

(1)使用多级编号对章名、小节名进行自动编号,代替原始的编号,具体操作步骤如下:

1)打开文件“素材—长文档排版.wps”,单击“视图”选项卡中的“导航窗格”按钮,在下拉菜单中选择“靠左”,如图 8-44 所示,WPS 文稿中靠左显示导航窗格。

2)按下【Ctrl+A】组合键,选中整个 WPS 文稿,单击“开始”选项卡中的“新样式”按钮,在下拉菜单中选择“清除格式”选项,如图 8-45 所示,则 WPS 文稿中的标题样式被清除。

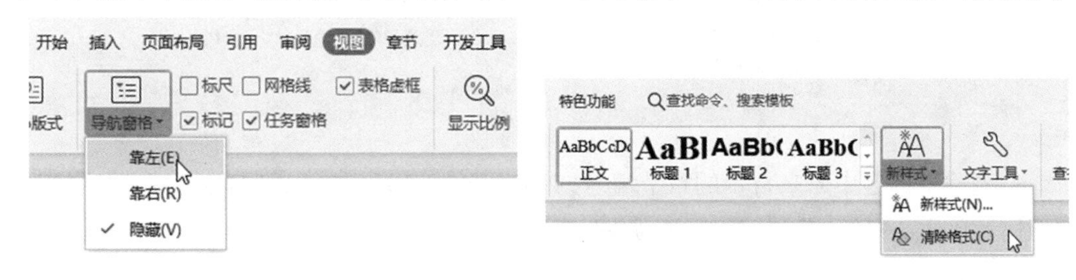

图 8-44　显示导航窗格

图 8-45　清除样式

3)将光标放在章标题“第一章 浙江旅游概述”前面,单击“开始”选项卡中的“编号”下拉按钮,在下拉列表的“多级编号”区域选择一种最接近题目要求的编号样式,如图8-46所示。此时章标题变为“多级编号”中指定的样式,如图 8-47 所示。

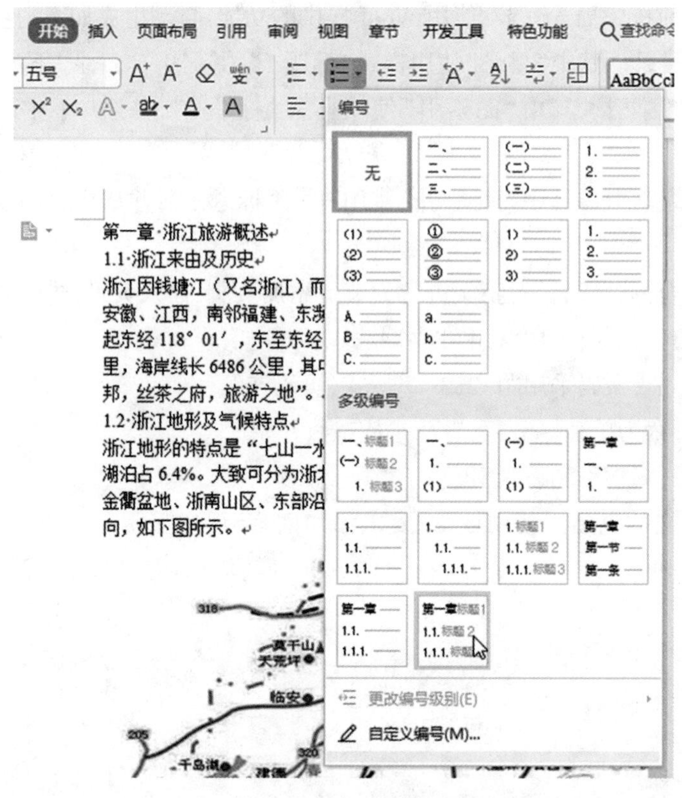

图 8-46　选择合适的多级编号

·第一章·第一章·浙江旅游概述

1.1·浙江来由及历史

浙江因钱塘江（又名浙江）而得名。它位于我国长江三角洲的南翼，北接江苏、上海，西连安徽、江西，南邻福建、东濒东海。地理坐标南起北纬 27° 12′，北到北纬 31° 31′，西起东经 118° 01′，东至东经 123° 。陆地面积 10.18 万平方公里，海区面积 22.27 万平方公里，海岸线长 6486 公里，其中大陆海岸线长 1840 公里。浙江素被称为“鱼米之乡，文物之邦，丝茶之府，旅游之地”。

图 8-47　章标题样式

4) 删除章标题中原来自带的章节编号，右击“开始”选项卡“样式”列表中的“标题 1”，在下拉菜单中选择“修改样式”选项，如图 8-48 所示。

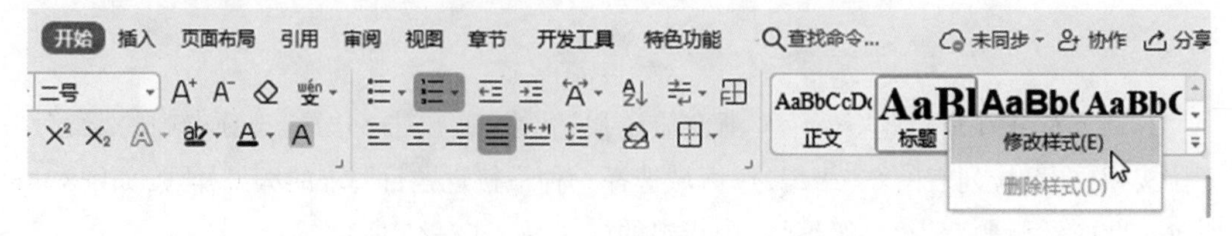

图 8-48　选择“修改样式”选项

5)弹出“修改样式”对话框,单击“格式”按钮,在下拉菜单中选择“编号”选项,弹出“项目符号和编号”对话框,如图 8-49 所示。

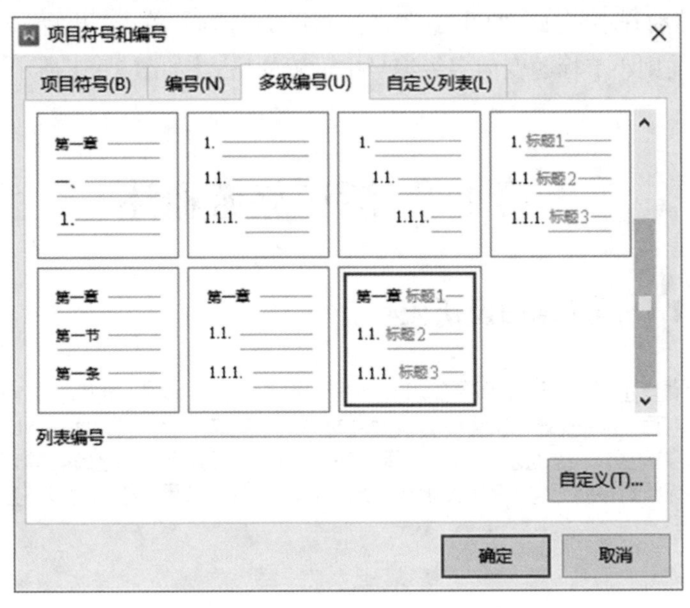

图 8-49 “项目符号和编号”对话框

6)单击“自定义”按钮,弹出“自定义多级编号列表”对话框,在“编号样式”下拉列表框中选择“1,2,3,…”,如图 8-50 所示。

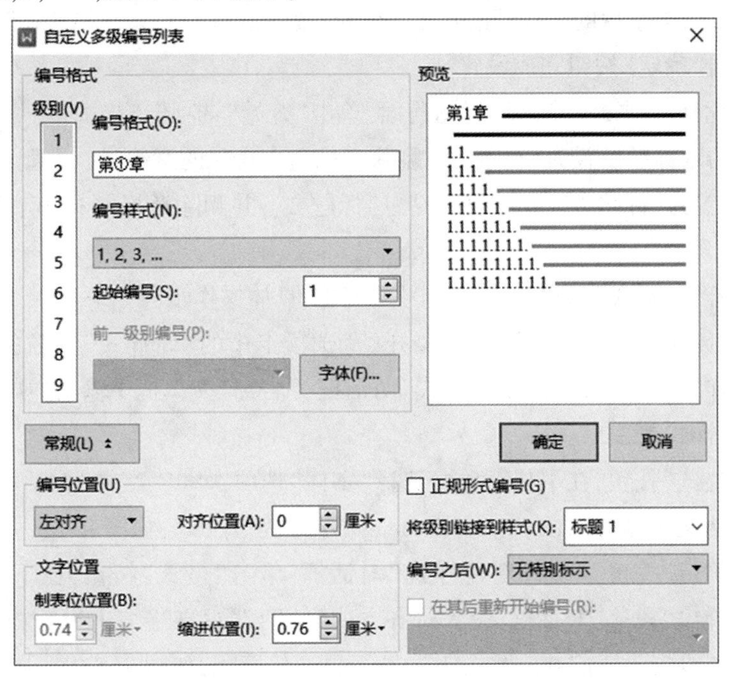

图 8-50 “自定义多级编号列表”对话框

7)单击“确定”按钮,返回“修改样式”对话框,设置标题居中,单击“确定”按钮,标题 1 设置完成。

8)将光标移动到小节标题“1.1 浙江来由及历史”前面,单击“开始”选项卡“样式”列表中的“标题 2”,则小节标题变为多级编号中设置的格式,如图 8-51 所示。

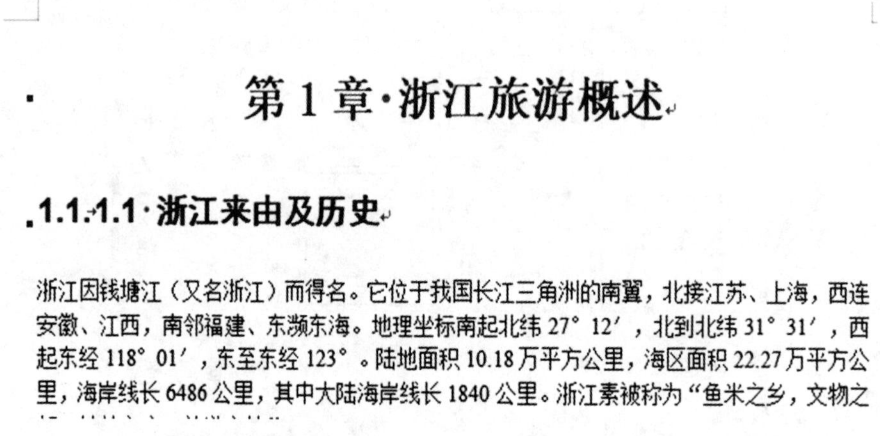

第 1 章·浙江旅游概述

1.1.1.1·浙江来由及历史

浙江因钱塘江(又名浙江)而得名。它位于我国长江三角洲的南翼,北接江苏、上海,西连安徽、江西,南邻福建、东濒东海。地理坐标南起北纬 27° 12′,北到北纬 31° 31′,西起东经 118° 01′,东至东经 123° 。陆地面积 10.18 万平方公里,海区面积 22.27 万平方公里,海岸线长 6486 公里,其中大陆海岸线长 1840 公里。浙江素被称为“鱼米之乡,文物之

图 8-51 设置节标题为标题 2

9)删除节标题中自带的小节编号,右击“开始”选项卡“样式”列表中的“标题 1”,在下拉菜单中选择“修改样式”选项,打开“修改样式”对话框,单击“格式”按钮,在下拉菜单中选择“编号”选项,单击“自定义”按钮,在“自定义多级编号列表”对话框的“编号格式”文本框中,将第 2 个数字后的“.”删除,单击“确定”按钮,返回“修改样式”对话框,设置标题靠左对齐,单击“确定”按钮完成设置。

10)将光标移动到第二章的章标题前面,单击“开始”选项卡“样式”组中的“标题 1”按钮,则第二章的章标题设置为“标题 1”,删除章标题中自带的章编号。参照以上方法,将剩余的章标题设置为“标题 1”,节标题设置为“标题 2”,并删除章标题和小节标题中自带的编号。

(2)新建样式,样式名为“样式”+学号后五位,具体操作步骤如下:

1)将光标放在第一段正文前,单击“开始”选项卡中的“新样式”下拉按钮,在下拉菜单中选择“新样式”选项,弹出“新建样式”对话框,“名称”文本框中输入“样式”+学号后五位,这里输入“样式 12345”。

2)单击“格式”按钮,在下拉菜单中选择“字体”选项,弹出“字体”对话框,设置中文字体为“楷体”,西文字体为“Times New Roment”,字号为“小四”,如图 8-52 所示。

3)单击“确定”按钮,返回“新建样式”对话框,单击“格式”按钮,在下拉菜单中选择“段落”选项,弹出“段落”对话框,设置对齐方式为“两端对齐”,缩进为“首行缩进”“2”字符,“间距”区域设置为段前 0.5 行、段后 0.5 行,1.5 倍行距,如图 8-53 所示。

图 8-52 “字体”对话框

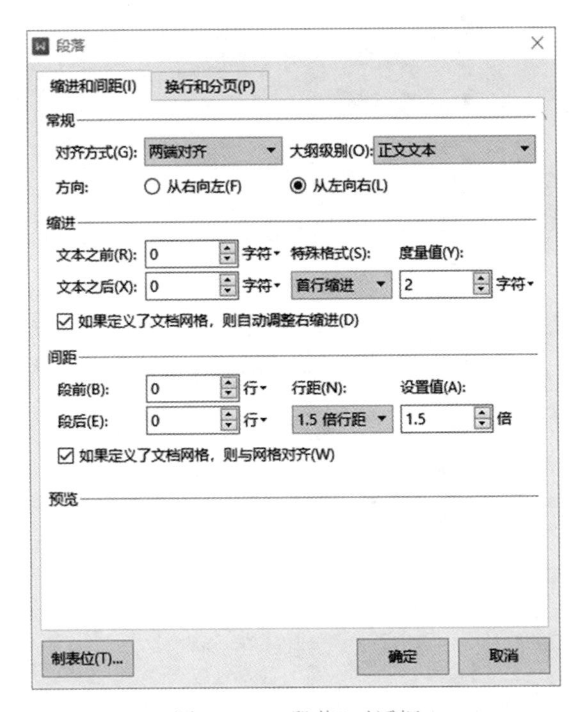

图 8-53 “段落”对话框

4)单击“确定”按钮,返回“新建样式”对话框,单击“确定”按钮完成对新样式的设置。

(3)对正文中的图添加题注,具体操作步骤如下:

1)选中正文中的第一幅图,单击“开始”选项卡中的“居中”按钮,图片设置为居中,在图片上右击,选择“题注”选项,如图 8-54 所示。

图 8-54　图片右键菜单

2)弹出“题注”对话框,“标签”选择“图”,“位置”选择“所选项目下方”,如图 8-55 所示。

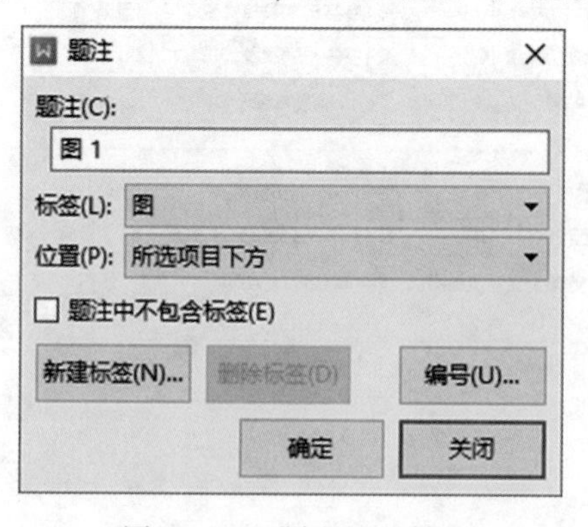

图 8-55　“题注”对话框

3)单击“编号”对话框,弹出“题注编号”对话框,选中“包含章节编号”复选框,如图 8-56 所示。

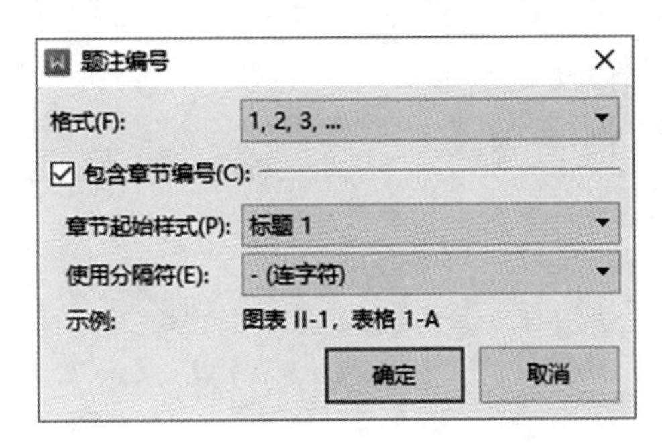

图 8-56 “题注编号”对话框

4)单击“确定”按钮,返回“题注”对话框,单击“确定”按钮。

5)将文稿中图片下面的说明移动到标签和编号后面,图注完成后的效果如图 8-57 所示。

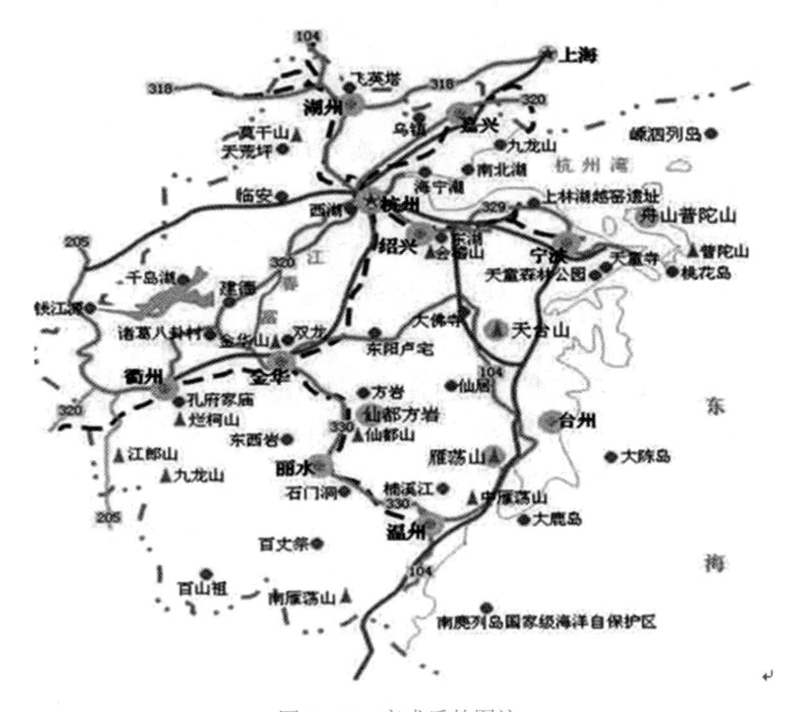

图 8-57 完成后的图注

6)按照以上方法为文稿中的其他图片添加图注。

(4)对正文中出现“如下图所示”中的“下图”两字,使用交叉引用,具体操作步骤如下:

1)选中第一张图上面文字中的“下图”二字,单击“引用”选项卡中的“交叉引用”按钮,弹出“交叉引用”对话框。

2)“引用类型”选择“图”,“引用内容”选择“只有标签和编号”,在“引用哪一个题注”列表中选中要引用的图,如图 8-58 所示。

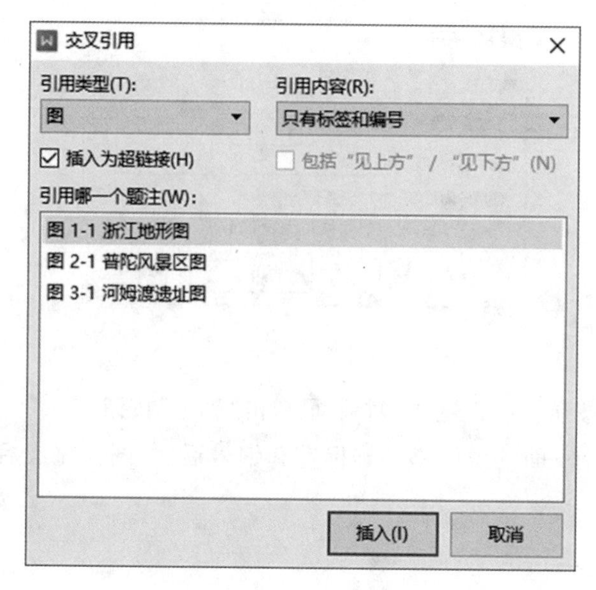

图 8-58 “交叉引用”对话框

3)单击“插入”按钮,则图片标签和编号替换掉原来的“下图”二字,单击“交叉引用”对话框右上角的“关闭”按钮,关闭对话框。

4)对正文其他地方的“下图”使用交叉引用。

(5)对正文中的表添加题注,具体操作步骤如下:

1)选中正文中的第一个表,单击“开始”选项卡中的“居中”按钮。

2)右击选中的表,在快捷菜单中选择“题注”,弹出“题注”对话框,“标签”选择“表”,“位置”选择“所选项目上方”,单击“编号”按钮,弹出“题注编号”对话框,选中“包含章节编号”复选框,单击“确定”按钮,返回“题注”对话框,单击“确定”按钮,表格上面插入题注“表 1-1”,将原来的表题剪切到题注的后面,将题注居中并删除上面的空行。

3)参照以上方法为正文中的其他表格添加题注。

(6)对正文中出现“如下表所示”中的“下表”两字,使用交叉引用,具体操作步骤如下:

1)找到表 1-1 上面的“下表”两字,选中,单击“引用”选项卡中的“交叉引用”按钮。

2)弹出“交叉引用”对话框,“引用类型”选择“表”,“引用内容”选择“只有标签和编号”,在“引用哪一个题注”列表中选择对应的表,单击“插入”按钮,则“下表”两字更换为表格的标签和编号。

3)参照以上方法对正文中所有“如下表所示”中的“下表”两字使用交叉引用。

(7)对正文中首次出现“西湖龙井”的地方插入脚注,具体操作方法如下:

1)单击导航栏中的 ,打开“查找和替换”窗口,在搜索栏里输入“西湖龙井”,单击“查找”按钮,查找到一个结果,并且 WPS 文稿定位到出现“西湖龙井”的地方。

2)选中“西湖龙井”4个字,单击“引用”选项卡中的“插入脚注”按钮,如图8-59所示。

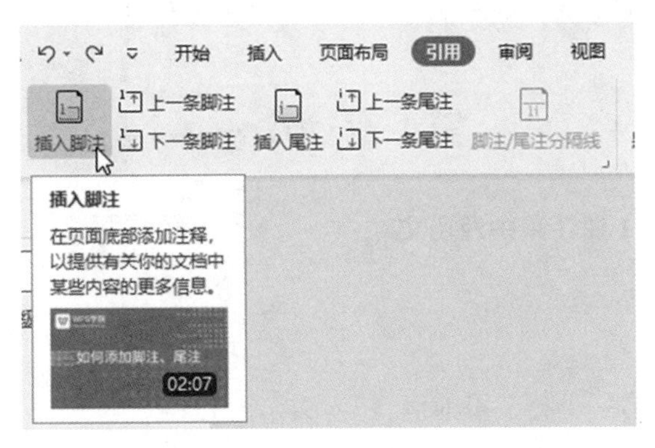

图8-59　选择“插入脚注”

3)在本页下方插入一行,并显示脚注编号和光标,在该处输入文字“西湖龙井茶加工方法独特,有十大手法。”,如图8-60所示。

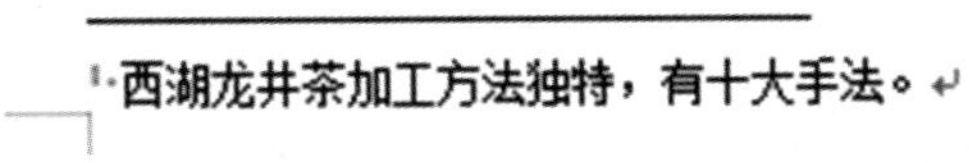

1 西湖龙井茶加工方法独特，有十大手法。

图8-60　脚注效果

4)正文中“西湖龙井”右上方显示脚注编号,如图8-61所示。

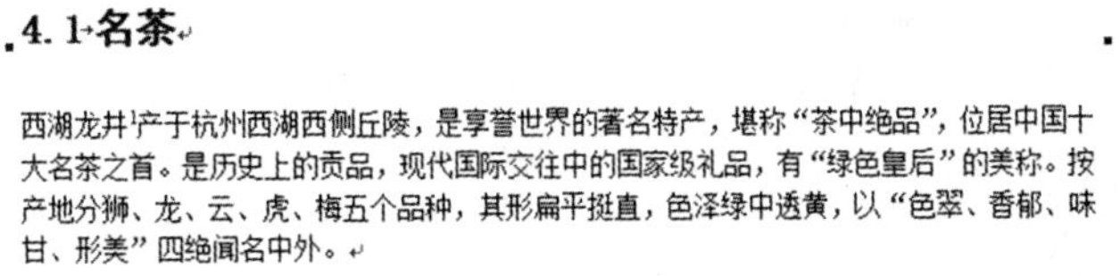

4.1 名茶

西湖龙井[1]产于杭州西湖西侧丘陵，是享誉世界的著名特产，堪称“茶中绝品”，位居中国十大名茶之首。是历史上的贡品，现代国际交往中的国家级礼品，有“绿色皇后”的美称。按产地分狮、龙、云、虎、梅五个品种，其形扁平挺直，色泽绿中透黄，以“色翠、香郁、味甘、形美”四绝闻名中外。

图8-61　正文中的脚注编号

(8)将(2)中的新建样式应用到正文中无编号的文字,具体操作步骤如下:

将光标置于正文第一段前面,单击“开始”选项卡“样式”组中的“样式12345”按钮,则第一段的格式变为“样式12345”。参照上述方法,将“样式12345”应用到正文中无编号的文字,不包括章名、小节名、表文字、表和图的题注、脚注。

步骤2:在正文前按序插入三节

(1)第1节:目录,具体操作步骤如下:

1)将光标定位在WPS文稿开始位置,单击“页面布局”选项卡中的“分隔符”按钮,在下拉菜单中选择“下一页分节符”选项,如图8-62所示。参照以上方法继续添加两个“下一页分节符。”

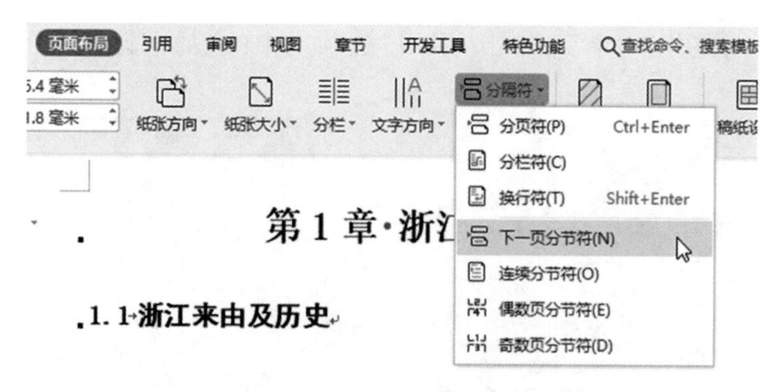

图 8-62　插入分节符

2)将光标定位在第一个分节符前面,输入文字“目录”。

3)“目录”使用样式“标题 1”,文字前面自动出现编号“第 1 章”,删除该编号,并设置文字居中。

4)将光标定位在目录后面,单击“引用”选项卡中的“目录”按钮,在下拉列表中选择第二种样式,即可在目录页自动生成目录,如图 8-63 所示。

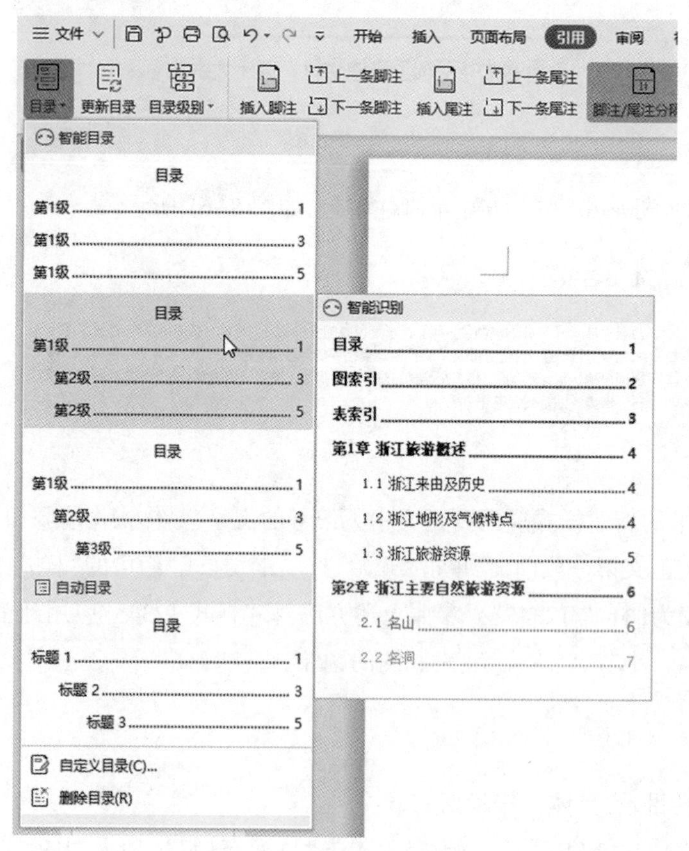

图 8-63　生成目录

5)目录上面多了“目录”两字,删除即可。

(2)第 2 节,图索引,具体操作步骤如下:

1)将光标定位在第二个分节符前面,输入文字“图索引”。

2)“图索引”使用样式“标题 1”,文字前面自动出现编号“第 1 章”,删除该编号,并设置文字居中。

3)单击“引用”选项卡中的“插入表目录”按钮,弹出“图表目录”对话框,在“图注标签”列表中选择“图”,如图 8-64 所示。

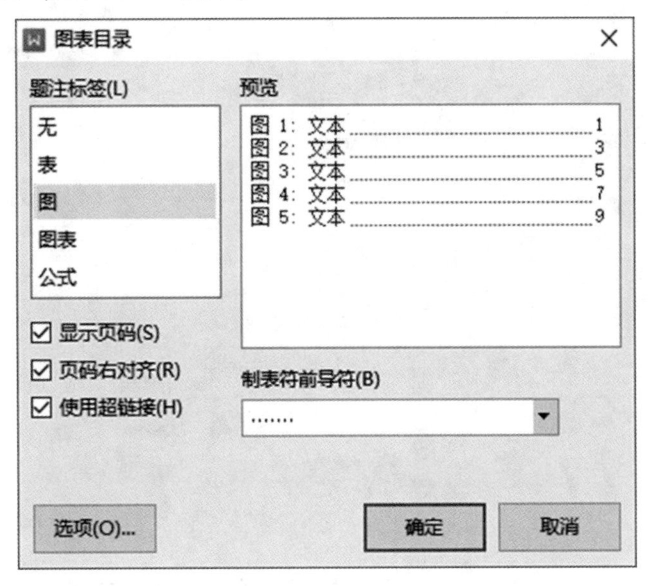

图 8-64 “图表目录”对话框

4)单击“确定”按钮,图索引项被插入到“图索引”页中,如图 8-65 所示。

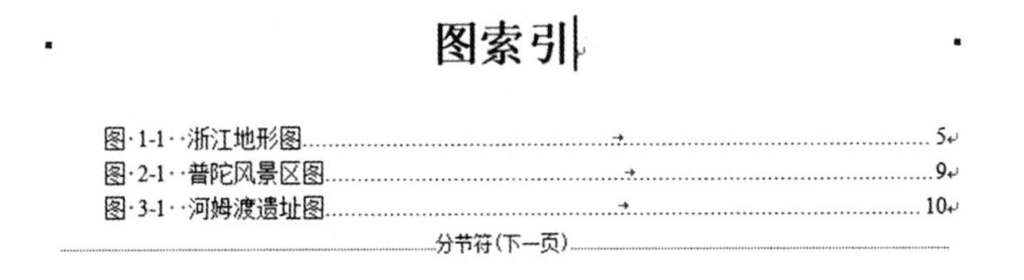

图 8-65 “图索引”页

(3)第 3 节,表索引,具体操作步骤如下:

1)将光标定位在第三个分节符前面,输入文字“表索引”。

2)“表索引”使用样式“标题 1”,文字前面自动出现编号“第 1 章”,删除该编号,并设置文字居中。

3)单击“引用”选项卡中的“插入表目录”按钮,弹出“图表目录”对话框,在“图注标签”列表中选择“表”,单击“确定”按钮,则表索引项被插入到“表索引”页中。

步骤 3：使用适合的分节符，对正文进行分节

(1)添加页脚，插入页码，居中显示，具体操作步骤如下：

1)将 WPS 文档移动到首页，单击“插入”选项卡中的“页码”下拉按钮，在下拉菜单中选择“页脚”区域的“页脚中间”选项，如图 8-66 所示。

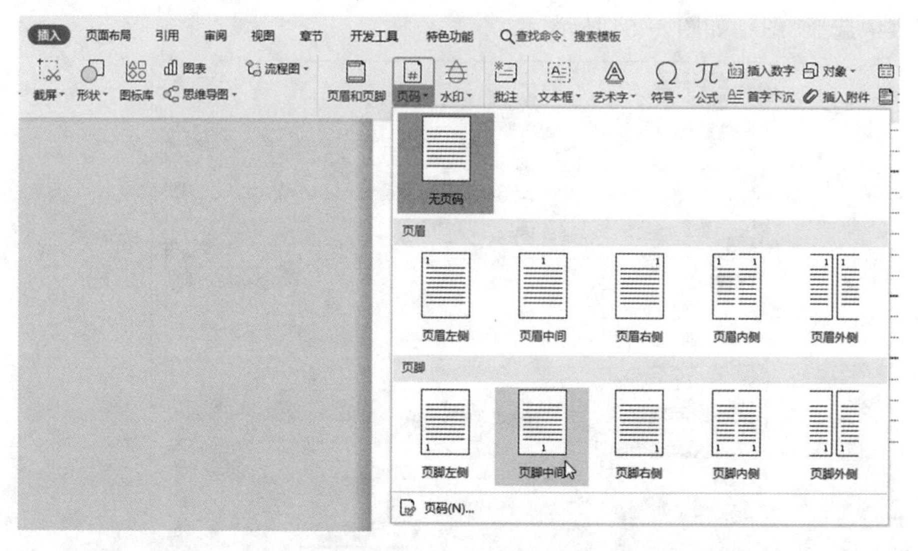

图 8-66　在页脚中间插入页码

2)页脚区域插入页码，单击页脚区域上方的“页码设置”按钮，弹出下拉菜单，在“样式”下拉列表中选择“Ⅰ,Ⅱ,Ⅲ…”,“位置”选“居中”,“应用范围”选中“本节”,如图 8-67 所示。

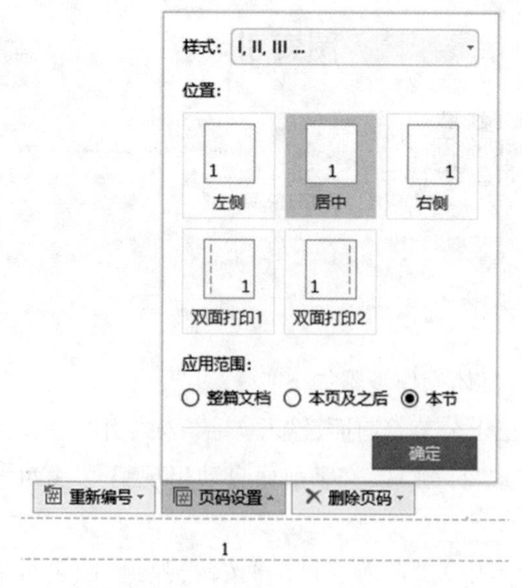

图 8-67　“页码设置”下拉列表

3)单击“确定”按钮,则目录页的页码变为“Ⅰ”。参照以上方法,将第2页和第3页的页码也都设置为“Ⅰ,Ⅱ,Ⅲ…”格式。

4)将光标定位在第4页页码处,此时页码为“4”,单击页脚上的“重新编号”按钮,“页码编号设为”选择“1”,如图8-68所示。

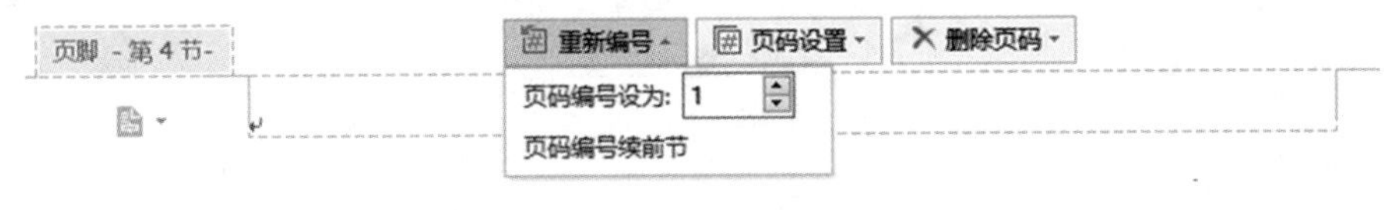

图8-68　页码重新编号

5)单击“页码编号设为”处,页面编号被重新设置。

(2)在每章中间添加分节符,具体操作步骤如下:

1)将光标定位在第2章标题前面,单击“页面布局”选项卡中的“分隔符”下拉按钮,在下拉菜单中选择“奇数页分节符”,则第2章前面插入奇数页分节符。

2)此时第2章的页码变为“1”,双击页码区域,单击页脚上方出现的“重新编号”按钮,在下拉菜单中单击“页码编号续前节”,页码变为“5”。

3)参照以上方法,分别在第3章和第4章前面插入奇数页分节符,检查页码没有问题即可。

(3)更新目录、图索引和表索引,操作步骤如下:

1)单击“引用”选项卡中的“更新目录”按钮,弹出“更新目录”对话框,选中“更新整个目录”,如图8-69所示。

2)单击“确定”按钮,整个目录被更新。

3)将光标移动到“图索引”区域,右击在快捷菜单中选择“更新域”选项,如图8-70所示。

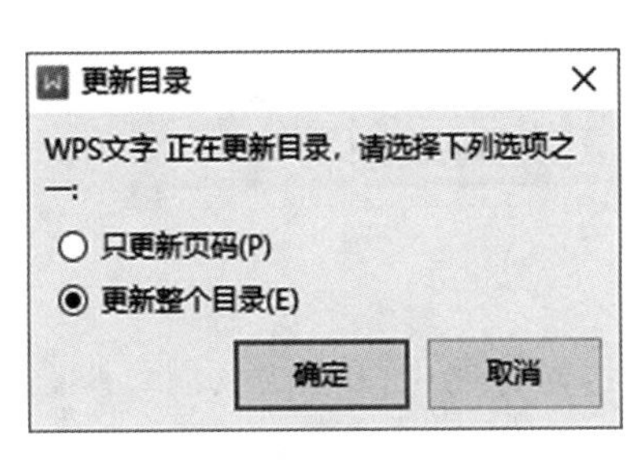

图8-69　“更新目录”对话框

图8-70　选择“更新域”选项

4)弹出“更新图表目录”对话框,选中“更新整个目录”单选按钮,如图8-71所示。

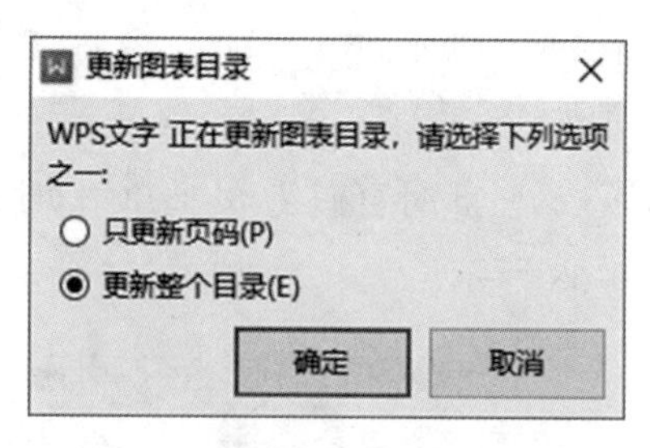

图 8-71 “更新图表目录”选项卡

5)单击“确定”按钮,则“图索引”被更新。

6)参照更新“图索引”的更新方法更新“表索引”。

步骤 4:添加正文的页眉

(1)将光标定位在第 1 章,双击页眉区域,页眉处于可编辑状态。

(2)单击“页眉和页脚”选项卡中的“页眉页脚选项”按钮,弹出“页眉/页脚设置”对话框,在“页面不同设置”区域选中“奇偶页不同”复选框,在“页眉/页脚同前节”区域选中“奇数页页眉同前节”和“偶数页页眉同前节”复选框,如图 8-72 所示。

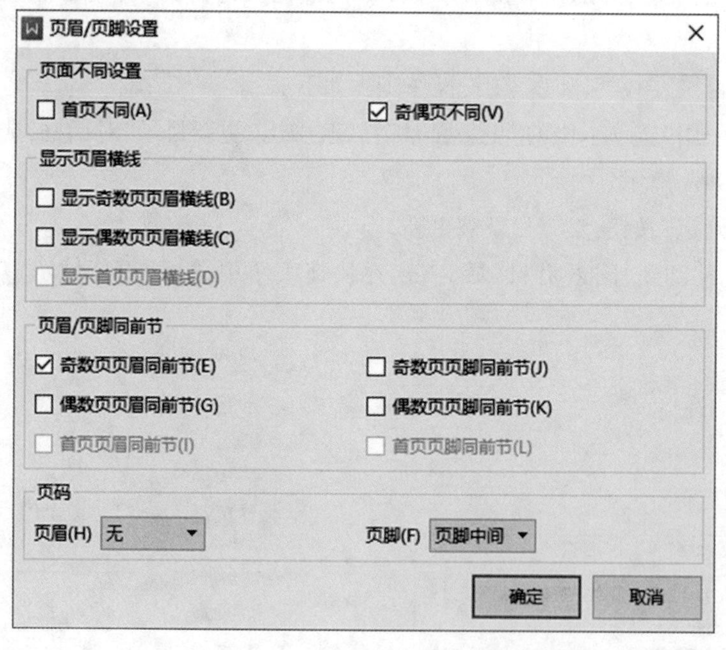

图 8-72 “页眉/页脚设置”对话框

(3)单击“确定”按钮,选中一个奇数页页眉,将光标居中,单击“页眉页脚”选项卡中的“同前节”按钮,取消选中。

(4)单击“页眉和页脚”选项卡中的“域”按钮,弹出“域”对话框,“域名”列表中选择“样式引用”,“样式名”下拉列表选择“标题 1”,勾选“插入段落编号”和“更新时保留格式"复选框,如图 8-73 所示。

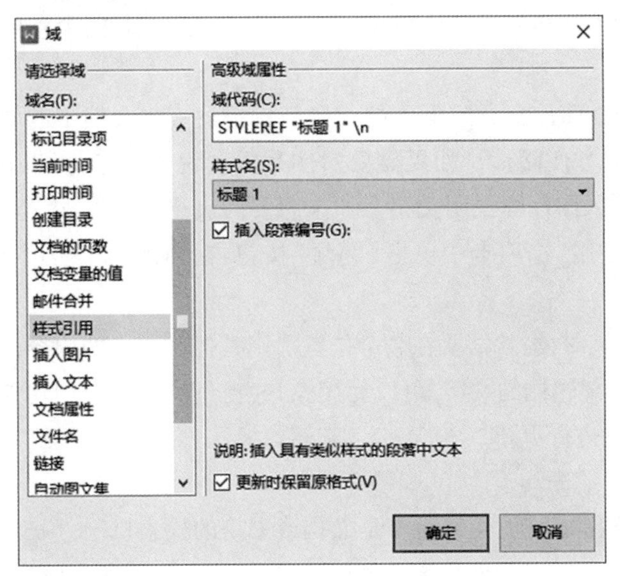

图 8-73 "域"对话框

(5)单击"确定"按钮,章序号插入奇数页页眉中。

(6)单击"页眉和页脚"选项卡中的"域"按钮,弹出"域"对话框,"域名"列表中选择"样式引用","样式名"下拉列表选择"标题 1",勾选"更新时保留格式"复选框,单击"确定"按钮,章名插入到奇数页页眉中。

(7)参照以上方法,将偶数页页眉中的文字设置为"节序号 节名"。

(8)检查文稿,发现偶数页的页码丢失,将光标定位在正文第 2 页,单击页脚文本框,上面出现"插入页码"按钮,单击该按钮,在下拉列表中,选择"应用范围"为"本页及之后",单击"确定"按钮,页脚区域插入页码"1",单击页脚文本框,上面出现三个操作按钮,单击"重新编号"按钮,选择"页码编号续前节",则页码变为"2"。

(9)检查 WPS 文稿没有问题后,单击"保存"按钮,进行保存。

三、知识拓展

1. 多级编号

多级编号用于为列表或 WPS 文稿设置层次结构。创建多级编号可使列表具有复杂的结构。WPS 文稿最多可有 9 个级别,WPS 文稿不能对列表中的项目应用内置标题样式。在 WPS 文稿中,可以通过更改编号列表级别创建多级编号列表,使 WPS 文稿编号列表的逻辑关系更加清晰。

2. 样式使用

在写论文报告时,经常遇到设置段落格式的问题。WPS 文稿中的样式功能可以让操作更加方便快捷。在"开始"选项卡的文本样式栏中有预设样式和自定义新样式两种模式。预设样式中已设置好常用的正文、标题、页眉页脚等样式,选中文字,点击样式即可套用格式。如果预设样式无法满足需求,也可以自定义新样式。单击新样式,在弹出的窗口中可以设定样式的属性和格式,包括名称、类型、字体、字号、行间距和排版等。

3. 题注、交叉引用

题注是指出现在图片上方或下方的一段简短描述。当文档中的图片或表格时,通常会为其添加题注,以方便阅读。如果需要对图片设置说明信息,可以在"题注"对话框的"题注"文本框中输入图片的说明文字。如果想要为表格添加题注,也可以使用相同的方法,选中表格,在"引用"选项卡中单击"题注"按钮,在弹出的"题注"对话框中进行设置即可。

在处理大型文档时,经常需要在某个位置引用其他位置上的内容,例如可以添加类似"请参考××节的内容"这样的文字,可以使用 WPS 提供的交叉引用功能,即使引用位置发生改变,也可以自动进行更新。

4. 目录

目录通常位于正文之前,可以看作是文档或书籍的检索机制,用于帮助阅读者快速查找想要阅读的内容,还可以帮助阅读者大致了解整个文档的结构内容。

制作好长文档后,需要为其中的标题设置级别,这样便于查找和修改内容。为文档设置大纲级别后,就可以提取目录了。将光标定位在需要插入目录的位置,单击"引用"—"目录",在只能目录中选择合适的目录格式,就可以在文档中插入目录了。如果标题发生了改动,单击"引用"—"更新目录",就可以智能更新目录了。

5. 分节符

分节符是指为表示节的结尾插入的标记。分节符包含节的格式设置元素,如页边距、页面的方向、页眉和页脚以及页码的顺序。WPS 文稿插入分节符的方法是:将光标移动到需要插入分节符的位置,单击"插入"—"分页",在弹出的下拉菜单中选择一种分节符格式即可,如下一页分节符。

6. 页眉和页脚

页眉是每个页面页边距的顶部区域,以书籍为例,通常显示书名、章节等信息。页脚是每个页面页边距的底部区域,通常显示文档的页码等信息。对页眉和页脚进行编辑,可起到美化文档的作用。在文档中添加页眉页脚时,奇数页和偶数页的格式默认是统一的,但有时需要将奇数页和偶数页的页眉页脚设置为不同格式,设置方法为:单击"插入"—"页眉和页脚"—"页眉页脚选项",勾选"奇偶页不同"复选框,单击"确定"按钮。

思考与练习

(1)目录形成的关键操作是什么?

(2)分节有什么作用?

(3)奇偶页不同页眉如何设置?

任务二十九　WPS 文字单项实训

根据二级考试大纲中有关 WPS 文字内容要求,要求能够设置版面(纸张大小、版心),页眉页脚(内容及格式、页码设置),页面分节(分节、奇偶页不同、各节页眉页脚及页面设置不同),样式设置创建和修改样式,使用样式,项目符号和编号,插入脚注、尾注,题注(编辑题注和标签)和交叉引用,目录和索引的创建和更新,域的插入和更新,常用域操作(目录、页码、自动章节页眉),批注和修订的使用,审阅的使用,邮件合并,模板的编辑和应用,分别以综合排版和单项操作组织学习。

一、任务说明及要求

第 1 题　在桌面建立文件夹“DX01”,在 DX01 文件夹下,建立文档“邀请函.wps”,设计会议邀请函。要求:

(1)在一张 A4 纸上,正反面拼页打印,横向对折。

(2)第 1 页和第 4 页打印在 A4 纸的同一面;第 2 页和第 3 页打印在 A4 纸的另一面。

(3)四个页面要求依次显示如下内容:

第 1 页显示“邀请函”三个字,上下左右均居中对齐显示,竖排,字体为隶书,72 号。

第 2 页显示:“汇报演出定于 2013 年 12 月 21 日,在学生活动中心举行,敬请光临!”字体大小为“四号”,文字横排。

第 3 页显示“演出安排”,文字横排,居中,应用样式“标题 1”。

第 4 页显示两行文字,字体大小为“四号”,第 1 行内容为“时间:2013 年 12 月 21 日”,第 2 行内容为“地点:学生活动中心”。竖排,左右居中显示。

第 2 题　在桌面建立文件夹“DX02”,按下列要求操作,并存盘。

在“DX02” 文件夹下,先建立文档“STATE.wps”,由 6 页组成。其中第 1 页第 1 行正文内容为“中国”,样式为“正文”;第 2 页第 1 行内容为“美国”,样式为“正文”;第 3 页第 1 行内容为“中国”,样式为“正文”;第 4 页第 1 行内容为“韩国”,样式为“正文”;第 5 页第 1 行内容为“美国”样式为“正文”;第 6 页为空白。

在文档页脚处插入“第 1 页,共×页”形式的页码,居中显示。再使用自动索引方式,建立索引自动标记文件“我的索引.wps”,其中:标记为索引项的文字 1 为“中国”,主索引项 1 为“China”;标记为索引项的文字 2 为“美国”,主索引项 1 为“American”。使用自动标记文件,在文档“STATE.wps”第 6 页中创建索引。

第 3 题　在桌面建立文件夹“DX03”,按下列要求操作,并存盘。

在 DX03 文件中,建立成绩文件“CJ.xlsx”,数据内容如图 8-74 所示。

使用邮件合并功能，建立信息单范本文件“Ks_T.wps”，文件内容版式如图 8-75 所示。最后生成所有考生的信息单文件“Ks.wps”。

准考证号	姓名	性别	年龄
8011400001	李义德	男	22
8011400002	王丽	女	18
8011400003	肖华	男	21
8011400004	林夕	女	20
8011400005	杨晓丽	女	21
8011400006	潘小勇	男	19

图 8-74　数据表

准考证号：«准考证号»

姓名	«姓名»
性别	«性别»
年龄	«年龄»

图 8-75　范本文档版式

第 4 题　在桌面建立文件夹“DX04”，按下列要求操作，并将结果存盘。

在 DX05 文件下，建立文档“考试信息.wps”，由 3 页组成。

第 1 页中第 1 行内容为“语文”，样式为“标题 1”；页面方向为纵向、纸张大小为 16 开；页眉内容设为“90”，居中显示；页脚内容设置为“优秀”，居中显示。

第 2 页中第 1 行内容为“数学”，样式为“标题 2”；页面方向为横向、纸张大小为 A4，页眉内容设置为“64”，居中显示；页脚内容设置为“及格”，居中显示；对该页面添加行号，起始编号为“1”。

第 3 页中第 1 行内容为“英语”，样式为“正文”；页面方向为纵向、纸张大小为 B5，页眉内容设置为“58”，居中显示；页脚内容设置为“不及格”，居中显示。

第 5 题　在桌面建立文件夹“DX05”，按下列要求操作，并将结果存盘。

在 DX06 文件夹下，建立文档“都市.wps”，共有两页组成。要求：

(1) 第 1 页内容如下：

第 1 章浙江

1.1 杭州和宁波

第 2 章福建

2.1 福州和厦门

第 3 章广东

3.1 广州和深圳

要求：章和节的序号为自动编号（多级符号），分别使用样式“标题 1”和“标题 2”。

(2) 新建样式“Fujian”，使其与样式“标题 1”在文字格式外观上完全一致，但不会自动添加到目录中，并应用于“第 2 章福建”。

(3) 在文档的第 2 页中自动生成目录。

(4) 对“宁波”添加一条批注，内容为“海港城市”；对“广州和深圳”添加一条修订，删除“和深圳”。

第 6 题　在桌面建立文件夹“DX06”，按下列要求操作，并将结果存盘。

在 DX7 文件夹下，建立文档“CITY.wps”。要求：

(1)输入以下内容:

第一章浙江

第一节杭州和宁波

第二章福建

第一节福州和厦门

第三章广东

第一节广州和深圳

其中,章和节的序号为自动编号,分别使用样式"标题 1"和"标题 2",插入合适的分节符,设置每章均从奇数页开始。

(2)在第一章第一节下的第 1 行写入文字"当前日期:×年×月×日",其中"×年×月×日"为使用插入的域自动生成,并以中文数字的形式显示。

(3)将文档的作者改为学号后 5 位,并在第二章第一节下的第 1 行写入文字"作者:×××",其中"×××"为作者,要求使用插入的域自动生成。

(4)在第三章第一节下的第 1 行写入文字"总字数:×",其中"×"为使用插入的域自动生成。

(5)设置打开文件的密码为:123;设置修改文件的密码为:456。

第 7 题 在桌面建立文件夹"DX07",按下列要求操作,并将结果存盘。

在 DX07 文件夹下,建立文档"WG.wps"。要求:

(1)文档总共有 6 页,第 1 页和第 2 页为一节,第 3 页和第 4 页为一节,第 5 页和第 6 页为一节。

(2)每页显示内容均为 3 行。左右居中对齐,样式为"正文"。

第 1 行显示"文件名:x";第 2 行显示"第 y 页";第 3 行显示"共 z 页"。

其中 x、y、z 是使用插入的域自动生成的,y 和 z 以中文数字(壹、贰、叁)的形式显示。

(3)每页行数均设置为 40,每行 30 个字符。

(4)每行文字均添加行号,从"1"开始,每节重新编号。

二、任务解决及步骤

步骤 1:完成第 1 题

(1)在桌面建立文件夹"DX01",在 DX01 文件夹下新建 WPS 文字,并命名为"邀请函.wps"。

(2)打开文件"邀请函.wps",单击"页面布局"选项卡中的"纸张大小"按钮,在下拉菜单中选择"A4",单击"页面布局"中的"页边距"按钮,选择"自定义页边距"选项,弹出"页面设置"对话框,将"页边距"选项卡中"页码范围"区域的"多页"设置为"书籍折页",如图 8-76 所示,单击"确定"按钮。

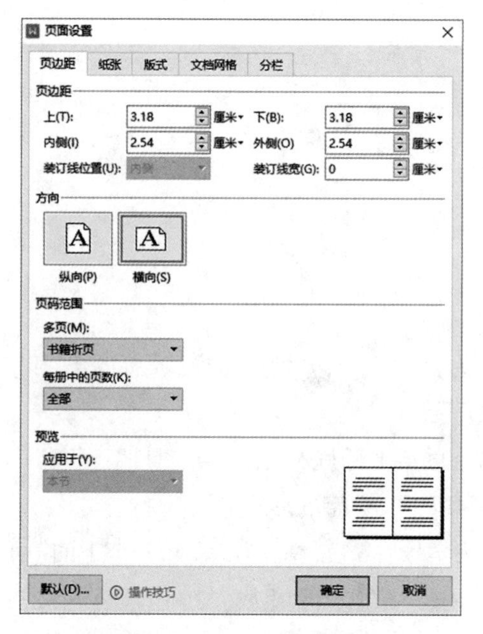

图 8-76　设置“书籍折页”

(3)在文档中输入文字“邀请函”，单击“插入”选项卡中的“分页”下拉按钮，在下拉菜单中选择“下一页分节符”选项，在文档中出现新的一页。

(4)回到第 1 页，选中文字“邀请函”，在“开始”选项卡中设置字体为“隶书”，字号为“72”，单击“居中对齐”按钮，文字水平居中。

(5)切换到“页面布局”选项卡，单击“文字方向”按钮，在下拉菜单中选择“垂直方向从左往右”，如图 8-77 所示，这时文字改为竖排。单击“页边距”下拉按钮，在下拉菜单中选择“自定义页边距”选项，弹出“页面设置”对话框，选择“文档网格”选项卡，在“网格”区域选中“只指定行网络”，在“行”区域设置“每页”为“1”，单击“确定”按钮，文字变为上下左右均居中对齐显示。

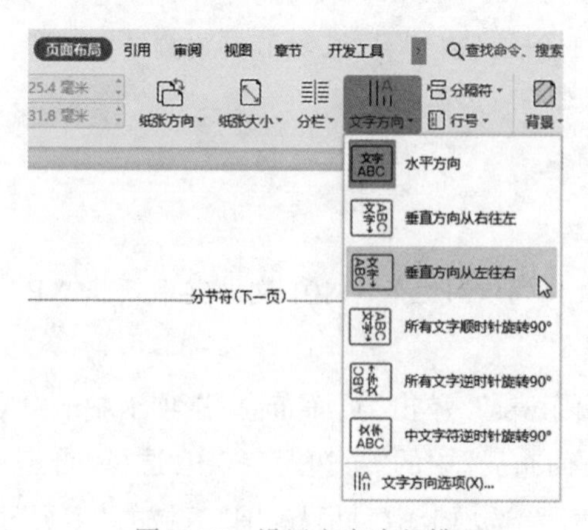

图 8-77　设置文字为竖排

(6)将光标插入第2页,输入文字:“汇报演出定于2013年12月21日,在学生活动中心举行,敬请光临!”然后插入“下一页分节符”,在文档中增加新的一页。选中第2页中的文字,在“开始”选项卡中设置字号为“四号”,文字横排。

(7)在第3页中输入文字“演出安排”,然后插入“下一页分节符”,在文档中增加新的一页。选中第3页中的文字,设置文字横排,居中,在“开始”选项卡的“样式”列表中选择“标题1”,则第3页中的文字设置为“标题1”的样式。

(8)在第4页中输入两行文字,第1行文字内容为“时间:2013年12月21日”,第2行文字内容为“地点:学生活动中心”。选中两行文字,设置字号为“四号”,在“页面布局”选项卡中单击“文字方向”按钮,选择“垂直方向从左到右”选项,文字改为竖排。单击“页边距”按钮,在下拉菜单中选择“自定义页边距”,弹出“页面设置”对话框,在“文档网格”选项卡中得知每页有“17”行,单击“取消”按钮,退出“页面设置”对话框。

(9)选中第1行文字,右击选择“段落”选项,弹出“段落”对话框,在“缩进和间距”选项卡中设置“间距”区域为段前“7.5行”,单击“确定”按钮,则两行文字左右居中显示。

(10)单击“保存”按钮。

步骤2:完成第2题

(1)在桌面上建立文件夹“DX02”,在“DX02”文件夹下,新建WPS文字,命名为“STATE.wps”。

(2)打开文件“STATE.wps”,在文档中输入文字“中国”,按下Enter键,单击“插入”选项卡中的“分页”按钮,在下拉列表中选择“下一页分节符”选项(在这里必须使用下一页分节符),在文档中增加新的一页。在第2页中输入文字“美国”,按下Enter键,插入下一页分节符,进入新的一页。根据以上方法,分别插入第4、5、6页,并在第3、4、5页中分别输入文字“中国”“韩国”和“美国”,第6页为空白。

(3)单击“插入”选项卡中的“页码”按钮,选择“页码”选项,弹出“页码”对话框,样式为“第1页 共×页”,位置“底端居中”,页码编号“续前节”,应用范围:“整篇文档”,单击“确定”按钮,插入页码。

(4)在“DX02”文件下新建WPS文字,命名为“我的索引.wps”。

(5)打开文件“我的索引.wps”,插入一个2行2列的表格,在第1行第1个单元格中输入文字“中国”,在第1行第2个单元格中输入文字“China”,在第2行第1个单元格中输入文字“美国”,在第2行第2个单元格中输入文字“American”,保存文件并关闭。

(6)将光标定位在文件“STATE.wps”的第6页,单击“引用”选项卡中的“插入索引”选项,弹出“索引”对话框,单击“自动标记”按钮,弹出“打开文件”对话框,找到“我的索引.wps”文件,单击“打开”按钮,则含有文字“中国”和“美国”的页面都标记了索引文字。

(7)在第6页处,再次单击“引用”选项卡中的“插入索引”按钮,在弹出的“索引”对话话框中单击“确定”按钮，则第 6 页显示如图 8-78 所示的文字。

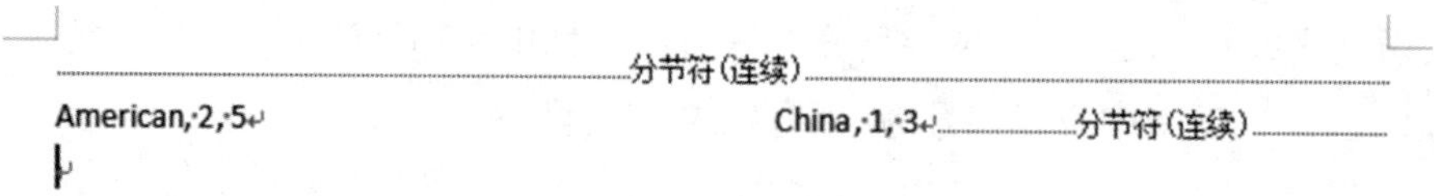

分节符(连续)
American, 2, 5
China, 1, 3 分节符(连续)

图 8-78 插入索引后的效果

(8)保存文件后关闭。

步骤 3：完成第 3 题

(1)在桌面建立文件夹“DX03”，在文件夹下新建 WPS 表格，命名为“CJ.et”。

(2)打开文件“CJ.et”，在 Sheet1 中输入图 8-74 所示数据表中的数据。

(3)在文件夹下新建 WPS 文字，命名为“Ks_T.wps”，输入如图 8-75 所示的内容版式。

(4)单击“引用”选项卡中的“邮件”按钮，打开“邮件合并”选项卡，单击“打开数据源”按钮，在下拉菜单中选择“打开数据源”选项，弹出“选取数据源”对话框，找到文件“CJ.et”，单击“打开”按钮。

(5)将光标定位于文字“准考证号：”后面，单击“邮件合并”选项卡中的“插入合并域”按钮，弹出“插入域”选型，选中“数据库”，在“域”列表中选择“准考证号”，单击“插入”按钮，再单击“关闭”按钮，光标所在位置插入合并域《准考证号》。

(6)重复步骤(5)，在“姓名”“性别”“年龄”后面的单元格中分别插入合并域《姓名》《性别》《年龄》，插入数据域后的效果如图 8-75 所示。

(7)单击“查看合并数据”按钮，可以逐条检查合并数据后的效果。

(8)确定无误后，单击“合并到新文档”按钮，弹出“合并到新文档”对话框，选中“全部”，单击“确定”按钮，生成一个新的 WPS 文档，该文档包含 6 份自动生成的考生信息单，每一份信息单对应“CJ.et”工作表中的一条考生信息。

(9)在新生成的 WPS 文档中单击“保存”按钮，弹出“另存为”对话框，找到保存位置“DX03”，在文件名中输入“Ks”，文件类型为“WPS 文字文件(*.wps)”，单击“保存”按钮。

步骤 4：完成第 4 题

(1)在桌面上建立文件夹“DX04”，在文件夹下新建 WPS 文字，命名为“考试信息.wps”。

(2)打开文件“考试信息.wps”，在文档中输入文字“语文”，单击“插入”选项卡中的“分页”按钮，在下拉菜单中选择“下一页分节符”选项，则文档新增加 1 页。在第 2 页中输入文字“数学”，然后插入“下一页分节符”，新增加 1 页。在第 3 页中输入文字“英语”。

(3)选中第 1 页文字“语文”，在“开始”选项卡中应用样式“标题 1”；单击“页面布局”选项卡中的“纸张大小”按钮，在下拉菜单中选择“16 开”；双击页眉或页脚区域，页眉和页脚区域出现文本框，在页眉处输入文字“90”，设为居中显示，在页脚处输入文字“优秀”，设为居中显示。双击正文编辑区域,退出页眉页脚编辑状态。

(4)选中第 2 页文字“数学”,在“开始”选项卡中应用样式“标题 2”;单击“页面布局”选项卡中的“纸张大小”按钮,在下拉菜单中选择“A4”;单击“纸张方向”按钮,在下拉菜单中选择“横向”;单击“行号”按钮,在下拉菜单中选择“每页重编行号”选项;双击页眉区域,打开“页眉和页脚”选项卡,取消选中“同前节”按钮,删除页眉处的文字并输入“64”,将光标置于页脚文本框中,取消选中“同前节”按钮,删除页脚中的文字并输入“及格”。双击正文编辑区域,退出页眉页脚编辑状态。

(5)选中第 3 页文字“英语”,在“开始”选项卡中应用样式“正文”;单击“页面布局”选项卡中的“纸张大小”按钮,选择“B5(JIS)”;双击页眉区域,打开“页眉和页脚”选项卡,取消选中“同前节”按钮,删除页眉处的文字并输入“58”,将光标置于页脚文本框中,取消选中“同前节”按钮,删除页脚处的文字并输入“不及格”。双击正文编辑区域,退出页眉页脚编辑状态。

(6)保存文件并关闭。

步骤 5:完成第 5 题

(1)在桌面新建文件夹“DX05”,在文件夹下新建 WPS 文字,命名为“都市.wps”。

(2)打开文件“都市.wps”,在文档中输入题目要求的内容,因为后面要进行自动编号操作,所以不用输入编号,输入后的效果如图 8-79 所示。

浙江
杭州和宁波
福建
福州和厦门
广东
广州和深圳

图 8-79　输入文字后的效果

(3)将光标定位在文档第一个字前面,单击“开始”选项卡中的“编号”下拉按钮,在下拉菜单中的多级编号组中选择与题目要求相近的自动编号,这里选择第 10 个,则第 1 行文字前面自动添加了多级编号并应用“标题 1”的样式,但是多级编号样式与题目要求不同。

(4)右击“开始”选项卡中样式栏中的“标题 1”,在右键菜单中选择“修改样式”选项,如图 8-80 所示。弹出“修改样式”对话框,单击“格式”按钮,在下拉菜单中选择“编号”选项,弹出“项目符号与编号”对话框,单击“自定义”按钮,弹出“自定义多级编号列表”对话框,在“编号样式”下拉列表框中选择“1,2,3,…”,单击“确定”按钮,返回“修改样式”对话框,单击“确定”按钮,多级编号变为“第 1 章”的样式。

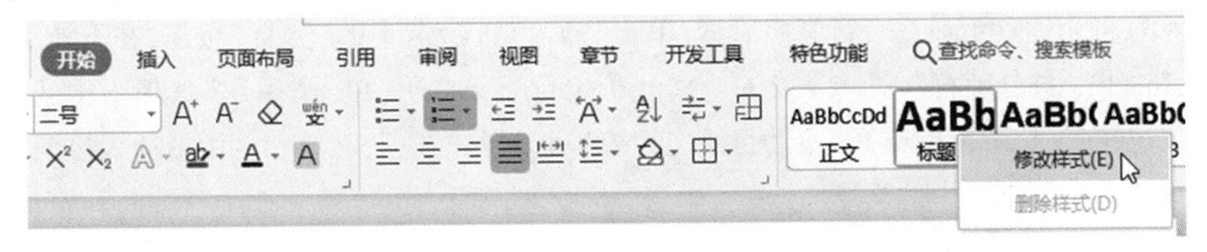

图 8-80　修改“标题 1”样式

（5）将光标定位在第 2 行前面，应用样式“标题 2”，发现多级编号也与题目要求不同，参照步骤（4）中的方法修改多级编号样式为题目要求的样式。

（6）对剩余的文字按照题目要求应用样式“标题 1”和“标题 2”，应用样式后的效果如图 8-81 所示。

第 1 章 浙江

1.1 杭州和宁波

第 2 章 福建

2.1 福州和厦门

第 3 章 广东

3.1 广州和深圳

图 8-81　应用样式后的效果

（7）单击“开始”选项卡中的“新样式”按钮，在下拉菜单中选择“新样式”选项，弹出“新建样式”对话框，“名称”修改为“Fujian”，“样式基于”选择“标题 1”，单击“格式”按钮，在下拉菜单中选择“段落”选项，弹出“段落”对话框，切换到“缩进和间距”选项卡，将“常规区域”的“大纲级别”设为“正文文本”，单击“确定”按钮，返回“新建样式”对话框，单击“确定”按钮，在“样式”列表中增加新建的样式“Fujian”，如图 8-82 所示。“第 2 章 福建”应用样式“Fujian”。单击“视图”选项卡中的“导航窗格”按钮，选择“靠左”选项，则页面中出现导航窗格，从导航窗格中可以看到“第 2 章 福建”已经不在目录中了。

图 8-82　新建样式“Fujian”

（8）将光标置于最后一行文字后面，单击“插入”选项卡中的“分页”按钮，在下拉菜单中选择“下一页分节符”，插入第 2 页。将光标定位于第 2 页，单击“引用”选项卡中的“目录”按钮，在下拉菜单中选择“自动目录”区域的目录样式选项，在第 2 页中就插入目录。

（9）选中第 1 页中的文字“宁波”，单击“审阅”选项卡中的“插入批注”按钮，在页面右侧出现一个批注框，在批注框中输入文字“海港城市”。单击“审阅”选项卡中的“修订”按钮，在下拉菜单中选择“修订”选项，直接在正文中删除文字“和深圳”，则这一行右侧出现一个修订框,显示“删除:和深圳”。添加批注和修订后的效果如图 8-83 所示。

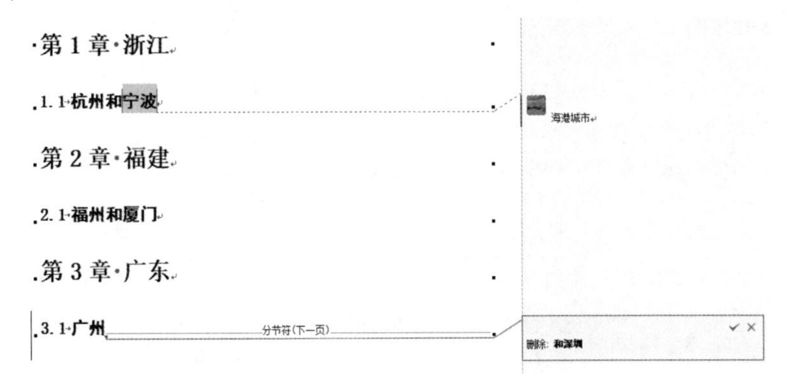

图 8-83 添加批注和修订后的效果

(10)保存文件后关闭。

步骤 6:完成第 6 题

(1)在桌面建立文件夹“DX06”,在文件夹下新建 WPS 文字,命名为“CITY.wps”。

(2)打开文件“CITY.wps”,在文档中输入题目要求的文字,因为后面要进行自动编号操作,所以不用输入编号。

(3)将光标定位在第 1 行前面,单击“开始”选项卡中的“编号”下拉按钮,在下拉菜单中选择“自定义编号”选项,弹出“项目符号与编号”对话框,切换到“多级编号”选项卡,选择第 2 种样式,如图 8-84 所示。单击“自定义”按钮,弹出“自定义多级编号列表”对话框,在“级别”列表中选择“1”,设置“编号格式”为“第①章”,“编号样式”为“一,二,三,…”;然后在“级别”列表中选择“2”,设置“编号格式”为“第②节”,“编号样式”为“一,二,三,…”,单击“确定”按钮,此时第 1 行文字应用样式“标题 1”。

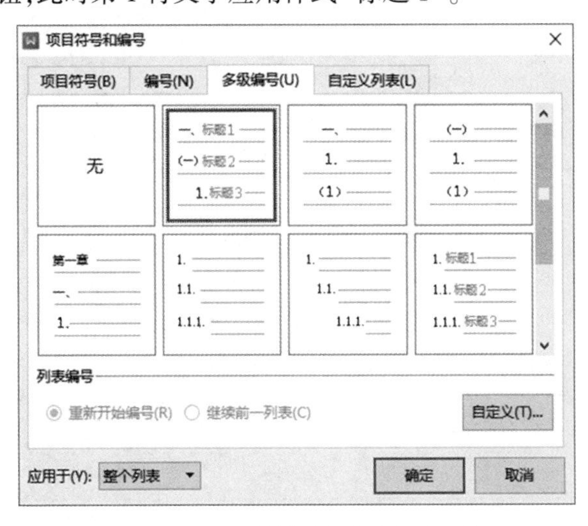

图 8-84 “项目符号与编号”对话框

(4)根据题目要求对剩下的几行文字分别应用样式“标题 1”和“标题 2”,应用样式后的效果如图 8-85 所示。

·第一章浙江

.第一节杭州和宁波

.第二章福建

.第一节福州和厦门

.第三章广东

.第一节广州和深圳

图 8-85 应用样式后的效果

(5)将光标定位于“第二章福建”前面,单击“插入”选项卡中的“分页”按钮,在下拉菜单中选择“奇数页分节符”,则“第二章福建”另起一页。参照上述方法,在“第三章广东”前面插入“奇数页分节符”。

(6)在第一章第一节下插入一行,输入文字“当前日期:”,将光标置于这段文字后面,单击“插入”选项卡中的“文档部件”按钮,在下拉菜单中选择“域”选项,弹出“域”对话框,在“域名”列表中选择“当前时间”,在“域代码”文本框的“TIME”后面输入域代码“/@ "EEEE 年 O 月 A 日"”,如图 8-86 所示。单击“确定”按钮,则在“当前日期:”后面显示当前时间,并且以中文数字的形式显示,如图 8-87 所示。

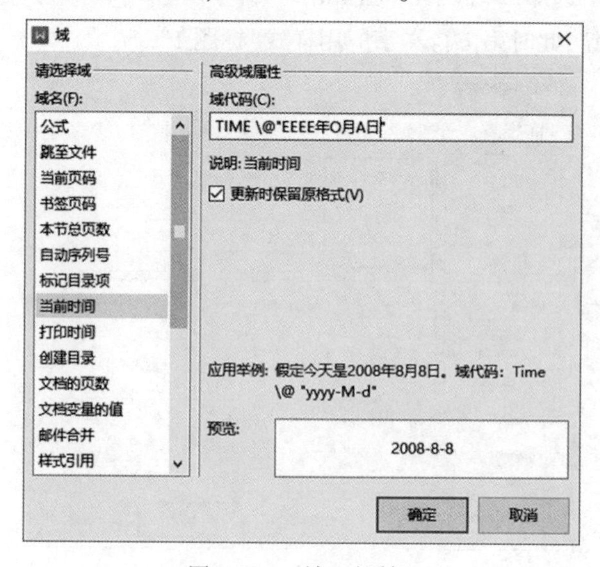

图 8-86 “域”对话框

·第一章浙江

.第一节杭州和宁波

当前日期：二〇二〇年八月六日 分节符(奇数页)

图 8-87　插入域后的效果

(7)单击“文件”按钮，在下拉菜单中选择“文档加密”命令，在子菜单中选择“属性”选项，弹出“CITY.wps 属性”对话框，将“作者”文本框中的内容修改为学号后 5 位，这里用“12345”代替，单击“确定”按钮。

(8)在第二章第一节下插入一行，输入文字“作者：”，将光标置于这段文字后面，单击“插入”选项卡中的“文档部件”按钮，在下拉菜单中选择“域”选项，弹出“域”对话框，在“域名”列表中选择“文档属性”，在“文档属性”列表中选择“Author”，如图 8-88 所示，单击“确定”按钮，则在“作者：”后面显示文档作者“12345”。

图 8-88　“域”对话框

(9)在第三章第一节下插入一行，输入文字“总字数：”，将光标置于这段文字后面，单击“插入”选项卡中的“文档部件”按钮，在下拉菜单中选择“域”选项，弹出“域”对话框，在“域名”列表中选择“文档属性”，在“文档属性”列表框中选择“Words”，如图 8-89 所示。单击“确定”按钮，则在“总字数”后面显示总字数“43”。

图 8-89 “域”对话框

(10)单击“文件”按钮,在下拉菜单中选择“文档加密”选项,在子菜单中选择“密码加密”选项,弹出“密码加密”对话框,设置打开文件的密码为“123”,修改文件的密码为“456”,如图 8-90 所示。单击“应用”按钮。

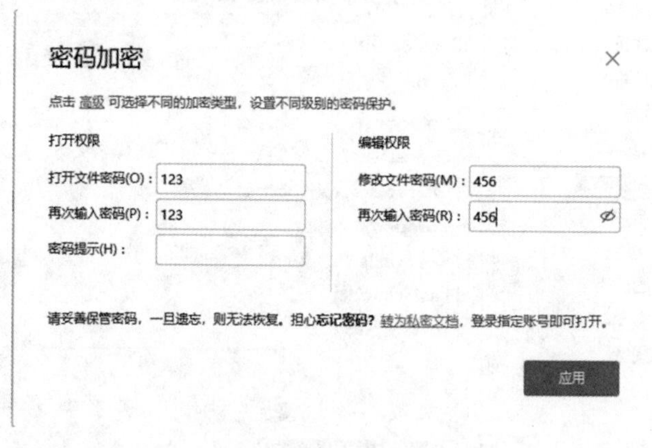

图 8-90 “密码加密”对话框

(11)保存文件后关闭。

步骤 7:完成第 7 题

(1)在桌面上建立文件夹“DX07”,在该文件夹下新建 WPS 文字,命名为“WG.wps”。

(2)打开文件“WG.wps”,单击“页面布局”选项卡中的“页面设置”按钮,如图 8-91 所示,弹出“页面设置”对话框,选择“文档网格”选项卡,选中“指定行和字符网格”,在“字符”栏中的“每行”文本框中输入“30”,在“行”栏中的“每页”文本框中输入“40”,如图

8-92 所示。单击“确定”按钮。

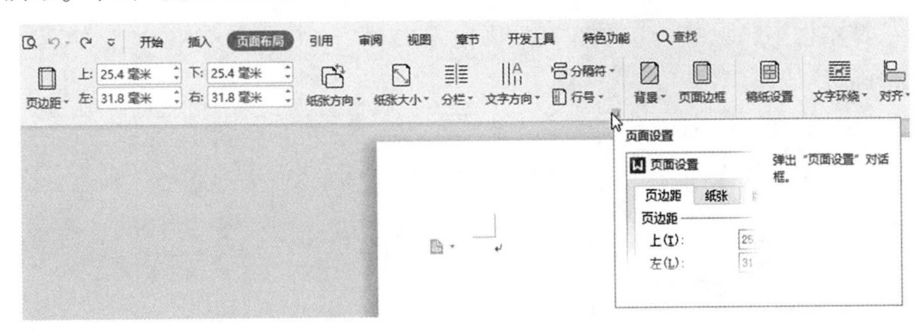

图 8-91 单击“页面设置”按钮

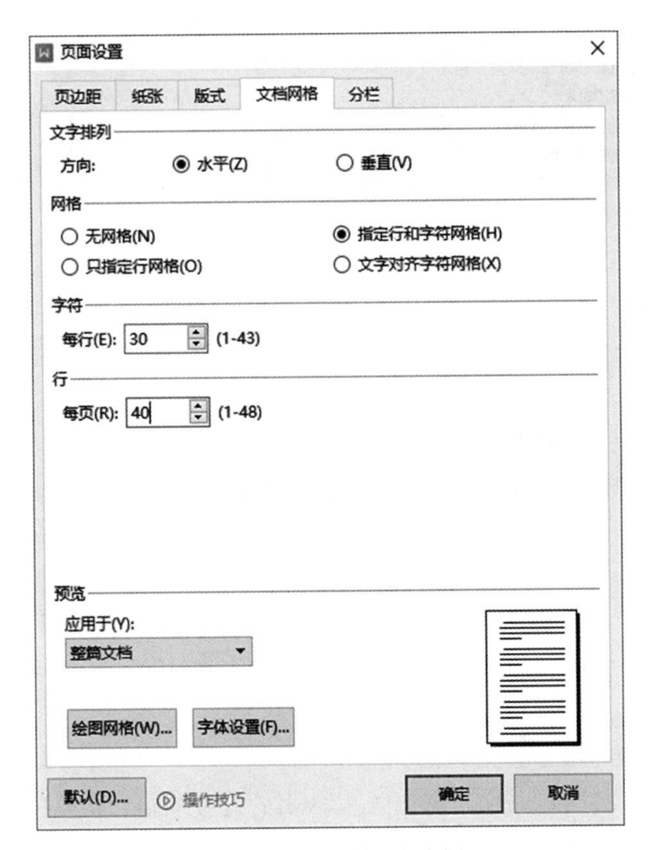

图 8-92 “页面设置文本框”

(3)单击“页面布局”选项卡中的“行号”按钮,在下拉菜单中选择“每节重编行号”选项。

(4)在文档中输入三行文字,第一、二、三行分别为“文件名:”“第　页”“共　页”。将光标定位于第 1 行文字“文件名”的后面,单击“插入”选项卡中的“文档部件”按钮,在下拉菜单中选择“域”选项,弹出“域”对话框,在“域名”列表中选择“文件名”,单击“确定”按钮。

(5)将光标定位于第 2 行文字“第”和“页”中间,单击“插入”选项卡中的“文档部件”

按钮，在下拉菜单中选择"域"选项，弹出"域"对话框，在"域名"列表中选择"当前页码"，"域代码"文本框中显示"PAGE"，在其后面输入文本"\ * CHINESENUM2"，如图 8-93 所示，单击"确定"按钮。

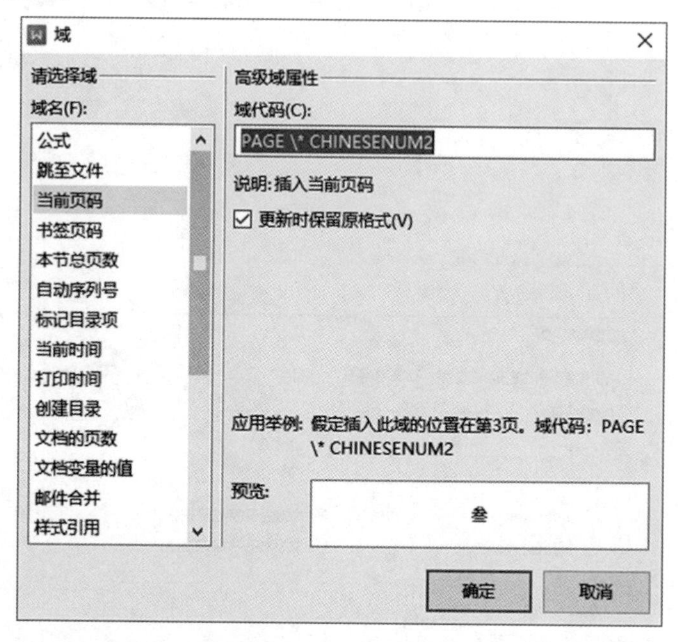

图 8-93 "域"对话框

(6)将光标定位于第 3 行文字"共"和"页"中间，单击"插入"选项卡中的"文档部件"按钮，在下拉菜单中选择"域"选项，弹出"域"对话框，在"域名"列表中选择"文档的页数"，"域代码"文本框中显示"NUMPAGES"，在其后面输入文本"\ * CHINESENUM2"，单击"确定"按钮。

(7)将光标定位于第 3 行文字后面，单击"插入"选项卡中的"分页"按钮，在下拉菜单中选择"分页符"选项，插入第 2 页，第 2 页行号接第 1 页续排。复制第 1 页的内容粘贴到第 2 页。

(8)将光标定位与第 2 页文本最后，单击"插入"选项卡中的"分页"按钮，在下拉菜单中选择"下一页分节符"选项，插入第 3 页，第 3 页的行号重新开始编排。复制第 1 页的内容到第 3 页。

(9)重复步骤(7)和(8)，插入第 4、5、6 页，在第 3、5 页后面使用"分页符"，在第 4 页后面使用"下一页分节符"，并复制第 1 页的全部内容到第 4、5、6 页。

(10)按下【Ctrl+A】键，选中整个文档，按 F9 刷新。

(11)保存并关闭文件。

三、知识拓展

1. 表格转文本

使用 WPS 文字软件制作表格时，允许将表格转换成文本，方法如下：在 WPS 文档中选择要转换的表格，单击“表格工具”选项卡中的“转换成文本”按钮，打开“表格转换成文本”对话框，在其中设置所需文字分隔符样式，单击“确定”按钮，即可将所选表格转换成文本。

2. 跨页表格自动重复标题行

当表格内容较长时，可能会需要两页甚至更多页才能将表格内容完整显示，但是从第二页开始，表格没有标题行，此时不便于表格数据的查看。为了解决这一困难，可以利用WPS文字软件中的标题行重复功能，方法如下：将光标定位到表格中标题行的任意单元格中，然后单击“表格工具”选项卡中的“标题行重复”按钮，则每页首行都会自动复制标题行的内容。

3. 对表格中的单元格进行编号

制作表格时，有时会遇到输入有规律数据的情况，如在每行的开头使用连续编号，此时，可以利用WPS文字软件提供的编号功能，自动输入这些数据，其具体操作步骤如下。

(1)在创建的表格中，选择首列需要自动编号的单元格。

(2)单击“开始”选项卡中的“编号”按钮右侧的下拉按钮，在打开的列表中选择“自定义编号”选项。

(3)打开“项目符号和编号”对话框，在“编号”选项卡中选择任意一种样式，单击“自定义”按钮。

(4)打开“自定义编号列表”对话框，根据实际需求自定义编号格式和样式，这里在“编号格式”栏中输入“月份”，其他参数保持不变，然后单击“确定”按钮，稍后表格中新增行的第一列内容将自动按月份顺序填充。

4. 输入公式

当在制作专业的报告时，有时会要求输入各种公式，对于简单的加减乘除公式，可以用输入普通文本的方法来输入。而对于许多复杂的公式，则可以通过WPS中的插入公式功能来输入，其具体操作步骤如下。

(1)在要编辑的文档中，单击“插入”选项卡中的“公式”按钮。

(2)打开“公式编辑器”窗口，此时，在文档中插入一个公式编辑区域。在工具栏中选择要插入的公式参数。

(3)利用小键盘输入公式中的数字，即可完成公式的输入操作。

思考与练习

制作一张介绍新冠肺炎防控知识的电子手抄报，向同学们宣传新型冠状病毒肺炎的预防知识。

(1)制作要求:

1)A4 幅面、横排、两个版面。

2)版面美观,布局合理,图片清晰,文字简洁,字体、字号运用得当,色彩搭配和谐。

3)报头设计合理(报名字体、大小、位置得当),各种相关信息完整(主编、出版日期、期刊号等)。

4)标题:文字表述简练、准确、吸引读者,字号适中,字体运用得当。

5)正文:内容符合题目要求,主题鲜明,字数适中,无政策性错误。

6)合理应用艺术字、分栏、首字下沉、文本框、中文版式、图形、表格等。

7)合理利用底色、底纹和其他修饰,以有利于美化版面,区分文章或专题区域。

8)合理使用页面边框(可有可无),不宜采用粗大、色重的边框。

(2)说明:作品所需素材(包括文字、图片等)从网上下载或由个人原创。

任务三十　WPS 演示综合实训

根据二级考试大纲中有关 WPS 演示内容要求,要求能够运用多重设计模板、配色方案、母版的编辑与使用、自定义动画设置、动画延时设置、幻灯片切换设置、动作按钮使用、幻灯片放映设置等。

一、任务说明及要求

打开“素材.dps”,完成下列操作:

(1)幻灯片母版设计,为标题版式和标题、内容版式添加背景“暗香扑面”。

(2)给幻灯片插入日期(自动更新,格式为×年×月×日)。

(3)设置幻灯片的动画效果,要求针对第二张幻灯片,按顺序设置以下的自定义动画效果。

1)将文本内容“起源”的进入效果设置成“自顶部”“飞入”;

2)将文本内容“沿革”的强调效果设置成“忽明忽暗”;

3)将文本内容“发展”的退出效果设置成“渐变”;

4)在页面中添加“前进”(后退或前一项)与“后退”(前进或下一项)动作按钮。

(4)按下面要求设置幻灯片的切换效果:

1)设置所有幻灯片的切换效果为“自左侧”“推出”;

2)实现每隔 3 秒自动切换,也可以单击鼠标进行手动切换。

(5)在幻灯片最后一页后新增加一页,设计出如下效果:单击鼠标,文字从底部垂直向上移动并显示,文字格式采用默认设置。设计效果如图 8-94~图 8-97 所示。

图 8-94　字幕在底端尚未显示出

图 8-95　文字右底部出现

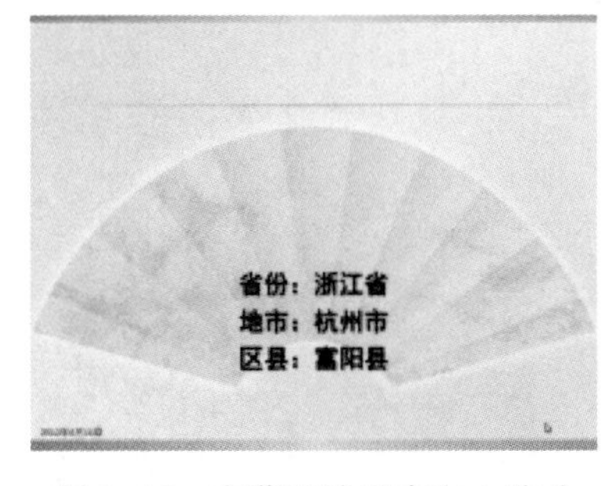

图 8-96　字幕继续垂直向上移动

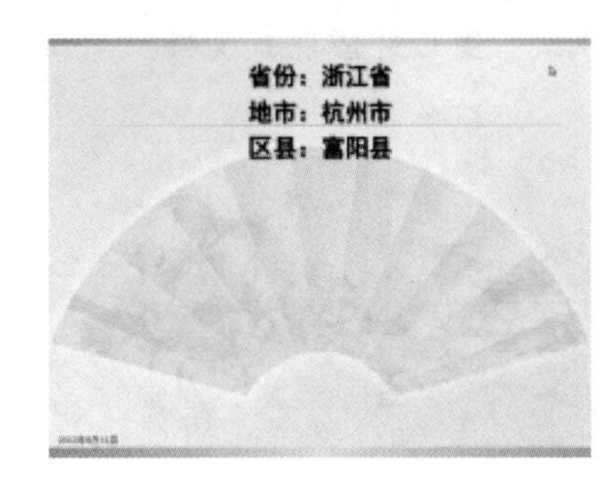

图 8-97　字幕垂直向上达到顶部，最后消失

(6)在幻灯片最后一页后面新增加一页，设计出如图 8-98 所示效果。单击鼠标，矩形逐步放大到原尺寸 3 倍，重复显示 3 次，其他设置默认。图 8-99 所示为放大后的效果。

图 8-98　原始图形

图 8-99　鼠标点击后放大 3 倍

(7)在幻灯片最后一页后新增加一页，设计出如下效果：单击鼠标，显示“A”，如图 8-100 所示，继续依次单击鼠标，显示文字“B”“C”“D”，如图 8-101 所示。最终全部显示“A”“B”“C”“D”四个字母。

图 8-100　初始界面

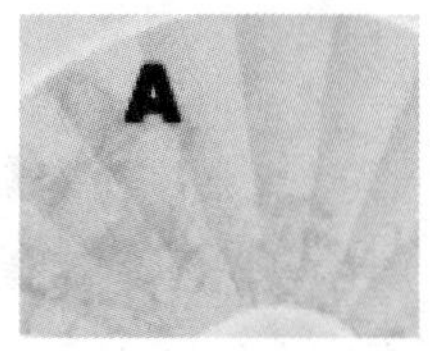

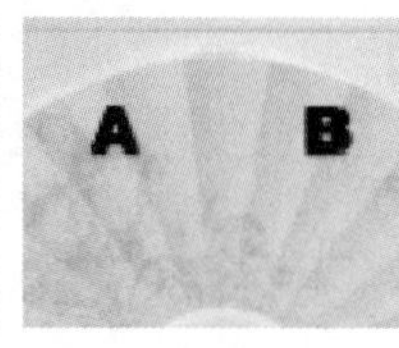

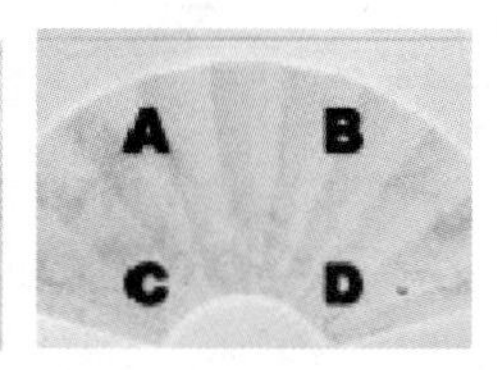

图 8-101　依次单击鼠标显示“A”“B”“C”“D”

(8)在幻灯片最后一页后新增加一页,设计出如下效果:初始画面如图 8-102 所示,在单击鼠标后,圆形四周的箭头向各自方向同步扩散,并放大尺寸为 1.5 倍,如图 8-103 所示,重复 3 次。编辑完成保存文件。

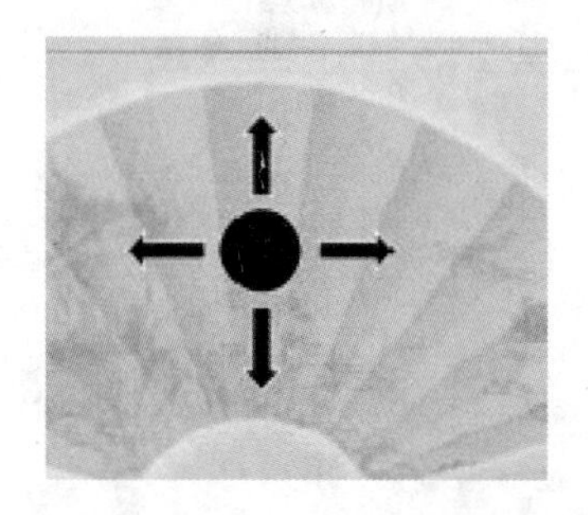

图 8-102　初始界面

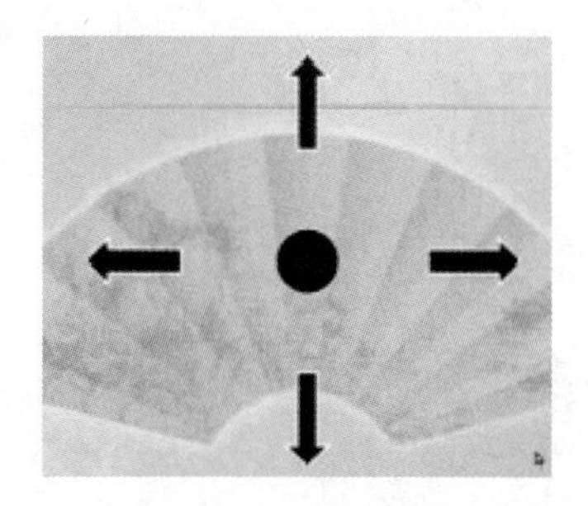

图 8-103　单击鼠标后四周箭头同步扩散、放大

(9)在幻灯片最后一页后新增加一页幻灯片,设计出如下效果:初始画面如图 8-104 所示,选择“我国的首都”,若选择正确,在选顶边显示文字“正确”;否则显示文字“错误”,如图 8-105 所示。

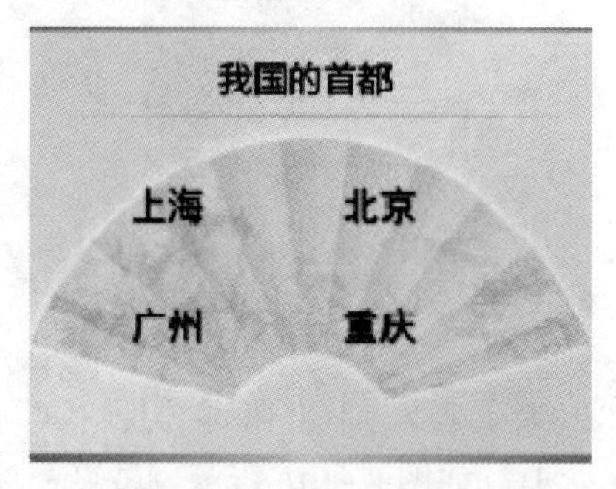

图 8-104　初始界面

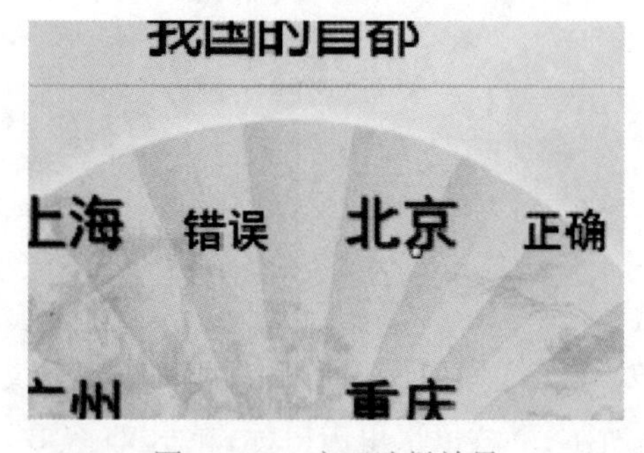

图 8-105　交互选择效果

二、任务解决及步骤

步骤 1:设置母版

(1)打开 WPS 演示文稿“素材.dps”,选择第 1 张幻灯片,单击“设计”选项卡中的“编辑母版”按钮,进入幻灯片母版编辑页面。

(2)选中标题版式,单击“幻灯片母版”选项卡中的“背景”按钮,在“对象属性”任务窗格“填充”组中选中“图片或纹理填充”单选按钮，在“图案填充”下拉列表中选择“本地文件”，在弹出的对话框中找到素材文件中的“暗香扑面.jpg”，单击“打开”按钮即可将背景设置为“暗香扑面”。

(3)参照步骤(2)，将标题、内容版式的背景设置为“暗香扑面”。

(4)单击“幻灯片母版”选项卡中的“关闭”按钮，退出幻灯片母版编辑。

步骤 2：给幻灯片插入日期

(1)单击“插入”选项卡中的“日期与时间”按钮，弹出“页眉和页脚”对话框，在“幻灯片内容”栏勾选“日期和时间”选择“自动更新”，设置日期格式为“×年×月×日”样式，如图 8-106 所示。

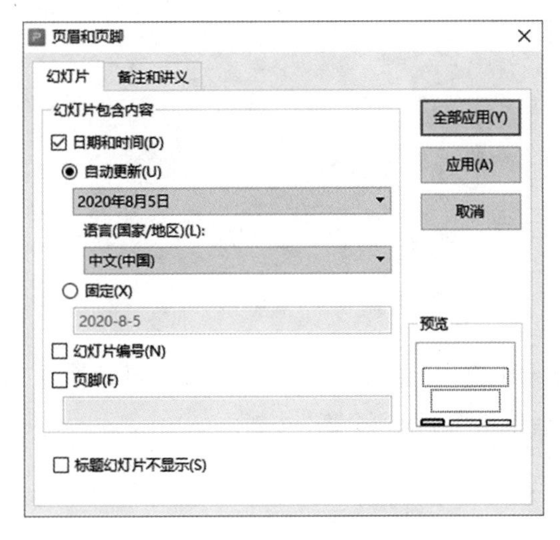

图 8-106　“页眉和页脚”对话框

(2)单击“全部应用”按钮，相应日期出现在每张幻灯片的左下角。

步骤 3：设置幻灯片的动画效果

(1)选中第 2 张幻灯片，在幻灯片中选择文本“起源”，切换到“动画”选项卡，在“动画”列表中选择“飞入”，单击“自定义动画”按钮，打开“自定义动画”任务窗格，在“方向”列表中选择“自底部”。

(2)选择文本“沿革”，在“自定义动画”任务窗格中单击“添加效果”按钮，在“强调”组中选择“忽明忽暗”。

(3)选择文本“发展”，在“自定义动画”任务窗格中单击“添加效果”按钮，在“退出”组中选择“渐变”。

(4)单击“插入”选项卡中的“形状”按钮，在下拉列表中选择“动作按钮”组中的“动作按钮：后退或前一项”，光标变为十字形状，在幻灯片左下角绘制动作按钮，绘制完成后弹出“动作设置”对话框，选择“鼠标单击”选择卡，设置“超链接到”“上一张幻灯片”，单击“确定”按钮。

(5)参照步骤(4)的方法，在幻灯片的右下角绘制“动作按钮：前进或下一项”动作按钮，超链接到下一张幻灯片。

步骤 4：设置幻灯片的切换效果

(1)选中所有幻灯片，切换到“切换”选项卡，在切换效果列表中选择“推出”选项，单击“效果选项”按钮，选择“向右”选项，如图 8-107 所示。

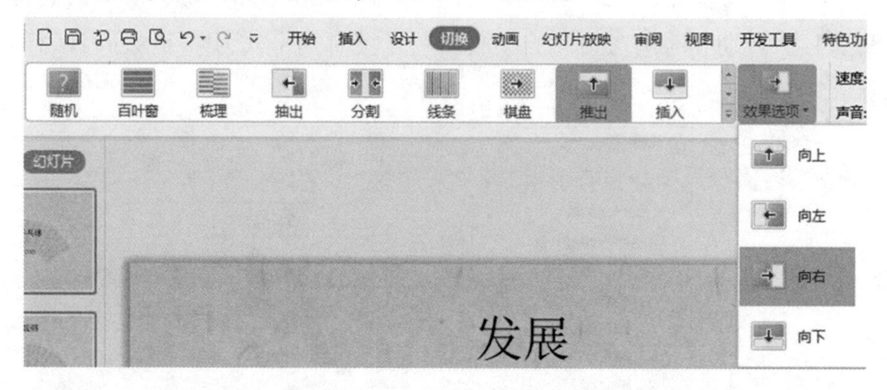

图 8-107 设置切换效果

(2)在“切换”选项卡中选中“单击鼠标时换片”和“自动换片”复选框，设置自动换片时间为 3 秒，设置完成后单击“应用到全部”按钮。

步骤 5：新建第 6 张幻灯片

(1)将光标定位在幻灯片列表中的最后一张幻灯片后面，右击，在快捷菜单中选择“新建幻灯片”选项，在幻灯片最后一页后增加一页新幻灯片。

(2)参照图 8-96 中的幻灯片效果，在幻灯片文本区域分三行输入文字“省份：浙江省”“地市：杭州市”“区县：富阳县”，设置文本水平居中，删除标题框，拖动文本框上下边框中心控制柄，使之扩充到与幻灯片上下边框对齐，效果如图 8-108 所示。

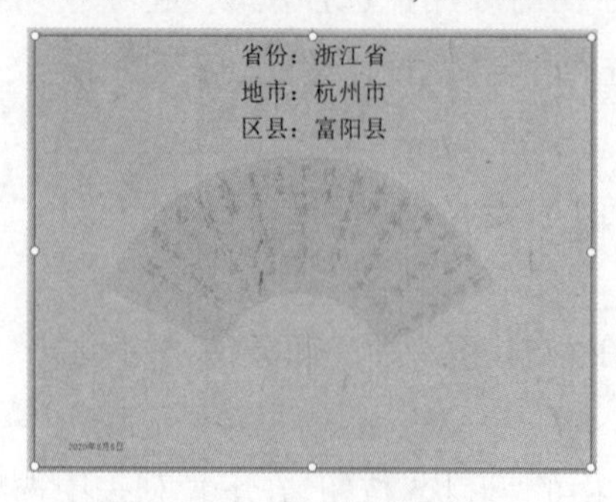

图 8-108 文本框设置效果

(3)选择文本框,单击“动画”选项卡中的“自定义动画”按钮,在“自定义动画”任务窗格中单击“添加效果”按钮,在弹出的列表中的“进入”区选择“飞入”选项,“开始”选择“单击时”,“方向”选择“自底部”,“速度”选择“慢速”。

(4)在动画窗格单击已有文本动画标签右侧的下拉按钮,在打开的下拉菜单中选择“效果选项”选项,弹出“飞入”对话框,在“效果”选项卡中设置“动画播放后”为“播放动画后隐藏”,“动画文本”为“整批发送”,在“正文文本动画”选项卡中设置“组合文本”为“作为一个对象”,如图 8-109 所示。

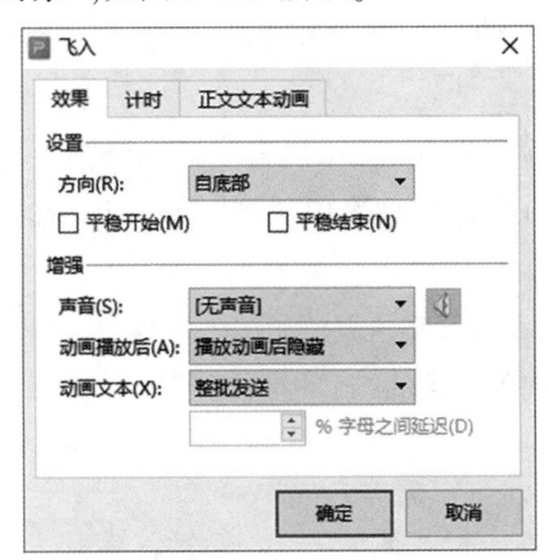

图 8-109 “飞入”对话框

(5)选中第 6 张幻灯片,取消选中“切换”选项卡中的“自动换片”复选框。

步骤 6:新建第 7 张幻灯片

(1)将光标定位在幻灯片列表中的最后一张幻灯片后面,右击,在快捷菜单中选择“新建幻灯片”选项,在幻灯片最后一页后增加一页新幻灯片。

(2)删除新幻灯片中的标题框和文本框,单击“插入”选项卡中的“形状”按钮,在下拉列表中选择“矩形”组中的“矩形”,在幻灯片中绘制一个矩形。

(3)选中矩形,切换到“动画”选项卡,单击“自定义动画”按钮,在“自定义动画”任务窗格中单击“添加效果”按钮,在弹出的列表中选择“强调”组中的“放大/缩小”选项。

(4)在“开始”列表中选择“单击时”;在“尺寸”列表中选择“自定义”,弹出“自定义”对话框,在“自定义”文本框中输入“300%”,单击“确定”按钮;在“速度”列表中选择“中速”。

(5)在动画窗格中单击已有文本动画标签右侧的下拉按钮,在下拉菜单中选择“计时”选项,弹出“放大/缩小”对话框,在“计时”选项卡中设置“重复”为“3”,在“效果”选项卡中设置尺寸为“两者”,单击“确定”按钮。

(6)选中第 7 张幻灯片,取消选中“切换”选项卡中的“自动换片”复选框。

步骤 7:新建第 8 张幻灯片

(1)将光标定位在幻灯片列表中的最后一张幻灯片后面,右击,在快捷菜单中选择“新建幻灯片”选项,在幻灯片最后一页后增加一页新幻灯片。

(2)删除新幻灯片中的标题框和文本框,单击“插入”选项卡中的“文本框”按钮,在下拉菜单中选择“横排文本框”,在幻灯片中绘制文本框,并输入文字“A”,文字颜色、字体、大小自行设定。

(3)参照步骤(2),另外插入 3 个文本框,分别输入文字“B”“C”“D”,文字颜色、字体和大小与文字“A”一致。

(4)选中文字“A”所在的文本框,单击“动画”选项卡中的“自定义动画”按钮,在“自定义动画”任务窗格中单击“添加效果”按钮,在弹出的列表中选择“进入”组中的“出现”选项。

(5)重复步骤(4),为“B”“C”“D”设置进入动画“出现”。

(6)选中第 8 张幻灯片,取消选中“切换”选项卡中的“自动换片”复选框。

步骤 8:新建第 9 张幻灯片

(1)将光标定位在幻灯片列表中的最后一张幻灯片后面,右击,在快捷菜单中选择“新建幻灯片”选项,在幻灯片最后一页后增加一页新幻灯片。

(2)删除新幻灯片中的标题框和文本框,单击“插入”选项卡中的“形状”按钮,在下拉列表中选择“基本形状”组中的“椭圆”按钮,在幻灯片中绘制圆形。若要得到正圆,绘制圆心时可同时按下 Shift 键。

(3)参照图 8-102 所示的效果图,在圆形四周绘制箭头,颜色和大小自行设定。

(4)按下 Shift 键,同时选中四个“箭头”形状,单击“动画”选项卡中的“自定义动画”按钮,在“自定义动画”任务窗格中单击“添加效果”按钮,在弹出的列表中选择“强调”组中的“放大/缩小”选项,设置“开始”为“单击时”。

(5)在动画窗格中单击已有文本动画标签右侧的下拉按钮,在下拉菜单中选择“效果选项”选项,弹出“放大/缩小”对话框,在“效果”选项卡中设置“尺寸”为“较大”(150%),在“计时”选项卡中设置“重复”为“3”,单击“确定”按钮。

(6)选中幻灯片中的上箭头,在“自定义动画”任务窗格中添加“动画效果”为“动作路径”组中的“向上”,单击动画窗格中上箭头标签右侧的下拉按钮,在下拉菜单中选择“从上一项开始”。再次单击上箭头标签右侧的下拉按钮,在下拉菜单中选择“计时”选项,弹出“向上”对话框,在“计时”选项卡中设置“重复”为“3”,单击“确定”按钮。

(7)参照步骤(6)为左箭头、右箭头和下箭头添加“动画效果”为“动作路径”组中的“向左”“向右”和“向下”,单击标签右侧下拉按钮,在下拉菜单中选择“从上一项开始”,设置“重复”为“3”。

(8)选中第9张幻灯片,取消选中“切换”选项卡中的“自动换片”复选框。

步骤9:新建第10张幻灯片

(1)将光标定位在幻灯片列表中的最后一张幻灯片后面,右击,在快捷菜单中选择“新建幻灯片”选项,在幻灯片最后一页后增加一页新幻灯片。

(2)删除新幻灯片中文本框,在标题框中输入文字“我国的首都”。

(3)单击“插入”选项卡中的“文本框”按钮,在下拉列表中选择“横向文本框”,在幻灯片中绘制文本框并输入文字“上海”,再插入一个文本框,输入文本“错误”。

(4)重复步骤(3),继续在幻灯片中插入文本框,并输入相应的文字,如图8-110所示。

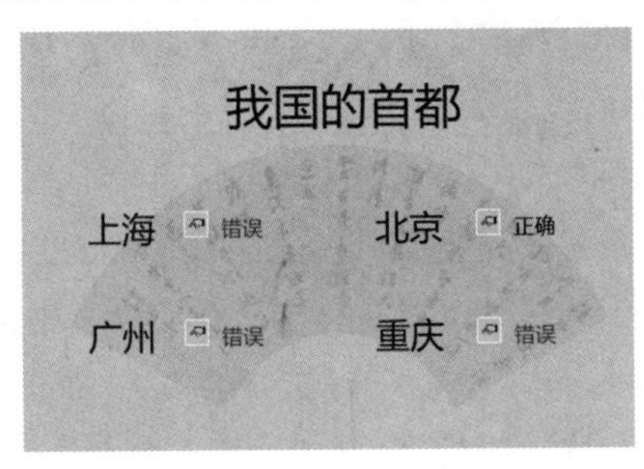

图8-110　输入文字效果

(5)选择“上海”文本框右侧的“错误”文本框,单击“动画”选项卡中的“自定义动画”按钮,在“自定义动画”任务窗格中单击“添加效果”按钮,在弹出的列表中选择“进入”组中的“出现”选项。

(6)在动画窗格中单击已有文本动画标签右侧的下拉按钮,在下拉菜单中选择“计时”选项,弹出“出现”对话框,在“计时”选项卡中设置“开始”为“单击时”,单击“触发器”按钮,选中“单击下列对象时启动效果”按钮,在列表框中选择“文本框6”(“上海”文本框),单击“确定”按钮。

(7)重复步骤(5)和(6),完成其余3对文本框的设置(注意文本框的文本和文本框的对应关系)。

(8)选中第10张幻灯片,取消选中“切换”选项卡中的“自动换片”复选框。

三、知识拓展

1. 通过动作按钮控制放映过程

如果在幻灯片中插入了动作按钮,在演示幻灯片时,单击设置的动作按钮,可切换幻灯片或启动一个应用程序,也可以用动作按钮控制幻灯片的演示。WPS演示软件中的动作按钮主要是通过插入形状的方式绘制到幻灯片中。

2. 快速定位幻灯片

在幻灯片放映过程中,通过一定的技巧,可以快速、准确地将播放画面切换到指定的

幻灯片中,以达到精确定位幻灯片的目的,其具体操作步骤如下:

(1)在播放幻灯片的过程中,单击鼠标右键,在弹出的快捷菜单中选择“定位”命令。

(2)在弹出的子菜单中选择“按标题”命令,再在弹出的子菜单中选择需要切换到的幻灯片。另外,在“按标题”子菜单中,前面有带勾标记的,表示现在正在演示该张幻灯片的内容。

3. 为幻灯片分节

为幻灯片分节后,不仅可使演示文稿的逻辑性更强,还可以与他人协作创建演示文稿,如每个人负责制作演示文稿一节中的幻灯片。为幻灯片分节的具体步骤如下:

(1)在“幻灯片”窗格中选择需要分节的幻灯片后,单击“开始”选项卡中的“节”按钮。

(2)在打开的列表中选择“新增节”选项,即可为演示文稿分节。

在 WPS 演示软件中,不仅可以为幻灯片分节,还可以对节进行操作,包括重命名节、删除节、展开或折叠节等。节的常用操作方法如下:

(1)重命名。新增的节名称都是“无标题节”,需要自行进行重命名。选择需重命名节名称的节,单击“开始”选项卡中的“节”按钮,在打开的列表中选择“重命名节”选项,打开“重命名”对话框,在“名称”文本框中输入节的名称,单击“重命名”按钮。

(2)删除节。对多余的节或无用的节可删除,单击节名称,单击“节”按钮,在打开的列表中选择“删除节”选项可删除选择的节;选择“删除所有节”选项可删除演示文稿中的所有节。

(3)展开或折叠节:在演示文稿中既可以将节展开,也可以将节折叠起来。使用鼠标双击节名称就可将其折叠,再次双击就可将其展开。还可以单击“节”按钮,在打开的列表中选择“全部折叠”或“全部展开”选项,即可将其折叠或展开。

思考与练习

为进一步提高在校学生对大学生活内涵的理解和活动,提高大学生计算机应用和演示文稿制作能力,展示学生学习计算机的成果,学院决定组织全院学生开展以“我的大学生活”为主题的演示文稿制作大赛。

(1)基本要求:

1)根据主题要求,完成至少 10 张幻灯片的制作。

2)版面美观、布局合理、图片清晰、文字简洁。

3)全部幻灯片中至少包含 10 张图片(背景图片不计)。

4)每张幻灯片中有简洁的文字说明。

5)幻灯片中根据需要可以包含艺术字、表格、图表等对象。

6)全部幻灯片中每个对象都采用动画方式进入或显示。

7)幻灯片中要求有合适的背景音乐。

8)设置幻灯片的切换方式(可以设置幻灯片为自动放映)。

(2)最好能应用以下知识点:

1)使用超链接,链接到本幻灯片中的指定页或指定网页。

2)合理使用触发器。

(3)说明:

幻灯片所需素材(包括文字、图片、音乐等)可以由个人原创或从网上下载。

附　　录

附录 A　一级《计算机应用基础》考试大纲(2019 版)

考试目标

测试考生理解计算机学科的基本知识和方法,掌握基本的计算机应用能力,计算思维、数据思维能力和信息素养,注重考核计算机新技术,使考生能跟上信息科技的飞速发展,适应社会的需求。

基本要求

(1)了解计算机科学领域的知识和发展趋势并了解计算机新技术领域知识。

(2)理解系统、软件、算法、数据和通信的基本概念及相互关系。

(3)掌握利用计算思维、数据思维和计算工具分析和解决问题的方法。

(4)掌握办公软件、移动应用,具有利用计算机处理日常事务的能力。

(5)了解计算机相关法律法规、信息安全知识和计算机专业人员的道德规范。

考试内容

(1)信息技术的发展历程、现代信息技术的基本内容和发展趋势及计算机新技术。

(2)计算机硬件系统的组成及各部分的功能。

(3)计算机软件系统、操作系统与应用软件的相关概念。

(4)计算思维、数据思维以及他们与计算机的关系。

(5)算法和数据结构的相关概念及常见的几种典型算法。

(6)数据信息表示、数据存储及处理。

(7)数据库的基本概念及应用、数据挖掘及大数据技术。

(8)多媒体技术的基本概念和多媒体处理技术。

(9)计算机网络的发展、功能及分类。

(10)互联网的原理、概念及应用。

(11)网络信息安全的概念及防御。

(12)互联网+、云计算、物联网、区块链等新技术的基本概念及应用。

(13)虚拟现实与增强现实的基本概念和应用领域。

(14)人工智能的发展、研究方法及应用领域。

(15)计算机和法律、软件版权和自由软件、国产软件知识、计算机专业人员的道德规范。

(16)文字信息处理(MS Office 和 WPS 二选一)。熟练掌握应用文字信息处理技术处理专业领域的问题及日常事务处理,主要包括:

1)基本操作:新建、打开、保存、保护、打印(预览)文档。

2)基本编辑操作:插入、删除、修改、替换、移动、复制、字体格式化、段落格式化、页面格式化。

3)文本编辑操作:分节、分栏、项目符号与编号、页眉和页脚、边框和底纹、页码的插入、时间与日期的插入。

4)表格操作:表格的创建和修饰,表格的编辑,数据的排序。

5)图文混排:图片、文本框、艺术字、图形等的插入与删除、环绕方式和层次、组合等设置、水印设置、超链接设置。

(17)表格信息处理(MS Office 和 WPS 二选一)。熟练掌握应用表格信息处理技术处理财务、管理、统计等各领域的问题,主要包括:

1)工作簿、工作表基本操作:新建工作簿、工作表和工作表的复制、删除、重命名;单元格的基本操作,常用函数和公式使用。

2)窗口操作:排列窗口、拆分窗口、冻结窗口等。

3)图表操作:利用有效数据,建立图表、编辑图表等。

4)数据的格式化,设置数据的有效性。

5)数据排序、筛选、分类汇总、分级显示。

(18)演示文稿设计 MS Office 和 WPS 二选一。熟练掌握应用演示文稿设计处理汇报、宣传、推介、咨询等领域的问题,主要包括:

1)演示文稿创建和保存,演示文稿文字或幻灯片的插入、修改、删除、选定、移动、复制、查找、替换、隐藏;幻灯片次序更改、项目的升降级。

2)文本、段落的格式化,主题的使用,幻灯片母版的修改,幻灯片版式、项目符号的设置,编号的设置;背景的设置,配色的设置。

3)图文处理:在幻灯片中使用文本框、图形、图表、表格、图片、艺术字、SmartArt 图形等,添加特殊效果,当前演示文稿中超链接的创建与编辑。

4)建立自定义放映,设置排练计时,设置放映方式。

(19)移动应用。熟练掌握新闻、通信、电商、财务、检索、知识服务等各种常用移动 APP 的使用。

附录 B　二级《办公软件高级应用技术》考试大纲(2019 版)

考试目标

测试考生对常用办公软件的高级应用和操作能力。要求考生能够掌握文档的个性化设置,掌握长文档的自动化排版,掌握文档的程序化和批量化设置;能够使用计算思维和数据思维设置表格、处理数据、进行数据分析;能够了解目前常用办公软件的基本功能和操作。同时培养学生的审美观念,能够在演示文稿的设计和创建中融入美学。

基本要求

(1)掌握 MS Office 2019(或 WPS Office 2019)各组件的运行环境、视窗元素等。

(2)掌握 Word(或 WPS 文字)的基础理论知识以及高级应用技术,能够熟练掌握长文档的排版(页面设置、样式设置、域的设置、文档修订等)。

(3)掌握 Excel(或 WPS 表格)的基础理论知识以及高级应用技术,能够熟练操作工作簿、工作表,熟练地使用函数和公式,能够运用 Excel(或 WPS 表格)内置工具进行数据分析,能够对外部数据进行导入导出等。

(4)掌握 PowerPoint(或 WPS 演示文稿)的基础理论知识以及高级应用技术,能够熟练掌握模版、配色方案、幻灯片放映、多媒体效果和演示文稿的输出。

(5)了解 MS Office 2019(或 WPS Office 2019)的文档安全知识,能够利用 MS Office 2019(或 WPS 2019)的内置功能对文档进行保护。

(6)了解 MS Office 2019(或 WPS Office 2019)的宏知识、VBA 的相关理论,并能够录制简单宏,会使用 VBA 语句。

(7)了解常用的办公软件的基本功能和操作,包括基本绘图软件、即时通信软件、笔记与思维导图软件以及微信小程序软件的基本使用。

考试内容

一、Word(或 WPS 文字)高级应用

1.页面设置

(1)掌握纸张的选取和设置,掌握版心概念,熟练设置版心。

(2)掌握不同视图方式特点,能够熟练根据应用环境选择和设置视图方式。

(3)掌握文档分隔符的概念和应用,包括分页、分栏和分节。熟练掌握节的概念,并能正确使用。

(4)掌握页眉、页脚和页码的设置方式,熟练根据要求设置节与页眉、页脚以及页码。

2.样式设置

(1)掌握样式的概念,能够熟练地创建样式、修改样式的格式、使用样式和管理样式。

(2)掌握引用选项功能,熟练使用和设置脚注、尾注、题注、交叉引用、索引、书签和目录等引用工具。

(3)掌握模板的概念,能够熟练地建立、修改、使用、删除模板。

3.域的设置

(1)掌握域的概念,能按要求创建域、插入域、更新域,显示或隐藏域代码。

(2)掌握一些常用域的应用,例如 Page 域、Section 域、NumPages 域、TOC 域、TC 域、Index 域、StyleRef 域等。

(3)掌握邮件合并功能,熟练应用邮件合并功能发布通知、邮件或者公告。

4.文档修订和批注

(1)掌握审阅选项的设置。

(2)掌握批注与修订的概念,熟练设置和使用批注与修订。

(3)学会在审阅选项下对文档的修改项进行比较。

二、Excel(或 WPS 表格)高级应用

1.工作表的使用

(1)能够正确地分割窗口、冻结窗口,使用监视窗口。

(2)理解样式,能新建、修改、应用样式,并从其他工作簿中合并样式,能创建并使用模板,并应用模板控制样式,会使用样式格式化工作表。

2.单元格的使用

(1)掌握单元格的格式化操作。

(2)掌握自定义下拉列表的创建与应用。

(3)掌握数据有效性的设置,能够根据情况熟练设置数据有效性。

(4)掌握条件格式的设置,能够熟练设置条件格式。

(5)学会名称的创建和使用。

(6)掌握单元格的引用方式,能够根据情况熟练使用引用方式。

3.函数和公式的使用

(1)掌握数据的舍入方式。

(2)掌握公式和数组公式的概念,并能熟练掌握对公式和数组公式的使用。

(3)熟练掌握内建函数(统计函数、逻辑函数、数据库函数、查找与引用函数、日期与时间函数、财务函数等),并能利用这些函数对文档数据进行统计、分析、处理。

4.数据分析

(1)掌握表格的概念,能设计表格,使用记录单,利用自动筛选、高级筛选以及数据库

函数来筛选数据列表，能排序数据列表，创建分类汇总。

（2）了解数据透视表和数据透视图的概念，掌握数据透视表和数据透视图的创建，能够熟练地在数据透视表中创建计算字段或计算项目，并能组合数据透视表中的项目。

能够使用切片器对数据透视表进行筛选，使用迷你图对数据进行图形化显示。

5.外部数据导入与导出

了解数据库、XML、网页和文本数据导入到表格中的方法，掌握文本数据的导入与导出。

三、PowerPoint（或WPS演示）高级应用

1.设计与配色方案的使用

（1）掌握主题的使用。

（2）掌握使用、创建、修改、删除配色方案。

（3）掌握母版的设计与使用，熟练掌握和使用母版中版式的设计。

2.幻灯片动画设置

（1）掌握自定义动画的设置、多重动画设置、触发器功能设置。

（2）掌握动画排序和动画时间设置。

（3）掌握幻灯片切换效果设置、切换速度设置、自动切换与鼠标单击切换设置以及动作按钮设置。

3.幻灯片放映

（1）掌握幻灯片放映方式设置、幻灯片隐藏和循环播放的设置。

（2）掌握排练与计时功能。

4.演示文稿输出

学会将演示文稿输出和保存的方式。

四、公共组件的使用

1.文档保护

（1）学会对文档进行安全设置：Word（或WPS文字）文档的保护，Excel（或WPS表格）中的工作簿、工作表、单元格的保护，演示文稿安全设置：正确设置演示文稿的打开权限、修改权限密码。

（2）学会文档安全权限设置，掌握文档密码设置。

（3）学会Word（或WPS文字）文档保护机制：格式设置限制、编辑限制。

（4）学会Word（或WPS文字）文档窗体保护：分节保护、复选框窗体保护、文字型窗体域、下拉型窗体域。

（5）学会Excel（或WPS表格）工作表保护：工作簿保护、工作表保护、单元格保护、文

档安全性设置、防打开设置、防修改设置、防泄私设置、防篡改设置。

2.宏的使用

(1)了解宏概念。

(2)了解宏的制作及应用,学会简单宏的录制和宏的使用。

(3)了解宏与文档及模板的关系。

(4)了解 VBA 的概念包括 VBA 语法基础、对象及模型概念、常用的一些对象。

(5)了解宏安全包括宏病毒概念、宏安全性设置。

五、其他常用办公软件的使用

(1)了解常用绘图软件的功能和使用方式。

(2)了解常用即时通信软件的功能和使用方式。

(3)了解常用笔记软件的功能和使用方式。

(4)了解常用微信小程序软件的功能和使用方式。

(5)了解常用思维导图软件的功能和使用方式。

参 考 文 献

[1]IT 新时代教育.WPS Office 办公应用从入门到精通[M].北京:水利水电出版社,2019.

[2]李岩松.WPS Office 办公应用从新手到高手[M].北京:清华大学出版社,2020.

[3]李瑛.WPS Office2013 应用基础项目式教程[M].北京:人民邮电出版社,2015.

[4]张赵管.大学计算机基础案例教程:Windows 7+WPS Office 2019+Photoshop CS6:微课版[M].北京:人民邮电出版社,2019.

[5]布克科技,等.WPS Office2016 从入门到精通[M].北京:人民邮电出版社,2018.